全国高职高专院校土建类专业规划教材

土木工程材料与实训

主 编 易 斌
副主编 杭丽芳

中国铁道出版社
CHINA RAILWAY PUBLISHING HOUSE

内 容 简 介

本书根据高职高专土建类专业教学要求,采用最新相关国家规范及行业技术标准,对土木工程中常用材料的基本性质、检测等理论知识及应用技术作了详细的介绍。主要内容包括:建筑材料的基本性质,天然石材,气硬性胶凝材料,水泥,混凝土,建筑砂浆,墙体与屋面材料,建筑钢材,木材,防水材料,绝热、吸声材料,建筑塑料,建筑装饰材料等。本书结合相关试验进一步让学生将理论与实践相合。

本书在内容编写上强调实用性和适用性,运用理论与试验相结合的方法,对土木工程材料的应用进行了较为深入的阐述。既保证了对土建类各专业最常用材料基础知识的介绍,又对相关岗位技能操作训练进行了强化。

本书可作为高职高专院校建筑工程技术、道路桥梁工程技术、铁道工程技术、工程造价与管理等专业的教学用书,也可供从事土建工程有关专业的技术人员与相关人员参考使用。

图书在版编目(CIP)数据

土木工程材料与实训/易斌主编. —北京:中国铁道
出版社,2015.8(2018.12 重印)
全国高职高专院校土建类专业规划教材
ISBN 978-7-113-20766-3

Ⅰ.①土… Ⅱ.①易… Ⅲ.①土木工程—建筑材
料—高等职业教育—教材 Ⅳ.①TU5

中国版本图书馆 CIP 数据核字(2015)第 189520 号

书   名:**土木工程材料与实训**
作   者:易 斌 主编

策   划:王春霞   读者热线:(010)63550836
责任编辑:祁 云
编辑助理:李露露
封面设计:付 巍
封面制作:白 雪
责任校对:冯彩茹
责任印制:郭向伟

出版发行:中国铁道出版社(100054,北京市西城区右安门西街 8 号)
网   址:http://www.tdpress.com/51eds/
印   刷:北京虎彩文化传播有限公司
版   次:2015 年 8 月第 1 版   2018 年 12 月第 4 次印刷
开   本:787 mm×1 092 mm 1/16 印张:17.5 字数:424 千
书   号:ISBN 978-7-113-20766-3
印   数:4 001~4 300 册
定   价:42.00 元

　　根据高职高专教育土建类专业教学指导委员会关于建筑工程技术、工程造价等专业对本课程教学内容、教学方法、教学手段等方面的要求，结合近年来我们在课程建设方面取得的经验编写了本教材。

　　本教材在编写过程中力求体现职业技术教育培养高素质、高级技能型专门人才的目标，采用最新相关国家规范和行业技术标准，强调对节能环保绿色建材的推广应用，加强对建材质量性能检测试验能力的培养，注重理论与工程实践相结合，还增加了综合实训内容。

　　本教材第1、6章由柳州铁道职业技术学院易斌编写；绪论，第2、7章由柳州铁道职业技术学院易斌、杭丽芬编写；第3、9章由柳州铁道职业技术学院杭丽芬编写；第4、10章由柳州铁道职业技术学院张敬铭、杨美玲编写；第5、8章由柳州铁道职业技术学院刘湛新、何江斌编写；第11、12章由柳州铁道职业技术学院黄好江编写；第13章和综合实训由柳州铁道职业技术学院徐焕林编写。全书由易斌任主编，杭丽芳任副主编。

　　由于编者水平有限，书中难免有疏漏和不妥之处，恳请读者批评指正。

编　者
2015 年 6 月

目 录

绪　论

0.1　建筑材料及其分类

建筑材料是指构成建筑物本身所使用的材料。从广义上讲，建筑物在使用前安装的给水排水、采暖通风空调、供电、供燃气、通信、楼宇控制等配套设施的设备和器材，以及在建筑施工过程中必须消耗的诸如脚手架、模板、板桩等材料都称为建筑材料，这些材料将在相关的专业课程中介绍。建筑材料课程讨论的是狭义的建筑材料，是建造建筑物地基、基础、梁、板、柱、墙体、屋面、地面以及装饰工程等所用的材料。

建筑材料有多种分类方法，通常采用按化学成分或按使用功能分类。

按照化学成分不同，建筑材料可分为无机材料、有机材料和复合材料三大类，见表0-1。

表 0-1　建筑材料按化学成分分类

分　类			举　例
无机材料	金属材料	黑色金属	铁、钢、不锈钢
		有色金属	铝、铜及其合金
	非金属材料	天然石材	砂、石及石材制品
		烧土制品	砖、瓦、陶、瓷、琉璃制品
		玻璃及熔融制品	玻璃、玻璃纤维、岩棉、铸石
		胶凝材料	气硬性：石灰、石膏、菱苦土、水玻璃 水硬性：水泥
		混凝土及硅酸盐制品	混凝土、砂浆、硅酸盐制品
有机材料	植物材料		竹材、木材、植物纤维及其制品
	沥青材料		石油沥青、煤沥青、沥青制品
	合成高分子材料		塑料、涂料、胶黏剂、合成橡胶
复合材料	无机非金属材料与有机材料复合		玻璃纤维增强塑料、聚合物水泥混凝土、沥青混凝土
	金属材料与无机非金属材料复合		钢筋混凝土、钢纤维增强混凝土
	金属材料与有机材料复合		轻金属夹心板

按照使用功能不同，建筑材料可分为结构材料、围护材料和功能材料三大类。

（1）结构材料

它是指构成建筑物受力构件和结构所用的材料，如梁、板、柱、基础、框架等构件或结构使用的材料。结构材料要具有足够的强度和耐久性。常用的结构材料有混凝土、钢材、石材等。

（2）围护材料

它是指用于建筑物围护结构的材料，如墙体、门窗、屋面等部位使用的材料。围护材料不仅要求具有一定的强度和耐久性，还要求具有保温隔热等性能。常用的围护材料有砖、砌块、各种板材、瓦等。

（3）功能材料

它是指建筑物使用过程中所必需的建筑功能的材料，如防水材料、绝热材料、吸声隔音材料、密封材料和各种装饰材料等。

0.2　建筑材料在建筑工程中的地位和作用

建筑材料是建筑工程的物质基础，其性能、质量和价格直接关系到建筑产品的适用性、安全性、经济性和美观性。每一种新型、高效能材料的出现和使用，都会推动建筑结构在设计、施工生产和使用功能方面的进步和发展。因此，建筑材料在建筑工程中具有极其重要的地位。

建筑材料的质量直接影响建筑物的安全性和耐久性。在工程建设过程中，从材料的选择、储运、检测试验到生产使用等，任何环节的失误都会造成工程质量的缺陷，甚至会造成重大质量事故。因此，要求工程技术人员必须熟练地掌握各种建筑材料的性能和使用知识，做到正确地选择和合理地使用建筑材料。

在建筑工程造价中，材料费用所占的比例很大，在60%左右或更高。因此，能够经济合理地使用建筑材料，减少浪费和损失，就可以降低工程造价，提高建设投资的经济效益。

建筑材料的发展与建筑工程技术的进步有着相互依存、相互制约和相互推动的关系。新型、高效能材料的诞生和应用，必将推动建筑结构设计方法和施工技术的进步；新的建筑结构设计方法和施工技术也对建筑材料的品种、质量和功能提出更高和更多样化的要求。例如，水泥、钢材的大量应用及其性能的改善，取代了砖、木、石材，使钢筋混凝土结构在建筑结构中处于主导地位；现代高层建筑和大跨度结构要求建筑材料更加轻质和高强，因此建筑钢材得到了广泛的应用；在装修过程中，现代陶瓷、玻璃、不锈钢、铝合金、塑料、涂料等装饰材料的大量应用，使建筑物更加亮丽多彩。

总之，建筑材料决定了建筑结构的形式和施工的方法；而新型建筑材料的出现，可以促进建筑结构形式的变化、设计方法的改进和施工技术的革新。

0.3　建筑材料的发展概况和发展方向

建筑材料是随着人类社会生产力和科学技术水平的提高而逐步发展起来的。人类最早是穴居野外的。随着社会生产力的发展，人类进入石器、青铜器、铁器时代，利用制造的简单工具开始挖土、凿石为洞，伐木、搭竹为棚，利用天然材料建造简陋的房屋。直到人类能够用黏土烧制砖、瓦及用岩石烧制石灰、石膏的时候，建筑材料才由天然材料进入人工生产阶段，从而为建造较大规模的建筑结构创造了条件。在漫长的封建社会时期，由于生产力发展缓慢，建筑材料的发展受到制约，砖、木、石材作为主要建筑材料沿用了很长时间。在此期间，我国劳动人民以非凡的才智和高超的技艺建造了许多不朽的辉煌建筑，如万里长城、河南开封嵩岳寺塔、山西五台山佛光寺木结构大殿、福建泉州洛阳桥、山西应县木塔等。18—19 世纪，资本主义工业化兴起，工商和交通运输业得到蓬勃发展，在科学技术进步的推动下，建筑材料进入了新的发展阶段。钢材、水泥、钢筋混凝土、玻璃、建筑陶瓷等材料逐渐被广泛使用，这为现代工业和民用建筑结构的发展打下了良好的基础。

我国自新中国成立以来，特别是改革开放以后，建筑材料工业得到了迅速发展。近年来，钢材、水泥、平板玻璃、卫生陶瓷等产量一直位居世界第一，其中许多产品的科技水平已名列世界前茅。但从总体上讲，我国与发达国家相比还有较大差距，正在努力从一个建材大国向建材强国迈进。

为了适应经济建设和社会发展的需要，我国的建材工业正向研制、开发高性能建筑材料和绿色建筑材料方向发展。

高性能建筑材料是指性能、质量更加优异，轻质、高强、多功能和更加耐久、更富装饰效果的材料，是便于机械化施工和更有利于提高施工生产效率的材料。

绿色建筑材料是指采用清洁生产技术，不用或少用天然资源和能源，大量使用工农业或城市固态废弃物生产的无毒害、无污染、无放射性，达到使用周期后可回收利用，有利于环境保护和人体健康的建筑材料。

绿色建材主要有以下几个含义：

①以相对最低的资源和能源消耗、环境污染为代价生产的高性能传统建筑材料，如用现代先进工艺和技术生产的高质量水泥等。

②能大幅度降低建筑能耗（包括生产和使用过程中的能耗）的建材制品，如具有轻质、高强、防水、保温、隔热、隔声等功能的新型墙体材料等。

③具有更高的使用效率和优异的材料性能，从而能降低材料的消耗，如高性能水泥混凝土、轻质高强混凝土等。

④具有改善居室生态环境和保健功能的建筑材料，如抗菌、除臭、调温、调湿、屏蔽有害射线的多功能玻璃、陶瓷、涂料等。

⑤能大量利用工业废弃物的建筑材料，如净化污水、固化有毒有害工业废渣的水泥材料，经资源化和高性能化后的矿渣、粉煤灰、硅灰、沸石等水泥组分材料等。

绿色建材代表了 21 世纪建筑材料的发展方向，是符合世界发展趋势和人类要求的建筑材料，也是符合科学发展观和以人为本思想的建筑材料，必然在未来的建筑行业中占主导地位，成为今后建筑材料发展的必然趋势。

0.4　建筑材料的技术标准

建筑材料的技术标准是材料生产、使用和流通单位检验、确定产品质量是否合格的技术文件。为了确保建筑材料产品的技术质量，进行现代化生产和科学管理，必须对建材产品的技术要求制定统一的标准。标准的主要内容有产品规格、分类、技术要求、检验方法、验收规则、包装及标志、运输与储存等。我国建筑材料的技术标准分为国家标准、行业标准、地方标准、企业标准等，分别由相应的标准化管理部门批准并颁布。我国国家质量监督检验检疫总局是国家标准化管理的最高机构。国家标准和行业标准属于全国通用标准，是国家指令性技术文件，各级生产、设计、施工等部门必须严格遵照执行，不得低于此标准；地方标准是地方主管部门发布的地方性技术文件；凡没有制定国家标准、行业标准的产品应制定企业标准，而企业标准所制定的技术要求应高于类似（或相关）产品的国家标准。各级标准均有相应的代号，见表0-2。

表 0-2 各级标准代号

标准种类	代 号	表 示 内 容	表 示 方 法
国家标准	GB GB/T	国家强制性标准 国家推荐性标准	由标准名称、部门代号、标准编号、颁布年份等组成。例如，《通用硅酸盐水泥》（GB 175—2007）、《建设用砂》（GB/T 14684—2011）、《普通混凝土配合比设计规程》（JGJ 55—2011）
行业标准	JC JGJ YB JT SD	建材行业标准 建设部行业标准 冶金行业标准 交通标准 水电标准	
地方标准	DB DB/T	地方强制性标准 地方推荐性标准	
企业标准	QB	适用于本企业	

工程中可能涉及的其他技术标准有：国际标准，代号为 ISO；美国材料与试验学会标准，代号为 ASTM；日本工业标准，代号为 JIS；德国工业标准，代号为 DIN；英国标准，代号为 BS；法国标准，代号为 NF 等。

0.5　本课程的内容和任务

本课程主要介绍常用建筑材料的品种、规格、技术性能、质量标准、试验检测方法、储运保管和工程中的应用等方面的知识。

本课程是一门实践性较强的专业技术课，通过学习，使学生在今后的实际工作中能够正确选择、鉴别、管理建筑材料奠定基本的理论知识，并培养其正确使用建筑材料的能力，同时也为学习相关的后续专业课程奠定基础。

试验课是本课程主要的教学内容，其任务是验证基本理论、掌握试验方法、培养学生科学研究能力和严谨缜密的科学态度。学生做试验之前应认真预习，在条件允许的情况下可观看试验操作录像片；做试验时要严肃认真、一丝不苟地按程序操作，并填写试验报告；要了解试验条件对试验结果的影响，并对试验结果作出正确地计算、分析和判断。

建筑材料的基本性质

1. 掌握材料与质量有关的性质、与水有关的性质、热工性质等物理性质，掌握材料的力学性能，能够测定或计算表征材料各项性能的指标，并根据指标判定材料的适用性；

2. 了解材料的燃烧性质；

3. 能够解决或解释工程中相关问题。

构成建筑物和构筑物的材料要承受各种不同的作用，相应地也就要求建筑材料具有不同的性质。如用于建筑结构的材料要受到各种外力的作用，就应具备所需要的力学性质。对用于不同建筑部位或有不同使用要求的材料，还应具有防水、绝热、吸声等性质。对某些工业建筑，还要求具有耐热或耐化学腐蚀的性能。建筑物长期暴露在大气中，经常受到风吹、日晒、雨淋、冰冻而引起的温度和湿度变化的影响以及交替冻融的作用。所以，对建筑材料性质的要求往往是多样的，而且它们之间还是相互影响的。

1.1 材料的物理性质

1.1.1 材料与质量有关的性质

1. 密度

密度是指材料在绝对密实状态下单位体积的质量。计算式为：

$$\rho = \frac{m}{V}$$

式中 ρ ——密度（g/cm^3）；

m ——材料在干燥状态下的质量（g）；

V ——材料在绝对密实状态下的体积（cm^3）。

绝对密实状态下的体积是指不包括孔隙在内的体积。除了钢材、玻璃等少数材料外，绝大多数材料内部都有一些孔隙。在测定有孔隙材料的密度时，应将材料磨成细粉，干燥后用李氏瓶测定其实际体积。材料磨得越细，测得的数值就越接近真实体积，算出的密度值就越准确。

2. 表观密度

表观密度是指材料在自然状态下单位体积的质量。计算式为：

$$\rho_0 = \frac{m}{V_0}$$

式中　ρ_0——表观密度（g/cm³ 或 kg/m³）；

　　　m——材料的质量（g 或 kg）；

　　　V_0——材料在自然状态下的体积，或称表观体积（cm³ 或 m³）。

材料的表观体积是指包含孔隙的体积。当材料孔隙内含有水分时，其质量和体积均有所变化，因此测定材料表观密度时，要注明其含水情况。表观密度一般是指材料长期在空气中干燥时的表观密度，即气干状态下的表观密度。在烘干状态下的表观密度，称为干表观密度。

3. 堆积密度

堆积密度是指散粒材料在堆积状态下单位体积的质量。计算式为：

$$\rho_0' = \frac{m}{V_0'}$$

式中　ρ_0'——堆积密度（kg/m³）；

　　　m——材料的质量（kg）；

　　　V_0'——材料的堆积体积（m³）。

砂子、石子等散粒材料的堆积体积，是指在特定条件下所填充的容量筒的容积。材料的堆积体积包含了颗粒之间或纤维之间的空隙。

在建筑工程中，凡计算材料用量、构件自重或进行配料计算、确定堆放空间及组织运输时，必须掌握材料的密度、表观密度及堆积密度等数据。表观密度与材料的其他性质，如强度、吸水性、导热性等也存在着密切的关系。常用建筑材料的有关数据见表1-1。

表1-1　常用建筑材料的密度、表观密度、堆积密度和孔隙率

材料	密度 ρ（g·cm⁻³）	表观密度 ρ_0（kg·cm⁻³）	堆积密度 ρ_0'（kg·cm⁻³）	孔隙率（%）
石灰岩	2.60～2.80	2 000～2 600	—	
花岗岩	2.60～2.90	2 600～2 800	—	0.5～3.0
碎石（石灰岩）	2.60～2.80	—	1 400～1 700	—
砂	2.60	—	1 450～1 650	
黏土	2.60	—	1 600～1 800	
普通黏土砖	2.50	1 600～1 800		20～40
黏土空心砖	2.50	1 000～1 400		
水泥	3.10	—	1 200～1 300	
普通混凝土	—	2 100～2 600		5～20
轻骨料混凝土		800～1 900		
木材	1.55	400～800		55～75
钢材	7.85	7 850		0
泡沫塑料	—	20～50	—	—

4. 材料的密实度与孔隙率

（1）密实度

密实度是指材料体积内被固体物质充实的程度，也就是固体物质的体积占总体积的比例。密实度反映材料的致密程度。计算式为：

$$D = \frac{V}{V_0} = \frac{\frac{m}{\rho}}{\frac{m}{\rho_0}} \times 100\% = \frac{\rho_0}{\rho} \times 100\%$$

式中　D ——密实度（%）。

例如，某种普通黏土砖 $\rho_0 = 1\ 700\ kg/m^3$，$\rho = 2.5\ g/cm^3$，其密度为：

$$D = \frac{\rho_0}{\rho} \times 100\% = \frac{1\ 700}{2\ 500} \times 100\% = 68\%$$

含有孔隙的固体材料的密实度均小于1。

（2）孔隙率

孔隙率是指材料体积内孔隙体积所占的比例。计算式为：

$$P = \frac{V_0 - V}{V_0} = 1 - \frac{V}{V_0} = \left[1 - \frac{\rho_0}{\rho} \right] \times 100\%$$

式中　P ——孔隙率（%）。

孔隙率与密实度的关系为：

$$P + D = 1$$

如上述普通黏土砖的孔隙率为：

$$P = \left[1 - \frac{\rho}{\rho_0} \right] \times 100\% = (1 - 0.68) \times 100\% = 32\%$$

材料的密实度和孔隙率从不同方面反映了材料的密实程度，通常采用孔隙率表示。

根据材料内部孔隙构造的不同，孔隙分为连通和封闭两种。连通孔隙不仅彼此贯通而且与外界相通，而封闭孔隙彼此不连通而且与外界隔绝。孔隙按其尺寸大小又可分为粗孔和细孔。孔隙率的大小及孔隙本身构造的特征与材料的许多性质（如强度、吸水性、抗渗性、抗冻性和导热性等）有直接的关系。一般情况下，如果材料的孔隙率小，而且连通孔隙少时，其强度较高，吸水率小，抗渗性和抗冻性较好。几种常用材料的孔隙率见表1-1。

5. 材料的填充率与空隙率

（1）填充率

填充率是指散粒材料在某种堆积体积内被其颗粒填充的程度。计算式为：

$$D' = \frac{V_0}{V'_0} \times 100\% = \frac{\rho'_0}{\rho_0} \times 100\%$$

式中　D' ——填充率（%）。

（2）空隙率

空隙率是指散粒材料在某种堆积体积内颗粒之间的空隙体积所占的比例。计算式为：

$$P' = \frac{V'_0 - V_0}{V'_0} = 1 - \frac{V_0}{V'_0} = \left[1 - \frac{\rho'_0}{\rho_0} \right] \times 100\%$$

式中　P' ——空隙率（%）。

空隙率与填充率的关系为：

$$P' + D' = 1$$

空隙率的大小反映了散粒材料中颗粒与颗粒相互填充的致密程度，可作为控制拌制混凝土用的砂子、石子级配的依据。

1.1.2 材料与水有关的性质

1. 亲水性与憎水性

材料在空气中与水接触时，根据表面被水润湿的情况，可分为亲水性材料和憎水性材料两类。

润湿就是水在材料表面上被吸附的过程，它与材料本身的性质有关。当材料分子与水分子间的相互作用力大于水分子间的作用力时，材料表面就会被水润湿。此时，在材料、水和空气的三相交点处，沿水滴表面所引切线与材料表面所成的夹角（称为润湿角）$\theta \leqslant 90°$ ［见图 1-1 （a）］，这种材料属于亲水性材料。润湿角 θ 愈小，说明润湿性愈好，亲水性愈强。亲水性材料能通过毛细管作用将水分吸入毛细管内部。反之，如果材料分子与水分子间的作用力小于水分子间的作用力，则表示材料不能被水润湿。此时，润湿角 $90° < \theta < 180°$ ［见图 1-1 （b）］，这种材料称为憎水性材料。憎水性材料阻止水分渗入毛细管中，从而降低吸水性。

图 1-1 材料润湿角

大多数建筑材料，如石材、砖瓦、陶器、混凝土、木材等都属于亲水性材料，而沥青、石蜡和某些高分子材料则属于憎水性材料。憎水性材料可以用作防水材料或用于亲水性材料表面处理，以降低亲水材料吸水性，提高防水、防潮性能。

2. 吸水性

吸水性是指材料在水中能吸收水分的性质。吸水性的大小用吸水率表示。吸水率为材料浸水后在规定时间内吸入水的质量（或体积）占材料干燥质量（或干燥时体积）的百分比。

质量吸水率：

$$W_{湿} = \frac{m_{湿} - m_{干}}{m_{干}} \times 100\%$$

体积吸水率：

$$W_{体} = \frac{V_{水}}{V_{干}} \times 100\% = \frac{m_{湿} - m_{干}}{m_{干}} \cdot \frac{1}{\rho_{H_2O}} \times 100\%$$

式中　$W_{湿}$——材料的质量吸水率（%）；

$\quad\quad W_{体}$——材料的体积吸水率（%）；

$\quad\quad m_{湿}$——材料吸水饱和状态下的质量（g）；

$\quad\quad m_{干}$——材料干燥状态下的质量（g）；

$\quad\quad V_{水}$——材料吸水饱和时所吸收水分的体积（cm^3）；

$\quad\quad V_{干}$——干燥材料在自然状态下的体积（cm^3）；

$\quad\quad \rho_{H_2O}$——水的密度在常温下 $\rho_{H_2O} = 1 \text{ g/cm}^3$。

计算材料的吸水率通常使用质量吸水率。

材料吸水率的大小与材料的孔隙率和孔隙构造特征有关。一般来说，当材料孔隙是连通的、尺寸较小时，其孔隙率越大则吸水率越高。对于封闭的孔隙，水分不易渗入；而粗大的孔隙，水分又不易存留。

软木等质轻、孔隙率大的材料，其质量吸水率往往超过100%。这种情况最好用体积吸水率表示其吸水性。

3. 吸湿性

材料在潮湿的空气中吸收空气中水分的性质称为吸湿性。吸湿性的大小用含水率表示。含水率为材料所含水的质量占材料干燥质量的百分比。计算式为：

$$W_含 = \frac{m_含 - m_干}{m_干} \times 100\%$$

式中　$W_含$——材料的含水率（%）；

　　　$m_含$——材料含水时的质量（g）；

　　　$m_干$——材料干燥时的质量（g）。

材料含水率的大小，除了与本身性质有关外，还与周围空气的湿度有关，它随着空气湿度的大小而变化。当材料中所含水分与空气湿度相平衡时的含水率称为平衡含水率。

4. 耐水性

材料在长期饱和水作用下不被破坏，其强度也不显著降低的性质称为耐水性。材料的耐水性用软化系数表示。计算式为：

$$K_软 = \frac{f_1}{f_0}$$

式中　$K_软$——材料的软化系数；

　　　f_0——材料在干燥状态下的强度（MPa）；

　　　f_1——材料在吸水饱和状态下的强度（MPa）。

材料的软化系数为0~1。材料吸水后由于水的作用，减弱了内部质点的结合力，使强度有所降低。钢材、玻璃等材料的软化系数基本为1，花岗岩等密实石材的软化系数接近于1，未经处理的生土软化系数为0。对于长期受水浸泡或处于潮湿环境的重要建筑物，须选用软化系数不低于0.85的建筑材料；受潮较轻的或次要结构的材料，其软化系数不宜小于0.70。

5. 抗渗性

抗渗性是指材料在压力水作用下抵抗水渗透的性质。材料的抗渗性可用渗透系数表示。计算式为：

$$K = \frac{Qd}{AtH}$$

式中　K——渗透系数［mL/(cm^2·s) 或 cm/s］；

　　　Q——渗水量（mL）；

　　　D——试件厚度（cm）；

　　　A——渗水面积（cm^2）；

　　　t——渗水时间（s）；

　　　H——静水压力水头（cm）。

渗透系数反映了材料在单位水头作用下，在单位时间内通过单位面积和厚度的渗水量。渗透系数愈小的材料，其抗渗性愈好。

材料的抗渗性也可以用抗渗等级 Pn 来表示。其中，$n = 10H - 1$，H 为试件开始渗水时水的压强（MPa）。

例如，某防水混凝土的抗渗等级为 P6，表示该混凝土试件经标准养护 28 d 后，按照规定的试验方法在 0.6 MPa 压力水的作用下无渗透现象。

材料抗渗性与材料的孔隙率和孔隙构造特征有关。孔隙率小而且是封闭孔隙的材料，其抗渗性好。用于建造地下建筑及水工构筑物的材料应具有一定的抗渗性，防水材料则要求具有更高的抗渗性。材料抵抗其他液体渗透的性质，也属于抗渗性。

6. 抗冻性

抗冻性是指材料在吸水饱和状态下，能经受多次冻结和融化作用（冻融循环）而不被破坏，强度也无显著降低的性能。

冰冻对材料的破坏作用是由于材料孔隙内的水结冰时体积膨胀，对孔壁产生较大压强（约 100 MPa）而引起的。材料试件做冻融循环试验时吸水饱和后，先在 -15 ℃ 温度下冻结（此时细小孔隙中的水分也结冰），然后在 20 ℃ 水中融化。不论冻结还是融化都是从材料表面向内部逐渐进行的，都会在材料的内外层产生明显的应力差和温度差。经多次冻融交替作用后，材料表面将出现裂纹、剥落，自重会减小，强度也会降低。

材料的抗冻性用抗冻等级 Fn 表示。n 表示材料试件经 n 次冻融循环试验后，质量损失不超过 5%，抗压强度降低不超过 25%。n 的数值越大，说明抗冻性能越好。

材料的抗冻性与材料的密实度、强度、孔隙构造特征、耐水性以及吸水饱和程度有关。

对于水工建筑或处于水位变化部位的结构，尤其是冬季气温达 -15 ℃ 以下地区使用的建筑材料，应有抗冻性的要求。除此之外，抗冻性还常作为无机非金属材料抵抗大气物理作用的一种耐久性指标。抗冻性好的材料，对于抵抗温度变化、干湿交替等风化作用的能力也强。因此，对处于温暖地区的建筑物，虽无冰冻作用，为抵抗大气的风化作用，保证建筑物的耐久性，对某些材料的抗冻性往往也有一定的要求。

1.1.3 材料的热工性质

1. 导热性

材料传导热量的性能称为导热性。材料的导热性用导热系数表示。

导热系数是指单位厚度的材料，当两个相对侧面温差为 1 K 时，在单位时间内通过单位面积的热量。计算式为：

$$\lambda = \frac{Qd}{Az(t_2 - t_1)}$$

式中　λ ——导热系数 [W/(m·K)]；

　　　Q ——传导的热量（J）；

　　　d ——材料的厚度（m）；

　　　A ——传热面积（m^2）；

　　　z ——传热时间（s）；

　$t_2 - t_1$ ——材料两侧面的温差（K）。

材料的导热系数与材料的成分、构造等因素有关。金属材料的导热系数远远高于非金属材料。对于非金属材料，孔隙率大并且具有封闭孔隙的材料导热系数较小，因为不流动的密闭空气的导热系数很小 $[\lambda = 0.023\mathrm{W}/(\mathrm{m} \cdot \mathrm{K})]$。若材料孔隙是连通的，由于能形成空气对流，导热系数就会增高。水和冰的导热系数很大 $[\lambda_{水} = 0.58/\mathrm{W}(\mathrm{m} \cdot \mathrm{K})，\lambda_{冰} = 2.20/\mathrm{W}(\mathrm{m} \cdot \mathrm{K})]$，所以对于建筑结构中的保温绝热材料，在施工中必须采取措施使其处于干燥状态。

材料的导热系数也会随着材料温度的升高而提高。

2. 热容量

材料加热时吸收热量、冷却时放出热量的性质，称为热容量。热容量反映了 1 g 材料温度升高或降低 1 K 时，所吸收或放出的热量，用比热容表示。其计算式为：

$$c = \frac{Q}{m(t_2 - t_1)}$$

式中　c——材料的比热容 $[\mathrm{J}/(\mathrm{g} \cdot \mathrm{K})]$；

　　　Q——材料吸收或放出的热量（J）；

　　　m——材料的质量（g）；

　$t_2 - t_1$——材料受热或冷却前后的温差（K）。

材料的比热容与质量的乘积称为材料的热容量值，即 $Q_{容} = c \cdot m$。材料的热容量值对保持室内温度的稳定有很大作用。热容量值较大的材料，能在热流变动或采暖、空调工作不均衡时，缓和室内温度的波动。

1.1.4 材料的燃烧性质

燃烧性质是指材料燃烧或遇火时所发生的一切物理和化学变化，该性质由材料表面的着火性和火焰传播性、发热、发烟、炭化、失重以及毒性生成物的产生等特性来衡量。

1. 耐火性

耐火性是指材料在高热或火的作用下保持其原有性质而不损坏的性能，用耐火度表示。工程上用于高温环境的材料和热工设备等都要使用耐火材料。根据材料耐火度的不同，可分为三大类。

①耐火材料。耐火度不低于 1 580 ℃ 的材料，如各类耐火砖等。

②难熔材料。耐火度为 1 350 ℃～1 580 ℃ 的材料，如难熔黏土砖、耐火混凝土等。

③易熔材料。耐火度低于 1 350 ℃ 的材料，如普通黏土砖、玻璃等。

2. 耐燃性

耐燃性是指材料能经受火焰和高温的作用而不被破坏，强度也不显著降低的性能，是影响建筑物防火、结构耐火等级的重要因素。根据材料耐燃性的不同，可分为四大类。

①不燃材料。遇火或高温作用时不起火、不燃烧、不炭化的材料，如混凝土、天然石材、砖、玻璃和金属等。需要注意的是，玻璃、钢铁和铝等材料虽然不燃烧，但在火烧或高温下会发生较大的变形或熔融，因而是不耐火的。

②难燃材料。遇火或高温作用时难起火、难燃烧、难碳化，只有在火源持续存在时才能继续燃烧，火源消除时燃烧即停止的材料，如沥青混凝土和经防火处理的木材等。

③可燃材料。遇火或高温作用时立即起火或微燃，火源消除后仍能继续燃烧或微燃的材料，如木材、沥青等。用可燃材料制作的构件，一般应做防燃处理。

④易燃材料。遇火或高温作用时立即起火并迅速燃烧，火源消除后仍能继续迅速燃烧的材料，如纤维织物等。

1.2 材料的力学性质

1.2.1 强度

材料在外力（荷载）作用下抵抗破坏的能力，称为强度。当材料承受外力作用时，内部就产生应力；随着外力逐渐增加，应力也相应增大，直至材料内部质点间的作用力不能再抵抗这种外力时，材料即破坏，此时的极限外力值就是材料的强度。

根据外力作用方式的不同，材料强度有抗拉、抗压、抗剪和抗弯（抗折）强度等（见图1-2）。

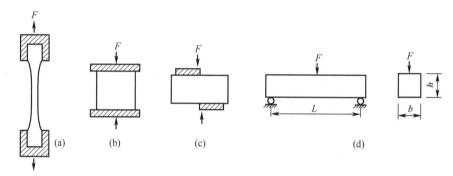

图 1-2 材料受力示意图

（a）拉力；（b）压力；（c）剪切；（d）弯曲

在实验室可采用破坏试验法测试材料的强度。按照国家标准规定的试验方法，将制作好的试件安放在材料试验机上，施加外力（荷载）直至破坏，根据试件尺寸和破坏时的荷载值计算材料的强度。

材料的抗拉、抗压和抗剪强度的计算式为：

$$f = \frac{F_{max}}{A}$$

式中 f——材料的抗拉强度、抗压强度或抗剪强度（MPa）；

F_{max}——材料破坏时的最大荷载（N）；

A——试件的受力面积（mm²）。

材料的抗弯强度与试件受力情况、截面形状及支承条件有关。试验时，通常是将矩形截面的条形试件放在两个支点上，中间作用一集中荷载。材料抗弯强度的计算式为：

$$f_m = \frac{3F_{max}L}{2bh^2}$$

式中 f_m——抗弯强度（MPa）；

F_{max}——弯曲破坏时的最大集中荷载（N）；

L——两支点间的距离（mm）；

b，h ——试件截面的宽度和高度（mm）。

材料的强度主要取决于它的组成和结构。不同种类的材料强度差别很大，即使是同一类材料，强度也有不少差异。一般，材料孔隙率越大，强度越低。另外，不同的受力形式或不同的受力方向，材料的强度也不相同。

在试验室进行材料强度测试时，试验条件对测试结果影响很大。如试件的采样或制作方法、试件的形状和尺寸、试件的表面状况、试验时加载的速度、试验环境的温度和湿度，以及试验数据的取舍等，均在不同程度上影响所得数据的代表性和精确性。所以，进行材料试验时必须严格遵照有关标准规定的方法进行。

强度是材料的主要技术性能之一。大部分建筑材料是根据其试验强度的大小，划分为若干不同的等级（或标号）。这对掌握材料性质、合理选用材料、正确进行设计和控制工程质量很重要。

1.2.2 弹性与塑性

材料在外力作用下产生变形，若除去外力后变形随即消失，这种性质称为弹性。这种可恢复的变形称为弹性变形。

图 1-3 中，当荷载加至略小于材料的弹性极限 A 时，产生弹性变形为 Oa，若卸除荷载，变形将恢复至 O 点。

材料在外力作用下产生变形，若除去外力后仍保持变形后的形状和尺寸，并且不产生裂缝的性质称为塑性。这种不能恢复的变形称为塑性变形。

图 1-3 中，当荷载大于弹性极限 A 时，材料产生明显的塑性变形，卸荷后弹性变形 $o'b$ 可以恢复，但塑性变形 Oo' 不能恢复。

单纯的弹性材料是没有的。有的材料受力不大时只产生弹性变形；受力超过一定限度后，即产生塑性变形，如建筑钢材。有的材料在受力时弹性变形和塑性变形同时产生，如图 1-4 所示，卸掉荷载后弹性变形 ab 可以恢复，而塑性变形 Ob 则不能恢复。混凝土受力变形时就具有这种性质。

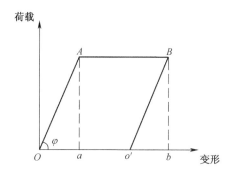

图 1-3　材料的弹性和塑性变形曲线

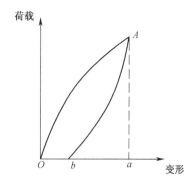

图 1-4　材料的弹塑性变形曲线

1.2.3 脆性与韧性

材料受力破坏时，无显著的变形而突然断裂的性质称为脆性。在常温、静荷载下具有脆性的材料称为脆性材料。如砖、石、陶瓷、玻璃、混凝土、砂浆等大部分无机非金属材料均属于脆性材料，生铁也是脆性材料。这类材料的抗压强度高，而抗拉、抗弯强度低，抗冲击性差。

在冲击、振动荷载作用下，材料能够吸收较大的能量，同时也能产生一定的变形而不致破坏的性质称为韧性或冲击韧性。材料的韧性是用冲击试验来测试的，以试件破坏时单位面积所消耗的功表示。建筑钢材和木材的韧性较高。对于承受冲击荷载和有抗震要求的结构（如用作路面、吊车梁等的材料）都要求具有一定的冲击韧性。

复习思考题

1.1　什么是材料的密度、表观密度和堆积密度？如何利用这三个参数计算块状材料的孔隙率和散粒状材料的空隙率？

1.2　何谓材料的抗冻性？如何表示抗冻性的好坏？材料冻融破坏的原因是什么？

1.3　何谓材料的抗渗性？如何表示抗渗性的好坏？

1.4　评价材料热工性能的常用参数有哪几个？欲保持建筑物内温度的均衡并减少热损失，应选择什么样的建筑材料？

1.5　常用的材料强度有哪几种？分别写出其计算公式。

1.6　试分析材料的孔隙率和孔隙构造（尺寸大小、相互连通还是封闭等）对强度、吸水性、抗渗性、抗冻性以及导热性的影响。

1.7　有一块烧结黏土砖，在潮湿状态下质量为 2 680 g，经测定其含水率为 8%。砖的尺寸为 240 mm×115 mm×53 mm，经干燥并磨成细粉，用排水法测得绝对密实体积为 957 cm^3。试计算该砖的密度、干表观密度、孔隙率和密实度。若将该砖浸水饱和后测得质量为 2 950 g，试计算其质量吸水率和体积吸水率。

1.8　已知某石子的密度为 2.65 g/cm^3，表观密度为 2.61 g/cm^3，堆积密度为 1 685 kg/cm^3，求此石子的孔隙率和空隙率。

1.9　做某烧结黏土砖抗压试验时，砖试件的受压面积为 115 mm×120 mm，测得破坏荷载为 136 kN，求该砖的抗压强度。

1.10　用 φ18 的钢筋做拉伸试验，测得最大拉力是 99.6 kN，求该钢筋的抗拉强度。

1.11　水泥胶砂试件尺寸为 40 mm×40 mm×160 mm，做抗折试验时两支点间距离为 100 mm，折断时最大荷载为 3.5 kN，求其抗弯强度。

天然石材

📋 教学目标

1. 了解常用岩石的形成、结构及构造；
2. 掌握建筑工程中常用石材的主要性质、品种及应用。

凡采自天然岩石，经过加工或未经加工的石材，统称为天然石材。

天然石材是最古老的建筑材料之一。因为天然石材具有很高的抗压强度、良好的耐磨性和耐久性，经加工后表面美观，富有装饰性，资源分布广，蕴藏量丰富，便于就地取材，所以至今仍然得到广泛的应用。天然石材除用于砌筑工程和装饰工程外，还可用作混凝土、砂浆等人造石材的骨料，或用作生产其他建筑材料的原料，如生产石灰、建筑石膏、水泥和无机绝热材料等。

天然石材属脆性材料，其特点是抗拉强度低、自重大、硬度高、加工和运输比较困难。

2.1　建筑中常用的岩石

岩石是由各种不同的地质作用所形成的天然固态矿物的集合体，具有一定的化学成分、矿物成分、结构和构造。由单一矿物组成的岩石称为单矿岩，如石灰岩主要是由方解石（结晶 $CaCO_3$）组成的单矿岩；由两种或多种矿物组成的岩石称为多矿岩，如花岗岩是由长石（铝硅酸盐）、石英（结晶 SiO_2）、云母（钾、镁、锂、铝等的铝硅酸盐）等矿物组成的多矿岩。

岩石的性质是由矿物的特性、结构、构造等因素决定。岩石的结构是指矿物的结晶程度、结晶大小、形态及相互排列关系，如玻璃状、细晶状、粗晶状、斑状、纤维状等。岩石的构造是指矿物在岩石中的排列及相互配置关系，如致密状、层状、片状、多孔状、流纹状等。天然岩石按地质成因可分为火成岩、沉积岩、变质岩三大类。

2.1.1　火成岩

火成岩也称岩浆岩，由地壳深处熔融岩浆上升冷却而成，具有结晶结构而没有层理。根据生成条件的不同，火成岩可分为深成岩、喷出岩、火山岩三类。

1. 深成岩

深成岩是岩浆在地表深处受上部覆盖层的压力作用，缓慢冷却而形成的岩石。其特点是结晶完全、晶粒明显可辨、构造致密、表观密度大、抗压强度高、吸水率小、抗冻及耐久性好。

花岗岩是常用的一种深成岩。其组成矿物呈酸性，由于次要矿物成分含量的不同呈灰白色、黄色或浅红色等颜色。花岗岩表观密度为 2 600～2 800 kg/m³, 抗压强度为 120～250 MPa, 孔隙率和吸水率小（0.1%～0.7%）, 抗冻及耐磨性好, 耐久性高。因为花岗岩中所含石英在 573 ℃时会发生晶型转变, 所以耐火性差, 遇高温时将因不均匀膨胀而崩裂。

有些花岗岩具有放射性, 放射性超标的花岗岩不得用于人经常接触的建筑部位。

在建筑工程中, 花岗岩可用作砌筑基础、勒脚、踏步等。经磨光的花岗岩板材装饰效果好, 可用作外墙面、柱面和地面装饰。花岗岩有较高的耐酸性, 可用作工业建筑中的耐酸衬板或耐酸沟、槽、容器等。花岗岩碎石和粉料可配制耐酸混凝土和耐酸胶泥。

深成岩中除花岗岩外, 还有正长岩、闪长岩、辉长岩可用作建筑石材。其中, 辉长岩色深、结构密实, 性能优于花岗岩, 有时称为黑色花岗岩。

2. 喷出岩

喷出岩是岩浆喷出地表冷凝而成。岩浆冷却较快, 大部分结晶不完全且呈细小结晶状; 岩浆中所含气体在压力骤减时会在岩石中形成多孔构造。建筑中用到的喷出岩有玄武岩、辉绿岩、安山岩等。玄武岩和辉绿岩可作为耐酸和耐热材料, 还是生产铸石和岩棉的原料。

3. 火山岩

火山岩是火山爆发时岩浆被喷到空中急速冷却而形成的多孔散粒状岩石, 多呈玻璃质结构, 有较高的化学活性, 如火山灰、火山渣、浮石等。火山凝灰岩是由散粒状岩石层受到覆盖层压力作用胶结成的岩石。

火山灰可用作生产水泥的混合材料。浮石是配制轻混凝土的一种天然轻骨料。火山凝灰岩容易分割, 可用于砌筑基础、墙体等。

2.1.2 沉积岩

沉积岩也称水成岩, 是各种岩石经风化、搬运、沉积和再造岩作用而形成的岩石。沉积岩呈层状构造, 孔隙率和吸水率大, 强度和耐久性较火成岩低, 但沉积岩分布广、容易加工, 在建筑上应用广泛。

沉积岩按照生成条件分为机械沉积岩、化学沉积岩、生物沉积岩三类。

1. 机械沉积岩

机械沉积岩是岩石风化破碎以后又经风、雨、河流及冰川等搬运、沉积、重新压实或胶结作用, 在地表或距地表不太深处形成的岩石, 主要有砂岩、砾岩、角砾岩和页岩等。

砂岩是由砂粒经胶结而成。由于胶结结构和致密程度的不同, 性能差别很大。胶结物质有硅质、石灰质、铁质和黏土质。致密的硅质砂岩性能接近花岗岩, 表观密度达 2 600 kg/m³, 抗压强度可达 250 MPa, 如产于南京钟山和山东掖县的白色硅质砂岩质地密实均匀、耐久性高, 是石雕制品的好原料。石灰质砂岩性能类似于石灰岩, 抗压强度为 60～80 MPa, 比较容易加工。铁质砂岩性能较石灰质砂岩差。黏土质砂岩强度不高, 耐水性也差。

砾岩和角砾岩的构成和性能与砂岩相似。

页岩由黏土沉积而成, 呈页片状, 强度低、耐水性差, 不能直接用作建筑材料。页岩可代替黏土烧砖或烧制页岩陶粒。

2. 化学沉积岩

化学沉积岩是岩石中的矿物溶于水后，经富集、沉积而成的岩石，如石膏、白云岩、菱镁矿等。石膏的化学成分为 $CaCO_4 \cdot 2H_2O$，是烧制建筑石膏和生产水泥的原料；白云岩的主要成分是白云石（$CaCO_3 \cdot MgCO_3$），其性能接近石灰岩；菱镁矿的化学成分为 $MgCO_3$，是生产耐火材料的原料。

3. 生物沉积岩

生物沉积岩是海生动植物的遗骸经分解、分选、沉积而成的岩石，如石灰岩、硅藻土等。

石灰岩的主要成分为方解石（$CaCO_3$），常含有白云石、菱镁矿、石英、蛋白石、含铁矿物和黏土等。其颜色通常为灰白色，因含杂质而呈现浅灰色、深灰色、浅黄色、淡红色等颜色。石灰岩表观密度为 2 000～2 600 kg/m³，抗压强度为 20～120 MPa。大部分石灰岩构造致密，耐水性和抗冻性较好。

石灰岩分布广，易于开采加工。块状材料可用于砌筑工程，碎石可用作混凝土骨料。石灰岩还是生产石灰、水泥等建筑材料的原料。

硅藻土是由硅藻的细胞壁沉积而成，富含无定形 SiO_2，呈浅黄色或浅灰色，质软而轻，多孔，易磨成粉末，有极强的吸水性，是热、声和电的不良导体，因此可用作轻质、绝缘、隔声的建筑材料。

2.1.3 变质岩

变质岩是地壳中原有的岩石在地质运动过程中受到高温、高压的作用，在固态下发生矿物成分、结构构造和化学成分变化形成的新岩石。建筑中常用的变质岩有大理岩、蛇纹岩、石英岩、片麻岩、板岩等。

1. 大理岩

大理岩也称大理石，是由石灰岩、白云岩经变质而成的具有细晶结构的致密岩石。大理岩在我国分布广泛，以云南大理的最负盛名。大理岩表观密度为 2 600～2 700 kg/m³，抗压强度较高，达 100～130 MPa。大理岩质地密实但硬度不高，易于加工，可用于石雕或磨光成镜面。纯大理岩为白色，若含有不同杂质则呈灰色、黄色、玫瑰色、粉红色、红色、绿色、黑色等多种色彩和花纹，是高级装饰材料。

因大理岩的主要矿物成分为方解石或白云石，是不耐酸的，所以不宜用在室外或有酸腐蚀的场合。

2. 蛇纹岩

蛇纹岩是由岩浆岩变质而成的岩石，呈绿色、暗灰绿色、黄色等颜色，结构致密，硬度不大，易于加工，有树脂或蜡状光泽。岩脉中呈纤维状者称蛇纹石棉或温石棉，是常用的绝热材料。

3. 石英岩

石英岩是由硅质砂岩变质而成，质地均匀致密，硬度大，抗压强度高达 250～400 MPa，加工困难，但耐久性强。石英岩板材可用作重要建筑的饰面材料或地面、踏步、耐酸衬板等。

4. 片麻岩

片麻岩是由花岗岩等火成岩变质而成。矿物成分与花岗石相近，具有片麻状构造，垂直于片理方向抗压强度为 120～200 MPa，沿片理方向易于开采加工。片麻岩吸水性高，抗冻性差，通常加工成毛石或碎石，用于不重要的工程。

5. 板岩

板岩是由页岩或凝灰岩变质而成。板岩构造细密呈片状，易于剥裂成坚硬的薄片状。其强度、耐水性、抗冻性均高，是一种天然的屋面材料，可用于园林建筑。

2.2 石　　材

2.2.1 石材的主要技术性质

1. 表观密度

石材的表观密度与其矿物组成、孔隙率等因素有关。通常，表观密度大的石材孔隙率低，抗压强度高，耐久性好。

按照表观密度的大小可将石材分为重质石材（表观密度大于 1 800 kg/m³）和轻质石材（表观密度小于或等于 1 800 kg/m³）。重质石材可用于建筑物的基础、勒脚、贴面、地面、桥涵、挡土墙及水工构筑物等，轻质石材可用作墙体材料。

2. 强度等级

石材的强度等级分为七个：MU100、MU80、MU60、MU50、MU40、MU30、MU20。它是以 3 个边长为 70 mm 的立方体试块的抗压强度平均值确定划分的。

3. 硬度

石材的硬度取决于组成矿物的硬度和构造，硬度影响石材的易加工性和耐磨性。石材的硬度常用莫氏硬度表示，它是一种刻画硬度。各莫氏硬度级的标准矿物见表 2-1。

表 2-1 矿物的莫氏硬度表

硬物	1	2	3	4	5	6	7	8	9	10
矿物	滑石	石膏	方解石	萤石	磷灰石	长石	石英	黄玉	刚玉	金刚石

如在某石材一平滑面上用长石刻画不能留下刻痕，而用石英刻画可留刻痕，那么此种石材莫氏硬度为 7。

2.2.2 石材的品种与应用

1. 毛石

毛石也称片石，是采石场由爆破直接获得的形状不规则的石块。根据平整程度又将其分为乱毛石和平毛石两类。

①乱毛石其形状不规则，一般高度不小于 150 mm，一个方向长度达 300～400 mm，重 20～30 kg。

②平毛石它是由乱毛石略经加工而成，基本上有 6 个面，但表面粗糙。

毛石可用于砌筑基础、勒脚、墙身、堤坝、挡土墙等，乱毛石也可用作毛石混凝土的骨料。

2. 料石

料石是由人工或机械开采出的较规则的六面体石块，再略经凿琢而成。根据表面加工的平整程度分为毛料石、粗料石、半细料石和细料石四种。

①毛料石。其外形大致方正，一般不加工或稍加修整，高度不小于 200 mm，长度为高度的 1.5～3 倍，叠砌面凹凸深度不大于 25 mm。

②粗料石。其高度和厚度都不小于 200 mm，且不小于长度的 1/4，叠砌面凹凸深度不大于 20 mm。

③半细料石。其规格尺寸同粗料石，叠砌面凹凸深度不大于 15 mm。

④细料石。其规格尺寸同粗料石，叠砌面凹凸深度不大于 10 mm。

料石一般由致密均匀的砂岩、石灰岩、花岗岩加工而成，用于砌筑基础、墙身、踏步、地坪、纪念碑等。

3. 饰面石材

用于建筑物内外墙面、柱面、地面、栏杆、台阶等处装修的石材称为饰面石材。饰面石材按岩石种类分主要有大理石和花岗石两大类。大理石是指变质或沉积的碳酸盐类岩石，有大理岩、白云岩、石英岩、蛇纹岩等。例如，著名的汉白玉是产于北京房山的白云岩，云南大理石是产于大理的大理岩，丹东绿为蛇纹石化硅卡岩。花岗石是指可开采为石材的各类火成岩，有花岗岩、安山岩、辉绿岩、辉长岩、玄武岩等。例如，产于北京白虎洞的白色花岗石是花岗岩，济南青是辉长岩，青岛产的黑色花岗岩是辉绿岩。

饰面石材有的加工成平面的板材，或者加工成曲面的各种定型件。表面经不同的工艺可加工成凹凸不平的毛面，或者经过精磨抛光成光彩照人的镜面。

大理石饰面材料因主要成分碳酸钙不耐大气中酸雨的腐蚀，所以除了少数含杂质少、质地较纯的品种（如汉白玉、艾叶青等）外，不宜用于室外装修工程，否则面层会很快失去光泽，并且耐久性会变差。花岗石饰面石材抗压强度高，耐磨性、耐久性均高，不论用于室内或室外，使用年限都很长。

4. 色石渣

色石渣也称色石子，是由天然大理石、白云石、方解石或花岗岩等石材经破碎筛选加工而成，作为骨料主要用于人造大理石、水磨石、水刷石、干黏石、斩假石等建筑物面层的装饰工程。其规格、品种和质量要求见表 2-2。

表 2-2　色石渣的规格、品种及质量要求

规格俗称	平均粒径（mm）	常用品种	质量要求
大二分	20	白石渣、房山白、奶油白、湖北黄、易县黄、松香石、东北红、盖平红、桃红、东北绿、丹东绿、玉泉灰、墨玉、苏州黑等	颗粒坚固，无杂色，有棱角，洁净，不含风化颗粒，使用时须冲洗干净
一分半	15		
大八厘	8		
中八厘	6		
小八厘	4		
米粒石	0.3～1.2		

复习思考题

2.1　简述火成岩、沉积岩、变质岩的形成及主要特征。

2.2　石材的主要技术性质有哪些?

2.3　常用的石材有哪些品种? 用于何处?

2.4　一般情况下表观密度大的石材,其密实度、强度、吸水率、抗冻性如何?

2.5　为什么大理石饰面板材不宜用于室外装饰?

2.6　常用的色石渣有哪些规格、品种? 主要用于何处?

气硬性胶凝材料

教学目标

1. 了解石膏的品种、凝结硬化过程、技术性质，掌握建筑石膏的特性及其在工程中的应用；

2. 了解石灰的原料与生产、熟化硬化过程、技术性质，掌握石灰的特性及其在工程中的应用；

3. 了解水玻璃的组成、硬化，熟悉水玻璃的特性及其在工程中的应用；

4. 能够解决或解释工程中相关问题。

胶凝材料是指在一定条件下通过自身的一系列变化，能把其他材料胶结成具有一定强度的整体的材料，通常分为有机胶凝材料和无机胶凝材料两大类。

有机胶凝材料是指以天然的或人工合成的高分子化合物为基本组分的一类胶凝材料，如沥青、树脂等。

无机胶凝材料是指以无机矿物为主要成分的一类胶凝材料，当其与水或水溶液拌和后形成浆体，经过一系列物理化学变化，将其他材料胶结成具有强度的整体，如石灰、石膏、水泥等。

无机胶凝材料根据硬化条件不同又分为气硬性胶凝材料和水硬性胶凝材料两种。气硬性胶凝材料一般只能在空气中硬化并保持其强度，如石灰、石膏等；水硬性胶凝材料既能在空气中硬化，又能在水中硬化并保持和发展其强度，如水泥等。

3.1 建 筑 石 膏

3.1.1 石膏的品种和生产

我国的石膏资源极其丰富，分布很广，有自然界存在的天然二水石膏（$CaSO_4 \cdot 2H_2O$，又称软石膏或生石膏）、天然无水石膏（$CaSO_4$，又称硬石膏）和各种工业副产品或废料—化学石膏。石膏胶凝材料的生产，通常是用天然二水石膏经低温煅烧、脱水、磨细而成。

二水石膏在 107 ℃～170 ℃时激烈脱水，水分迅速蒸发，成为 β 型半水石膏。

$$CaSO_4 \cdot 2H_2O \xrightarrow{107\,℃～170\,℃} (\beta 型)\ CaSO_4 \cdot \frac{1}{2}H_2O + 1\frac{1}{2}H_2O$$

β 型半水石膏磨细即为建筑石膏。其中杂质含量少、颜色洁白者称模型石膏。

二水石膏在 0.13 MPa 压力的蒸压锅内蒸炼（温度 125 ℃）脱水，可制得 α 型半水石膏。

$$CaSO_4 \cdot 2H_2O \xrightarrow{125\ ℃,\ 0.13\ MPa} (\alpha\ 型)\ CaSO_4 \cdot \frac{1}{2}H_2O + 1\frac{1}{2}H_2O$$

α 型半水石膏浆体硬化后的强度较高，故又称高强石膏。

3.1.2 建筑石膏的凝结硬化

半水石膏遇水后将重新水化生成二水石膏：

$$2\left(CaSO_4 \cdot \frac{1}{2}H_2O\right) + 3H_2O \rightleftharpoons 2(CaSO_4 \cdot 2H_2O)$$

二水石膏在水中的溶解度比半水石膏小，因此，二水石膏不断从过饱和溶液中析出。二水石膏的析出打破了原有半水石膏的化学平衡，促使半水石膏进一步溶解，直到半水石膏完全水化。随着浆体中自由水分因水化和蒸发而逐渐减少，浆体也逐渐变稠，这个过程称为凝结过程。其后，二水石膏晶体继续大量形成、长大，晶体之间互相交错连生，形成结晶结构网，使浆体变硬，并形成具有强度的石膏制品，这个过程称为硬化过程。

3.1.3 建筑石膏的技术性质和特点

1. 建筑石膏的技术性质

建筑石膏的密度为 2.5～2.8 g/cm³，表观密度为 800～1 000 kg/m³。建筑石膏的技术要求主要有细度、凝结时间和强度。按 2 h 抗折强度分为 3.0、2.0、1.6 三个等级（见表 3-1）。

表 3-1　建筑石膏的技术要求（GB/T 9776—2008）

等级	细度（0.2 mm 方孔筛筛余）（%）	凝结时间（min）		2 h 强度（MPa）	
		初凝	终凝	抗折	抗压
3.0				≥3.0	≥6.0
2.0	≤10	≥3	≤30	≥2.0	≥4.0
1.6				≥1.6	≥3.0

2. 建筑石膏的特点

（1）凝结硬化快

建筑石膏加水拌和后，浆体几分钟后便开始失去可塑性，30 min 内完全失去可塑性而产生强度，这对成型带来一定的困难，因此在使用过程中常掺入一些缓凝剂，如硼砂、柠檬酸、骨胶、皮胶等，其中硼砂的缓凝效果最好，用量为石膏质量的 0.2%～0.5%。

（2）凝固时体积微膨胀

多数胶凝材料在硬化过程中一般都会产生收缩变形，而建筑石膏在硬化时体积却膨胀，膨胀率为 0.5%～1%。这一性质使石膏制品尺寸准确，形体饱满，再加上石膏本身颜色洁白，质地细腻，因而特别适合制作建筑装饰制品。

（3）孔隙率大，表观密度小，绝热、吸声性能好

为了使石膏浆体具有施工要求的可塑性，建筑石膏在加水拌和时往往加入大量的水（占建筑石膏质量的 60%～80%），而建筑石膏理论需水量仅占 18.6%，这些多余的自由水蒸发后留下许多孔隙。因此石膏制品具有表观密度小、保温隔热性能好、吸声性能好等优点，同时也带来强度低、吸水率大等缺点。

（4）具有一定的调温调湿性

建筑石膏是一种无毒无味、不污染环境、对人体无害的建筑材料。由于其具有较强的吸湿性、热容量大、保温隔热性能好，故在室内小环境条件下能在一定程度上调节环境的湿度和温度，使室内环境更符合人体生理需要，有利于人体健康。

（5）防火性好，但耐火性差

建筑石膏硬化后主要成分为 $CaSO_4 \cdot 2H_2O$，其中的结晶水在常温下是稳定的，但当遇到火灾时，结晶水吸收大量热量，蒸发变为水蒸气，一方面延缓石膏表面温度的升高，另一方面水蒸气幕可有效地阻止火势蔓延，起到防火作用。但二水石膏脱水后强度下降，因此耐火性差。

（6）耐水性、抗冻性差

建筑石膏制品的孔隙率大，且二水石膏可微溶于水，遇水后强度大大降低，其软化系数仅为 0.2～0.3，是不耐水材料。若石膏制品吸水后再受冻，会因孔隙中水分结冰膨胀而破坏，因此，石膏制品不宜用在潮湿寒冷的环境中。

3.1.4 建筑石膏的用途

石膏的应用很广，除用于室内抹面、粉刷外，主要的用途是制成各种石膏制品。常见的有：

（1）纸面石膏板

纸面石膏板是以石膏料浆为夹心，两面用纸作护面而制成的各种轻质板材。它包括普通纸面石膏板、防水纸面石膏板及防火纸面石膏板等。这类板材生产工艺简单，生产效率高，装饰效果好，可用作非承重的隔墙或吊顶材料。

（2）石膏装饰板

石膏装饰板是以建筑石膏为主要原料，掺加少量纤维增强材料和胶结料制成的有多种图案、花饰的板材，如石膏印花板、穿孔吊顶板、石膏浮雕吊顶板及纸面石膏饰面装饰板等。这类石膏板轻质、高强、防火，并可调节室内湿度，具有施工方便、加工性能好等优点，适用于宾馆、住宅等建筑的室内顶棚和墙面装饰。

（3）纤维石膏板

纤维石膏板是以建筑石膏为主要原料，掺加适量纤维增强材料制成。这种板材韧性好，常用作工业与民用建筑的内隔墙和天花板等。

（4）石膏空心条板

石膏空心条板是以建筑石膏为主要原料，掺加适量轻质填充料或少量纤维增强材料加工而成的一种空心板材，具有轻质、隔声、隔热等特点，可用作建筑物的内隔墙。

（5）石膏空心砌块和石膏夹心砌块

石膏空心砌块和石膏夹心砌块是以建筑石膏为主要原料，经料浆拌和、浇筑成型等工艺制成的轻质隔墙块型材料。如中心填以废泡沫塑料等轻质材料，即为石膏夹心砌块。石膏空心砌块具有表面平整、不需粉刷、施工方便等优点，主要用作建筑物的非承重内隔墙。

石膏还可用来生产各种浮雕和装饰品，如浮雕饰线、艺术灯圈、角花等。

石膏制品具有轻质、新颖、美观、价廉等优点，但强度较低、耐水性能差。为了提高石膏的强度及耐水性，近年来，我国科研工作者先后研制成功多种石膏外加剂（如石膏专用减水增强剂等），给石膏的应用提供了更广阔的前景。

3.2 石 灰

3.2.1 石灰的生产与品种

石灰是由石灰岩煅烧而成。石灰岩的主要成分是碳酸钙（$CaCO_3$）和碳酸镁（$MgCO_3$）。石灰岩在适当温度（$1\,000\,℃\sim1\,100\,℃$）下煅烧，得到以 CaO 为主要成分的物质即石灰，也叫生石灰（其中含一定量 MgO）：

$$CaCO_3 \xrightarrow{1\,000\,℃\sim1\,100\,℃} CaO（生石灰）+CO_2\uparrow-178\ kJ/mol$$

根据加工方法不同，石灰可分为块状生石灰、磨细生石灰粉、消石灰粉和石灰浆。

①块状生石灰。它是由原料煅烧而得的原产品。

②磨细生石灰粉。它是以块状生石灰为原料，经破碎、磨细而成，也称建筑生石灰粉。

③消石灰粉。它是生石灰用适量水消解而得到的粉末，也称熟石灰，主要成分为 $Ca(OH)_2$。

④石灰浆。它是生石灰用较多的水（为生石灰体积的 3～4 倍）经消解沉淀而得到的可塑性膏状体，主要成分为 $Ca(OH)_2$ 和 H_2O。如果加更多的水，则成石灰乳。

生石灰根据熟化速度分为快熟石灰、中熟石灰和慢熟石灰，其熟化速度见表 3-2。

表 3-2　生石灰熟化速度分类

石 灰 种 类	熟 化 速 度
快熟石灰	熟化时间在 10 min 以内
中熟石灰	熟化时间为 10～30 min
慢熟石灰	熟化时间在 30 min 以上

3.2.2 石灰的熟化与硬化

生石灰加水生成氢氧化钙的过程，称为石灰的熟化或消解过程。其反应式如下：

$$CaO+H_2O =\!=\!=\!= Ca(OH)_2+65.9\ kJ/mol$$

石灰熟化时放出大量的热，其体积膨胀 1～2.5 倍，熟化后的产物 $Ca(OH)_2$ 称为熟石灰或消石灰。

石灰熟化的理论需水量为石灰质量的 32%，但为了使 CaO 充分水化，实际加水量达 70%～100%。

石灰岩在煅烧过程中可能生成过火石灰。过火石灰熟化十分缓慢，其产物在已硬化的灰浆中膨胀，引起墙面崩裂或隆起，影响工程质量。为了保证石灰充分熟化，必须将石灰浆在贮灰坑中存放两星期以上，这一过程称为石灰的"陈伏"。

石灰的硬化包含两个同时进行的过程：

①结晶过程——多余水分蒸发或被砌体吸收，$Ca(OH)_2$ 逐渐从饱和溶液中析出结晶。

②碳化过程—— $Ca(OH)_2$ 和空气中的 CO_2 化合，生成碳酸钙晶体。反应式如下：

$$Ca(OH)_2+CO_2+nH_2O =\!=\!=\!= CaCO_3+（n+1）H_2O$$

生成的碳酸钙晶体互相交叉连生，或与氢氧化钙共生，构成紧密交织的结晶网，使硬化浆体强度进一步提高。但由于空气中二氧化碳含量很低，且表面形成致密的碳化层，使二氧化碳难以渗入内部，因此石灰碳化过程很慢。

3.2.3 石灰的技术性质和特性

1. 石灰的技术性质

根据 MgO 含量的多少，生石灰分为钙质生石灰（MgO 含量小于或等于 5%）和镁质生石灰（MgO 含量大于 5%）。根据规定，钙质生石灰和镁质生石灰化学成分及物理性质要求见表 3-3 和表 3-4。

表 3-3 建筑生石灰的化学成分（JC/T 479—2013）　%

名称	(氧化钙+氧化镁)（CaO+MgO）	氧化镁（MgO）	二氧化碳（CO2）	三氧化硫（SO3）
CL 90-Q CL 90-QP	≥90	≤5	≤4	≤2
CL 85-Q CL 85-QP	≥85	≤5	≤7	≤2
CL 75-Q CL 75-QP	≥75	≤5	≤12	≤2
ML 85-Q ML 85-QP	≥85	>5	≤7	≤2
ML 80-Q ML 80-QP	≥80	>5	≤7	≤2

注：CL ——钙质石灰；Q ——块状；ML ——镁质石灰；QP ——粉状。

表 3-4 建筑生石灰的物理性质（JC/T 479—2013）

名称	产浆量 dm³/10 kg	细度 0.2 mm 筛余量 %	细度 90 μm 筛余量 %
CL 90-Q CL 90-QP	≥26 —	— ≤2	— ≤7
CL 85-Q CL 85-QP	≥26 —	— ≤2	— ≤7
CL 75-Q CL 75-QP	≥26 —	— ≤2	— ≤7
ML 85-Q ML 85-QP	— —	— ≤2	— ≤7
ML 80-Q ML 80-QP	— —	— ≤7	— ≤2

注：其他物理特性，根据用户要求，可按照 JC/T 478.1 进行测试。

按 MgO 含量的多少，建筑消石灰分为钙质消石灰（MgO 含量小于 4%）和镁质消石灰（MgO 含量为 4%～24%），这两种消石灰的化学成分及物理性质见表 3-5 和表 3-6。

表 3-5 建筑消石灰的化学成分（JC/T 481—2013）　%

名称	(氧化钙+氧化镁)（CaO+MgO）	氧化镁（MgO）	三氧化硫（SO3）
HCL 90	≥90		
HCL 85	≥85	≤5	≤2
HCL 75	≥75		
HML 85	≥85	>5	≤2
HML 80	≥80		

注：表中数值以试样扣除游离水和化学结合水后的干基为基准。

表 3-6 建筑消石灰的物理性质（JC/T 481—2013）

名称	游离水 %	细度 0.2 mm 筛余量 %	细度 90 μm 筛余量 %	安定性
HCL 90				
HCL 85				
HCL 75	≤2	≤2	≤7	合格
HML 85				
HML 80				

注：HCL ——钙质消石灰；HML ——镁质消石灰。

2. 石灰的特性

(1) 良好的可塑性及保水性

生石灰熟化后形成颗粒极细（粒径为 0.001 mm）、呈胶体分散状态的 $Ca(OH)_2$ 粒子，颗粒表面能吸附一层较厚的水膜，因而使石灰具有良好的可塑性及保水性。利用这一性质，在水泥砂浆中加入石灰膏可明显提高砂浆的可塑性，改善砂浆的保水性。

(2) 凝结硬化慢、强度低

从石灰的凝结硬化过程可知，石灰的凝结硬化速度非常缓慢。生石灰熟化时的理论需水量较小，为了使石灰具有良好的可塑性，常常加入较多的水，多余的水分在硬化后蒸发，在石灰内部形成较多的孔隙，使硬化后的石灰强度不高，1:3 石灰砂浆 28 d 抗压强度通常为 0.2～0.5 MPa。

(3) 耐水性差

石灰是一种气硬性胶凝材料，不能在水中硬化。对于已硬化的石灰浆体，若长期受到水的作用，会因 $Ca(OH)_2$ 溶解而导致破坏，所以石灰耐水性差，不宜用于潮湿环境及遭受水侵蚀的部位。

(4) 体积收缩大

石灰浆体在硬化过程中要蒸发大量的水，使石灰内部毛细孔失水收缩，引起体积收缩。因此，石灰除调制成石灰乳作薄层涂刷外，一般不单独使用，常在石灰中掺入砂、麻刀、纸筋等材料以减少收缩。

(5) 吸湿性强

生石灰吸湿性强，保水性好，是传统的干燥剂。

3.2.4 石灰的应用

(1) 配制石灰砂浆和石灰乳

用水泥、石灰膏、砂配制成的混合砂浆广泛用于墙体砌筑或抹灰，用石灰膏与砂或纸筋、麻刀配制成的石灰砂浆、石灰纸筋灰、石灰麻刀灰广泛用作内墙、天棚的抹面砂浆。由石灰膏稀释成的石灰乳，可用作简易的粉刷涂料。

(2) 配制灰土与三合土

消石灰粉或生石灰粉与黏土拌和，称为灰土，若加入砂石或炉渣、碎砖等即成三合土。夯实后的灰土或三合土广泛用作建筑物的基础、路面及地面的垫层，其强度和耐水性比石灰和黏土都高，原因是黏土颗粒表面的少量活性二氧化硅、三氧化二铝与石灰起反应，生成水化硅酸钙和水化铝酸钙等不溶于水的水化矿物的缘故。另外，石灰改善了黏土的可塑性，在强力夯打下密实度提高，也是其强度和耐水性改善的原因之一。

(3) 生产硅酸盐制品

磨细生石灰或消石灰粉与砂或粒化高炉矿渣、炉渣、粉煤灰等硅质材料混合成型，再经常压或高压蒸汽养护，就可制得密实或多孔的硅酸盐制品，如灰砂砖、粉煤灰砖、加气混凝土砌块等。

(4) 生产碳化石灰板

将磨细生石灰、纤维状填料或轻质骨料按比例混合搅拌成型，再通入 CO_2 进行人工碳化 12～24 h，可制成轻质板材。为提高碳化效果、减轻自重，可制成空心板。其制品表观密度小（为 700～800 kg/m^3，导热系数低 [小于 0.23 $W/(m \cdot K)$]，可用作非承重的保温材料。

此外，石灰还可用作激发剂，掺加到高炉矿渣、粉煤灰等活性混合材内，共同磨细而制成具有水硬性的无熟料水泥。

3.3 水 玻 璃

水玻璃俗称泡花碱，是碱金属氧化物和二氧化硅结合而成的能溶解于水的一种硅酸盐材料。最常用的水玻璃是硅酸钠水玻璃（$Na_2O \cdot nSiO_2$）及硅酸钾水玻璃（$K_2O \cdot nSiO_2$）。

生产水玻璃的方法有湿法和干法两种。湿法生产硅酸钠水玻璃时，将石英砂和苛性钠溶液在蒸压锅内用蒸汽加热搅拌，使其直接反应生成液体水玻璃。干法是将石英砂和碳酸钠磨细拌匀，在熔炉内于 1 300 ℃～1 400 ℃下熔化，反应生成固体水玻璃，然后在水中加热溶解而成液体水玻璃：

$$Na_2CO_3 + nSiO_2 \xrightarrow{1\ 300\ ℃～1\ 400\ ℃} Na_2O \cdot nSiO_2 + CO_2 \uparrow$$

式中　n——二氧化硅与氧化钠的摩尔数比，称为水玻璃模数。建筑用水玻璃模数 n 通常为
　　　　2.6～2.8。模数大时，水玻璃黏度增加，可溶性降低，较易分解、硬化。

水玻璃硬化是吸收空气中 CO_2 而析出无定形硅酸：

$$Na_2O \cdot nSiO_2 + CO_2 + mH_2O = nSiO_2 \cdot mH_2O + Na_2CO_3$$

这个过程进行很慢。为加速其硬化，可将水加热或加入硬化剂（如 Na_2SiF_6），其掺水量为水玻璃质量的 12%～15%。

水玻璃具有很强的耐酸性能，能经受大多数无机酸与有机酸的作用，因此，常以水玻璃为胶凝材料，与耐酸骨料拌和，配制耐酸砂浆和耐酸混凝土。

水玻璃耐热性良好，能长期承受一定高温作用而强度不降低，因此，工程中常用来配制耐热砂浆和耐热混凝土。

此外，水玻璃还可涂刷砖、硅酸盐制品等建筑材料的表面，以提高其密实度、耐水性及抗风化能力；掺入砂浆或混凝土中，用于结构物的修补堵漏；与氯化钙溶液交替灌入地基缝隙，用于加固地基等。这些都是水玻璃在实际工程中常见的具体应用。

复习思考题

3.1　气硬性胶凝材料与水硬性胶凝材料有何区别？

3.2　石膏有哪些特点？有哪些用途？

3.3　为什么石灰膏使用前应有两星期以上的"陈伏"期？

3.4　石灰有哪些特性？有哪些用途？

3.5　石膏和石灰各是如何凝结硬化的？

3.6　水玻璃有哪些用途？

水 泥

教学目标

1. 了解硅酸盐水泥的生产，熟悉硅酸盐水泥的矿物组成，理解其凝结硬化过程；

2. 掌握通用硅酸盐水泥的品种、组成、主要技术性质、性能及适用范围，在工程中能够合理选用水泥品种；

3. 了解其他品种水泥以及水泥储存、运输和保管应注意的事项；

4. 能够进行水泥技术性质检测，并对检测结果判定；

5. 能够解决或解释工程中相关问题。

水泥是建筑工程中最重要的建筑材料之一，它和钢材、木材构成了基本建设的三大材料。

水泥是无机水硬性胶凝材料，它与水拌和形成的浆体既能在空气中硬化，又能在水中硬化，因此，水泥不仅大量应用于工业与民用建筑工程，还广泛用于农业、交通、海港和国防建设等工程中。

水泥的品种很多，按其主要成分分为硅酸盐水泥、铝酸盐水泥、硫铝酸盐水泥和磷酸盐水泥。按水泥的用途和性能又可分为通用水泥（常用于一般工程的水泥，如硅酸盐水泥、矿渣硅酸盐水泥等）、专用水泥（具有专门用途的水泥，如中、低热水泥等）及特种水泥（具有某种特殊性能的水泥，如快硬硅酸盐水泥、膨胀水泥等）。这些水泥中，硅酸盐水泥是最基本的。

4.1 硅酸盐水泥

根据国家标准《通用硅酸盐水泥》（GB 175—2007）规定，通用硅酸盐水泥（Common Portland Cement）是指以硅酸盐水泥熟料和适量的石膏，以及规定的混合材料制成的水硬性胶凝材料。通用硅酸盐水泥按混合材料的品种和掺量分为硅酸盐水泥、普通硅酸盐水泥、矿渣硅酸盐水泥、火山灰质硅酸盐水泥、粉煤灰硅酸盐水泥和复合硅酸盐水泥。本节重点介绍硅酸盐水泥。

凡由硅酸盐水泥熟料、0~5%石灰石或粒化高炉矿渣、适量石膏磨细制成的水硬性胶凝材料，称为硅酸盐水泥。硅酸盐水泥分两种类型，不掺混合材料的称为Ⅰ型硅酸盐水泥，代号为P·Ⅰ；在硅酸盐水泥熟料粉磨时掺加不超过水泥质量5%的石灰石或粒化高炉矿渣混合材料的称为Ⅱ型硅酸盐水泥，代号为P·Ⅱ。

4.1.1 硅酸盐水泥的生产及矿物组成

硅酸盐水泥是以石灰质原料（如石灰石等）与黏土质原料（如黏土、页岩等）为主，有时加入少量铁矿粉等，按一定比例混合，磨细成生料粉（干法生产）或生料浆（湿法生产），经均化后送入窑中煅烧至部分熔融，得到以硅酸钙为主要成分的水泥熟料，再与适量石膏共同磨细，即可得到 P·Ⅰ型硅酸盐水泥。其生产工艺流程（简称为"两磨一烧"）如图 4-1 所示。

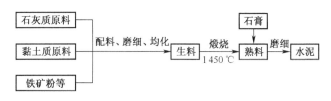

图 4-1 硅酸盐水泥生产工艺流程示意图

生料在煅烧过程中各原料之间发生化学反应，形成以硅酸钙为主要成分的熟料矿物，其矿物组成主要是硅酸三钙（$3CaO \cdot SiO_2$，简写为 C_3S，占 37%～60%）、硅酸二钙（$2CaO \cdot SiO_2$，简写为 C_2S，占 15%～37%）、铝酸三钙（$3CaO \cdot Al_2O_3$，简写为 C_3A，占 7%～15%）、铁铝酸四钙（$4CaO \cdot Al_2O_3 \cdot Fe_2O_3$，简写为 C_4AF，占 10%～18%）。改变四种矿物含量的比例，水泥的性质也将发生相应的变化。如提高 C_3S、C_3A 含量，水泥的早期强度将会提高。

4.1.2 硅酸盐水泥的凝结硬化

水泥加水拌和后，成为可塑性浆体，随后水泥浆逐渐变稠而失去塑性但尚不具有强度的过程，称为水泥的凝结。凝结过后，水泥浆产生明显的强度并逐渐发展成为坚硬的固体，这一过程称为水泥的硬化。水泥的凝结、硬化没有严格的界限，它是一个连续、复杂的物理化学变化过程。其化学反应式有：

$$2(3CaO \cdot SiO_2) + 6H_2O = \underset{\text{水化硅酸钙}}{3CaO \cdot 2SiO_2 \cdot 3H_2O} + 3Ca(OH)_2$$

$$2(2CaO \cdot SiO_2) + 4H_2O = 3CaO \cdot 2SiO_2 \cdot 3H_2O + Ca(OH)_2$$

$$3CaO \cdot Al_2O_3 + 6H_2O = \underset{\text{水化铝酸三钙}}{3CaO \cdot Al_2O_3 \cdot 6H_2O}$$

$$4CaO \cdot Al_2O_3 \cdot Fe_2O_3 + 7H_2O = 3CaO \cdot Al_2O_3 \cdot 6H_2O + \underset{\text{水化铁酸一钙}}{CaO \cdot Fe_2O_3 \cdot H_2O}$$

在水泥的矿物组成中，不同的矿物水化速度不一样。水化速度最快的是铝酸三钙，其次是硅酸三钙，硅酸二钙的水化速度最慢。

纯水泥熟料磨细后，凝结时间很短，不便使用。为了调节水泥的凝结时间，可掺入适量石膏，这些石膏与反应最快的铝酸三钙的水化产物作用生成难溶的水化硫铝酸钙，覆盖于未水化的铝酸三钙周围，阻止其继续快速水化。其反应式为：

$$3CaO \cdot Al_2O_3 \cdot 6H_2O + 3(CaSO_4 \cdot 2H_2O) + 20H_2O = 3CaO \cdot Al_2O_3 \cdot 3CaSO_4 \cdot 32H_2O$$

综上所述，硅酸盐水泥与水作用后，主要水化产物有水化硅酸钙和水化铁酸钙凝胶、氢氧化钙、水化铝酸钙和水化硫铝酸钙晶体。硬化后的水泥石是由胶体粒子、晶体粒子、凝胶孔、毛细孔及未水化的水泥颗粒所组成，其结构如图 4-2 所示。当未水化的水泥颗粒含量高时，说明水化程度小，因而水泥石强度低；当水化产物含量多、毛细孔含量少时，说明水化充分，水泥石结构密实，因而水泥石强度高。

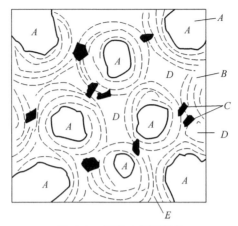

图 4-2　硬化水泥石结构

A—未水化的水泥颗粒；B—胶体粒子（C-S-H 等）；C—晶体粒子 [Ca(OH)$_2$ 等]；

D—毛细孔（毛细水）；E—凝胶孔

4.1.3　硅酸盐水泥的主要技术性质

1. 密度、堆积密度、细度

硅酸盐水泥的密度约为 3.10 g/cm^3。其松散状态下的堆积密度为 1 000～1 200 g/cm^3，紧密堆积密度达 1 600 g/cm^3。

细度是指水泥颗粒的粗细程度，是影响水泥性能的重要指标。颗粒越细，与水反应的表面积越大，因而水化反应的速度加快，水泥石的早期强度高，但硬化收缩较大，在储运过程中易受潮致使活性降低，因此，水泥细度应适当。国家标准《通用硅酸盐水泥》（GB 175—2007）规定，硅酸盐水泥比表面积应不小于 300 g/cm^3。

2. 标准稠度用水量

为了测定水泥的凝结时间及体积安定性等性能，应该使水泥净浆在一个规定的稠度下进行，这个规定的稠度称为标准稠度。达到标准稠度时的用水量称为标准稠度用水量，以水与水泥质量之比的百分数表示，按《水泥标准稠度用水量、凝结时间、安定性检验方法》（GB/T 1346—2011）规定的方法测定。对于不同的水泥品种，水泥的标准稠度用水量各不相同，一般为 24%～33%。

3. 凝结时间

凝结时间分初凝时间和终凝时间。初凝时间是指从水泥全部加入水中到水泥开始失去可塑性所需的时间；终凝时间是指从水泥全部加入水中到水泥完全失去可塑性开始产生强度所需的时间，如图 4-3 所示。

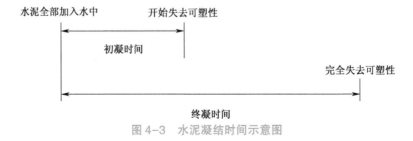

图 4-3　水泥凝结时间示意图

国家标准规定，硅酸盐水泥初凝时间不小于 45 min，终凝时间不大于 390 min。水泥的凝结时间是按《水泥标准稠度用水量、凝结时间、安定性检验方法》（GB/T 1346—2011）规定的方法测定。凝结时间的规定对工程建设有着重要的意义。为了使混凝土、砂浆有足够的时间进行搅拌、运输、浇捣、砌筑，初凝时间不能过短，否则在施工前即已失去流动性而无法使用；当施工完毕时，为了使混凝土尽快硬化，产生强度，顺利进入下一道工序，终凝时间不能过长，否则将延缓施工进度与模板周转期。标准中规定，凝结时间不符合规定者为不合格品。

4. 体积安定性

水泥的体积安定性简称水泥安定性，是指水泥浆硬化后体积变化是否均匀的性质。当水泥浆体在硬化过程中或硬化后发生不均匀的体积膨胀，会导致水泥石开裂、翘曲等现象，称为体积安定性不良。安定性不良的水泥会使混凝土构件产生膨胀性裂缝，从而降低建筑物质量，引起严重事故。因此，国家标准规定水泥体积安定性必须合格，否则水泥为不合格品。

引起水泥体积安定性不良的原因主要有熟料中含有过量的游离氧化钙（$f—CaO$）、游离氧化镁（$f—MgO$）或掺入的石膏过多。

游离氧化钙和游离氧化镁经历了 1 450 ℃的高温煅烧，属严重过火的氧化钙、氧化镁，水化极慢，在水泥凝结硬化后才慢慢开始水化，而且水化生成物 $Ca(OH)_2$、$Mg(OH)_2$ 的体积都比原来体积增加 2 倍以上，从而导致水泥石开裂、翘曲、疏松，甚至完全崩溃破坏。

当石膏掺量过多时，在水泥硬化后，残余石膏与固态水化铝酸钙反应生成高硫型水化硫铝酸钙，体积大约增加 1.5 倍，从而导致水泥石开裂。

$$3(CaSO_4 \cdot 2H_2O) + 3CaO \cdot Al_2O_3 \cdot 6H_2O + 20H_2O \longrightarrow 3CaO \cdot Al_2O_3 \cdot 3CaSO_4 \cdot 32H_2O$$

国家标准《通用硅酸盐水泥》（GB 175—2007）中规定，硅酸盐水泥的体积安定性经沸煮法检验必须合格。用沸煮法只能检验出游离氧化钙造成的体积安定性不良，而游离氧化镁含量过多造成的体积安定性不良必须用压蒸法才能检验出来；石膏造成的体积安定性不良则需长时间在温水中浸泡才能发现。因为后两种原因造成的体积安定性不良都不易检验，所以国家标准规定：熟料中 MgO 含量不得超过 5%，经压蒸试验合格后允许放宽到 6%；SO_3 含量不得超过 3.5%。

5. 强度与强度等级

水泥强度是表示水泥力学性能的一项重要指标，是评定水泥强度等级的依据。按照《水泥胶砂强度检验方法（ISO 法）》（GB/T 17671—1999）的规定，将水泥、标准砂、水按规定比例制成 40 mm×40 mm×160 mm 的标准试件，在标准养护条件下养护，测定其 3 d、28 d 的抗压、抗折强度。根据国家标准《通用硅酸盐水泥》（GB 175—2007）规定，硅酸盐水泥分为 42.5、42.5R、52.5、52.5R、62.5、62.5R 六个强度等级，各强度等级水泥在各龄期的强度值不得低于表 4-1 中的数值. 如果有一项数值低于表中数值，则应降低强度等级，直至四个数值全部大于或等于表中数值为止。同时规定，强度不符合规定者为不合格品。

表 4-1 硅酸盐水泥的强度要求（GB 175—2007）

强度等级	抗压强度（MPa）		抗折强度（MPa）	
	3 d	28 d	3 d	28 d
42.5	17.0	42.5	3.5	6.5
42.5R	22.0	42.5	4.0	6.5

强度等级	抗压强度（MPa）		抗折强度（MPa）	
	3 d	28 d	3 d	28 d
52.5	23.0	52.5	4.0	7.0
52.5R	27.0	52.5	5.0	7.0
62.5	28.0	62.5	5.0	8.0
62.5R	32.0	62.5	5.5	8.0

注：R—早强型水泥

6. 水化热

水化热是指水泥与水发生水化反应时放出的热量，单位为 J/kg。水化热的大小主要与水泥的细度及矿物组成有关。颗粒愈细，水化热愈大；不同的矿物成分，其放热量不一样（见表 4-2），矿物中 C_3S、C_3A 含量愈多，水化热愈大。

表 4-2 水泥熟料单矿物水化时特征

名　称	硅酸三钙	硅酸二钙	铝酸三钙	铁铝酸四钙
凝结硬化速度	快	慢	最快	快
28 d 水化放热量	多	少	最多	中
强度	高	早期低，后期高	低	低

水化热能加速水泥凝结硬化过程，这对一般建筑的冬季施工是有利的，但对大体积混凝土工程（如大坝、大型基础、桥墩等）是不利的，这是由于水化热积聚在混凝土内部，散发非常缓慢，混凝土内外因温差过大而引起温度应力，使构件开裂或破坏。因此，在大体积混凝土工程中，应选用水化热低的水泥。

国家标准《通用硅酸盐水泥》（GB 175—2007）除对上述内容作了规定外，还对不溶物、烧失量、氯离子、碱含量等提出了要求。不溶物含量：Ⅰ型硅酸盐水泥不得超过 0.75%，Ⅱ型硅酸盐水泥不得超过 1.5%；烧失量：Ⅰ型硅酸盐水泥不得大于 3.0%，Ⅱ型硅酸盐水泥不得大于 3.5%；氯离子含量不得超过 0.06%，当有更低要求时，由供需双方协商确定。以上内容不符合规定者，为不合格品。水泥中碱含量按 $Na_2O+0.658K_2O$ 计算值来表示，若使用活性骨料，用户要求提供低碱水泥时，水泥中碱含量不得大于 0.60%，或由供需双方商定。

4.1.4 水泥石的腐蚀和预防措施

在正常使用条件下，水泥石具有较好的耐久性，但在某些腐蚀性介质作用下，水泥石的结构逐渐遭到破坏，强度下降以致全部溃裂，这种现象称为水泥石的腐蚀。腐蚀的主要类型有：

（1）淡水腐蚀

淡水腐蚀也称溶出性腐蚀，即水泥石长期处于淡水环境中，氢氧化钙溶解（水质越纯，溶解度越大）。在流动水的冲刷或压力水的渗透作用下，溶出的氢氧化钙不断被冲走，致使水泥石孔隙增大，强度降低，以致溃裂。

（2）硫酸盐腐蚀

在海水、地下水或某些工业废水中常含有钠、钾、铵等硫酸盐类，它们与水泥中的氢氧化钙反应生成石膏，石膏又与水化铝酸钙反应生成具有针状晶体的水化硫铝酸钙（俗称"水泥杆菌"），体积膨胀2～2.5倍，使硬化的水泥石破坏。由于这种破坏是由体积膨胀引起的，故又称膨胀性化学腐蚀。

（3）溶解性化学腐蚀

溶解性化学腐蚀是指水泥石受到侵蚀性介质作用后，生成强度较低、易溶于水的新的化合物，导致水泥石强度降低或破坏。工程中，含有大量镁盐的水、碳酸水、有机和无机酸对水泥石的腐蚀均属于溶解性化学腐蚀。

此外，强碱（如氢氧化钠）溶液对水泥石也有一定的腐蚀性。

根据产生腐蚀的原因，可采取如下防止措施：

①根据工程所处环境，选用适当品种的水泥，如选用水化物中氢氧化钙含量少的水泥，可以提高抗淡水等侵蚀作用的能力。

②增加水泥制品的密实度，减少侵蚀介质的渗透，如减少用水量、合理选择配合比等。

③加做保护层。在水泥石表面覆盖耐腐蚀的石料、陶瓷、塑料、沥青等物质，以防止腐蚀介质与水泥石直接接触。

4.2　通用硅酸盐水泥的其他品种

根据国家标准《通用硅酸盐水泥》（GB 175—2007），通用硅酸盐水泥各品种的组分应符合表4-3的规定。

表4-3　通用硅酸盐水泥的组分（GB 175—2007）

品种	代号	组分				
		熟料+石膏	粒化高炉矿渣	火山灰质混合材料	粉煤灰	石灰石
硅酸盐水泥	P·Ⅰ	100	—	—	—	—
	P·Ⅱ	≥95	≤5	—	—	—
		≥95	—	—	—	≤5
普通硅酸盐水泥	P·O	≥80且<95	>5且≤20①			
矿渣硅酸盐水泥	P·S·A	≥50且<80	>20且≤50②	—	—	—
	P·S·B	≥30且<50	>50且≤70②	—	—	—
火山灰质硅酸盐水泥	P·P	≥60且<80	—	>20且≤40③	—	—
粉煤灰硅酸盐水泥	P·F	≥60且<80	—	—	>20且≤40④	—
复合硅酸盐水泥	P·C	≥50且<80	>20且≤50⑤			

①本组分材料为符合GB 175—2007 5.2.3的活性混合材料，其中允许用不超过水泥质量8%且符合GB 175—2007 5.2.4的非活性混合材料或不超过水泥质量5%且符合GB 175—2007 5.2.5的窑灰代替。

②本组分材料为符合GB/T 203或GB/T 18046的活性混合材料，其中允许用不超过水泥质量8%且符合GB 175—2007第5.2.3条的活性混合材料或符合GB 175—2007第5.2.4条的非活性混合材料或符合GB 175—2007第5.2.5条的窑灰中的任一种材料代替。

③本组分材料为符合GB/T 2847的活性混合材料。

④本组分材料为符合GB/T 1596的活性混合材料。

⑤本组分材料为由两种（含）以上符合GB 175—2007第5.2.3条的活性混合材料或/和符合GB 175—2007第5.2.4条的非活性混合材料组成，其中允许用不超过水泥质量8%且符合GB 175—2007第5.2.5条的窑灰代替，掺矿渣时混合材料掺量不得与矿渣硅酸盐水泥重复。

从表 4-3 可以看出，除硅酸盐水泥外，其他水泥品种都掺加了较多的混合材料。在硅酸盐水泥熟料中掺加一定量的混合材料，能改善水泥的性能，增加品种，调整水泥强度等级，提高产量，降低成本且充分利用工业废料，扩大水泥的适用范围。

4.2.1 混合材料

混合材料一般为天然的矿物材料或工业废料。根据其性能可分为活性混合材料和非活性混合材料。

1. 活性混合材料

活性混合材料掺入硅酸盐水泥后，能与水泥水化产物—氢氧化钙反应，生成具有水硬性的化合物，并改善硅酸盐水泥的某些性能。常用的活性混合材料有粒化高炉矿渣、火山灰质混合材料和粉煤灰等。

（1）粒化高炉矿渣

将炼铁高炉中的熔融矿渣经水淬等方式急速冷却而形成的松软颗粒，称为粒化高炉矿渣，又称水淬高炉矿渣，其主要化学成分是 CaO、SiO_2 和 Al_2O_3 占 90% 以上。急速冷却的粒化矿渣结构为不稳定的玻璃体，有较高的潜在活性，在有激发剂的情况下具有水硬性。

（2）火山灰质混合材料

凡是天然或人工的以活性二氧化硅和活性三氧化二铝为主要成分，具有火山灰活性的矿物质材料，都称为火山灰质混合材料。天然的火山灰主要是火山喷发时随同熔岩一起喷出的大量碎屑沉积在地面或水中的松软物质，包括浮石、火山灰、凝灰岩等。还有一些天然材料或工业废料，如烧黏土、自燃后的煤矸石、硅藻土等也属于火山灰质混合材料。

（3）粉煤灰

粉煤灰是发电厂燃煤锅炉排出的烟道灰，其颗粒直径一般为 0.001～0.05 mm，呈玻璃态实心或空心的球状颗粒，表面比较致密。粉煤灰的成分主要是活性二氧化硅和活性三氧化二铝。

活性混合材料的矿物成分主要是活性二氧化硅和活性三氧化二铝，它们与水泥熟料的水化产物——氢氧化钙发生反应，生成水化硅酸钙和水化铝酸钙。该反应称为二次水化反应。

$$x Ca(OH)_2 + SiO_2 + m H_2O \longrightarrow x CaO \cdot SiO_2 \cdot n H_2O$$

$$x Ca(OH)_2 + Al_2O_3 + m H_2O \longrightarrow x CaO \cdot Al_2O_3 \cdot n H_2O$$

$Ca(OH)_2$ 是易受腐蚀的成分。活性二氧化硅、活性三氧化二铝与 $Ca(OH)_2$ 作用后，减少了水泥水化产物氢氧化钙的含量，相应提高了水泥石的抗腐蚀性能。

2. 非活性混合材料

非活性混合材料又称填充材料，它与水泥矿物成分或水化产物不起化学反应。非活性混合材料掺入水泥中主要起调节水泥强度等级、增加水泥产量、降低水化热等作用，常用的有磨细石英砂、石灰石粉、黏土及磨细的块状高炉矿渣与炉灰等。

4.2.2 通用硅酸盐水泥其他品种的主要技术要求

1. 细度

国家标准《通用硅酸盐水泥》（GB 175—2007）对于普通硅酸盐水泥的细度规定与硅酸盐水泥相同，比表面积应不小于 300 m^2/kg；矿渣硅酸盐水泥、火山灰质硅酸盐水泥、粉煤灰硅酸盐水泥和复合硅酸盐水泥以筛余表示，80 μm 方孔筛筛余不大于 10% 或 45 μm 方孔筛筛余不大于30%。

2. 凝结时间

国家标准《通用硅酸盐水泥》（GB 175—2007）规定，普通硅酸盐水泥、矿渣硅酸盐水泥、火山灰质硅酸盐水泥、粉煤灰硅酸盐水泥和复合硅酸盐水泥的初凝时间不小于45 min，终凝时间不大于600 min。同时规定，凝结时间不符合规定者为不合格品。

3. 体积安定性

国家标准《通用硅酸盐水泥》（GB 175—2007）规定，普通硅酸盐水泥、矿渣硅酸盐水泥、火山灰质硅酸盐水泥、粉煤灰硅酸盐水泥和复合硅酸盐水泥经沸煮法检验必须合格。普通硅酸盐水泥熟料中SO_3含量不得超过3.5%，MgO含量不得超5%，经压蒸试验合格后，允许放宽到6.0%。矿渣硅酸盐水泥熟料中SO_3含量不得超过4.0%，A型矿渣硅酸盐水泥MgO含量不得超过6.0%，B型矿渣硅酸盐水泥没有规定。火山灰质硅酸盐水泥、粉煤灰硅酸盐水泥和复合硅酸盐水泥熟料中SO_3含量不得超过3.5%，MgO含量不得超过6.0%。同时规定，体积安定性不符合规定者为不合格品。

4. 强度与强度等级

除硅酸盐水泥外，不同品种、不同强度等级的通用硅酸盐水泥，其不同龄期的强度应符合表4-4的规定，不符合规定者为不合格品。

表4-4　通用硅酸盐水泥的强度要求（GB 175—2007）

品　种	强度等级	抗压强度（MPa）		抗折强度（MPa）	
		3 d	28 d	3 d	28 d
普通硅酸盐水泥	42.5	≥17.0	≥42.5	≥3.5	≥6.5
	42.5R	≥22.0		≥4.0	
	52.5	≥23.0	≥52.5	≥4.0	≥7.0
	52.5R	≥27.0		≥5.0	
矿渣硅酸盐水泥 火山灰质硅酸盐水泥 粉煤灰硅酸盐水泥 复合硅酸盐水泥	32.5	≥10.0	≥32.5	≥2.5	≥5.5
	32.5R	≥15.0		≥3.5	
	42.5	≥15.0	≥42.5	≥3.5	≥6.5
	42.5R	≥19.0		≥4.0	
	52.5	≥21.0	≥52.5	≥4.0	≥7.0
	52.5R	≥23.0		≥4.5	

国家标准《通用硅酸盐水泥》（GB 175—2007）除对上述内容作了规定外，还对烧失量、氯离子、碱含量等提出了要求。普通硅酸盐水泥烧失量不得超过5.0%。普通硅酸盐水泥、矿渣硅酸盐水泥、火山灰质硅酸盐水泥、粉煤灰硅酸盐水泥和复合硅酸盐水泥的氯离子均不得超过0.06%。碱含量按$Na_2O+0.658 K_2O$计算值表示，若使用活性骨料，用户要求提供低碱水泥时，水泥中的碱含量应不大于0.60%或由买卖双方协商确定。其中，烧失量、氯离子含量不符合规定者为不合格品。

4.2.3　通用硅酸盐水泥的性能及适用范围

由于矿渣硅酸盐水泥、火山灰质硅酸盐水泥和粉煤灰硅酸盐水泥中掺加了大量的混合材料，与硅酸盐水泥和普通硅酸盐水泥相比，这三种水泥的共同特点是：水化放热速度慢，放热量低，凝结硬化速度较慢，早期强度较低，后期强度增长较快，甚至可超过同强度等级的硅酸盐水泥；对温度的敏感性较高，温度低时硬化较慢，当温度达到 70 ℃以上时，硬化速度大大加快，甚至可以超过硅酸盐水泥的硬化速度；由于熟料含量减少，水化生成物氢氧化钙减少，混合材料水化时又消耗了一部分氢氧化钙，使得这三种水泥的抗淡水及硫酸盐等腐蚀能力较强，但它们的抗冻性和抗碳化能力较差。矿渣硅酸盐水泥和火山灰质硅酸盐水泥的干缩值大，火山灰质硅酸盐水泥的抗渗性较高，矿渣硅酸盐水泥的耐热性较好。

复合硅酸盐水泥由于掺入了两种或两种以上的混合材料，可以相互取长补短，克服了掺单一混合材料水泥的一些弊病。其早期强度接近于普通水泥，而其他性能优于矿渣硅酸盐水泥、火山灰质硅酸盐水泥和粉煤灰硅酸盐水泥。

常用水泥的性能及适用范围见表 4-5。

表 4-5　常用水泥的性能及适用范围

	硅酸盐水泥	普通水泥	矿渣水泥	火山灰水泥	粉煤灰水泥
主要性能	1. 快硬早强； 2. 水化热较高； 3. 抗冻性较好； 4. 耐热性较差； 5. 耐腐蚀性较差； 6. 干缩性较小	1. 早期强度较高； 2. 水化热较大； 3. 抗冻性较好； 4. 耐热性较差； 5. 耐腐蚀性较差； 6. 干缩性较小	1. 早期强度低，后期强度增长较快； 2. 水化热较低； 3. 耐热性较好； 4. 耐硫酸盐侵蚀和耐水性较好； 5. 抗冻性较差； 6. 干缩性较大； 7. 抗渗性差； 8. 抗碳化能力差	1. 早期强度低，后期强度增长较快； 2. 水化热较低； 3. 耐热性较差； 4. 耐硫酸盐侵蚀和耐水性较好； 5. 抗冻性较差； 6. 干缩性较大； 7. 抗渗性较好	1. 早期强度低，后期强度增长较快； 2. 水化热较低； 3. 耐热性较差； 4. 耐硫酸盐侵蚀和耐水性较好； 5. 抗冻性较差； 6. 干缩性较小； 7. 抗碳化能力较差
适用范围	1. 制造地上、地下及水中的混凝土、钢筋混凝土及预应力钢筋混凝土结构，包括受冻融循环的结构及早期强度要求较高的工程； 2. 配制建筑砂浆	与硅酸盐水泥基本相同	1. 大体积工程； 2. 高温车间和有耐热耐火要求的混凝土结构； 3. 蒸汽养护的构件； 4. 一般地、上、地下和水中的钢筋混凝土结构； 5. 有抗硫酸盐侵蚀要求的工程； 6. 配制建筑砂浆	1. 地下、水中大体积混凝土结构； 2. 有抗渗要求的工程； 3. 蒸汽养护的构件； 4. 有抗硫酸盐侵蚀要求的工程； 5. 一般混凝土及钢筋混凝土工程； 6. 配制建筑砂浆	1. 地上、地下、水中和大体积混凝土工程； 2. 蒸汽养护构件； 3. 抗裂性要求较高的构件； 4. 有抗硫酸盐侵蚀要求的工程； 5. 一般混凝土工程； 6. 配制建筑砂浆
不适用工程	1. 大体积混凝土工程； 2. 受化学及海水侵蚀的工程	同硅酸盐水泥	1. 早期强度要求较高的混凝土工程； 2. 有抗冻要求的混凝土工程	1. 早期强度要求较高的混凝土工程； 2. 有抗冻要求的混凝土工程； 3. 干燥环境的混凝土工程； 4. 有耐磨性要求的工程	1. 早期强度要求较高的混凝土工程； 2. 有抗冻要求的混凝土工程； 3. 有抗碳化要求的工程

4.3 其他品种水泥及水泥的储存、运输和保管

4.3.1 其他品种水泥

在实际施工中，往往会遇到一些有特殊要求的工程，如紧急抢修工程、耐热耐酸工程等，对这些工程，前面介绍的几种水泥均难以满足要求，需要采用其他品种的水泥，如快硬硅酸盐水泥、白色硅酸盐水泥、铝酸盐水泥等。

1. 快硬硅酸盐水泥

凡以硅酸盐水泥熟料和适量石膏磨细制成的，以 3 d 抗压强度表示强度等级的水硬性胶凝材料称为快硬硅酸盐水泥（简称快硬水泥）。

（1）技术要求

氧化镁含量同硅酸盐水泥；三氧化硫含量不得超过 4.0%；细度 0.08 mm 方孔筛筛余不得超过 10%；凝结时间、安定性与硅酸水泥相同。

（2）性能及用途

快硬水泥可用来配置早强、高标号混凝土，适用于紧急抢修工程、低温施工工程和高标号混凝土预制件等。

快硬水泥凝结时间正常，而且终凝和初凝之间的时间间隔很短，早期强度发展很快，后期强度持续增长。用快硬水泥可以配置高早强混凝土。该水泥还适用于制作蒸养条件下的混凝土制品，快硬水泥得其他性能，如干缩、与钢筋黏结等与硅酸盐水泥相似。与使用普通水泥相比，可加快施工进度，加快模板周转，提高工程和制品质量，具有较好的技术经济效益和社会效益。因水化放热比较集中，不宜用于大体积混凝土工程。

（3）施工与使用

严格按照建筑施工规范要求，注意各种材料的配比及洁净，使用正确的护养方法。不同标号、品种的水泥严禁混合使用。

（4）运输与储存

快硬水泥易受潮变质，在运输和储存时，必须特别注意防潮，并应与其他品种水泥分开贮、运。不得混杂。储存期不易太长，出厂一个月使用时必须重新进行强度检验。

2. 白色硅酸盐水泥

由白色硅酸盐水泥熟料加入适量石膏磨细制成的水硬性胶凝材料称为白色硅酸盐水泥（简称白水泥）。磨制水泥时，允许加入水泥质量 0~10% 的石灰石或窑灰作为混合材料。

《白色硅酸盐水泥》（GB/T 2015—2005）规定，白水泥中三氧化硫的含量应不超过3.5%；细度采用 80 μm 方孔筛筛余不超过 10%；初凝应不早于 45 min，终凝应不迟于 10 h；安定性用沸煮法检验必须合格；水泥白度值应不低于 87；强度等级按其抗压强度和抗折强度划分为 3 个，各强度等级的各龄期强度值应不低于表 4-6 的规定。同时规定，凡三氧化硫含量、初凝时间、安定性中任一项不符合标准规定或强度低于最低等级的指标时为废品；凡细度、终凝时间、强度和白度任一项不符合标准规定时为不合格品。

表4-6 白水泥各龄期强度 (GB/T 2015—2005)

强度等级	抗压强度 (MPa)		抗折强度 (MPa)	
	3 d	28 d	3 d	28 d
32.5	12.0	32.5	3.0	6.0
42.5	17.0	42.5	3.5	6.5
52.5	22.0	52.5	4.0	7.0

3. 铝酸盐水泥

凡以铝酸钙为主的铝酸盐水泥熟料，磨细制成的水硬性胶凝材料称为铝酸盐水泥，代号为CA。根据也可需要也可在磨制Al_2O_3含量大于68%的水泥时掺加适量的α-Al_2O_3粉。

铝酸盐水泥按Al_2O_3含量分为CA-50（50%≤Al_2O_3<60%）、CA-60（60%≤Al_2O_3<68%）、CA-70（68%≤Al_2O_3<77%）和CA-80（Al_2O_3≥77%）四类。

铝酸盐水泥熟料的主要矿物成分为铝酸一钙（CaO·Al_2O_3），简写为CA），此外，还有少量硅酸二钙（C_2S）和其他铝酸盐。

（1）铝酸盐水泥的技术性质

根据《铝酸盐水泥》（GB 201—2000）规定，铝酸盐水泥的主要技术性质如下：

①细度。铝酸盐水泥的比表面积不小于300 m^2/kg 或 0.045 mm 筛余不大于20%，采用哪种指标由供需双方商订，在无约定的情况下发生争议时以比表面积为准。

②凝结时间。铝酸盐水泥的凝结时间（胶砂）应符合表4-7的要求。

表4-7 铝酸盐水泥的凝结时间 (GB 201—2000)

水泥类型	初凝时间不得早于 (min)	终凝时间不得迟于 (h)
CA-50、CA-70、CA-80	30	6
CA-60	60	18

③强度。各类型铝酸盐水泥各龄期强度值不得低于表4-8中的数值。

表4-8 铝酸盐水泥胶砂强度 (GB 201—2000)

水泥类型	抗压强度 (MPa)				抗折强度 (MPa)			
	6 h	1 d	3 d	28 d	6 h	1 d	3 d	28 d
CA-50	20[①]	40	50	—	3.0[①]	5.5	6.5	—
CA-60	—	20	45	85	—	2.5	5.0	10.0
CA-70	—	30	40	—	—	5.0	6.0	—
CA-80	—	25	30	—	—	4.0	5.0	—

注：①当用户需要时，生产厂应提供结果。

（2）铝酸盐水泥的主要性能及应用

①快硬早强，后期强度下降。铝酸盐水泥加水后，迅速与水发生水化反应，其1 d强度可达3 d强度的80%以上，3 d强度可达到普通水泥28 d的强度。但由于水化产物晶体易转化，后期强度明显下降。其晶体转化速度和强度下降速度与环境的温度和湿度有关。温度大于30 ℃时，即生成含水铝酸三钙，使水泥强度降低；若在35 ℃的饱和温度下，28 d即可完成晶体转化，强度可下降至最低值；而在温度低于20 ℃的干燥条件下转化的速度就非常缓

慢。因此，铝酸盐水泥适用于紧急抢修、低温季节施工、早期强度要求高的特殊工程，但不宜在高温季节施工。另外，铝酸盐水泥硬化体中的晶体结构在长期使用中会发生转移，引起强度下降，因此一般不宜用于长期承载的结构工程中。

②耐高温。铝酸盐水泥硬化时不宜在较高温度下进行，但硬化后的水泥石在高温下（1 000 ℃以上）仍能保持较高强度，这主要是因为在高温下各组分发生固相反应而呈烧结状态，因此铝酸盐水泥有较好的耐热性。如采用耐火的粗细骨料（如铬铁矿等）可以配制成使用温度1 300 ℃～1 400 ℃的耐热混凝土，用于窑炉炉衬。

③抗渗性及耐腐蚀性强。硬化后的铝酸盐水泥石中没有氢氧化钙，且水泥石结构密实，因而具有较高的抗渗、抗冻性，同时具有良好的抗硫酸盐等腐蚀性溶液的作用，因此适用于有抗渗、抗硫酸盐要求的工程。但铝酸盐水泥对碱的侵蚀无抵抗能力，禁止用于与碱溶液接触的工程。

④水化热高，放热快。铝酸盐水泥硬化过程中放热量大且主要集中在早期，1 d 即可放出总水化热的70%～80%，因此，特别适合于寒冷地区的冬季施工，但不宜用于大体积混凝土工程。

此外，铝酸盐水泥不得与硅酸盐水泥、石灰等能析出 $Ca(OH)_2$ 的材料混合使用，以免产生"闪凝"（浆体迅速失去流动性，且强度大大降低）。

4. 膨胀水泥

由硅酸盐水泥熟料与适量石膏和膨胀剂共同磨细制成的水硬性胶凝材料，称为膨胀水泥。按主要成分不同，膨胀水泥分为硅酸盐、铝酸盐和硫铝酸盐型膨胀水泥三类；按膨胀值及其用途不同，膨胀水泥又分为收缩补偿水泥和自应力水泥两大类。

硅酸盐膨胀水泥是以硅酸盐水泥为主要组分，外加铝酸盐水泥和石膏配制而成的一种水硬性胶凝材料。这种水泥的膨胀作用主要是由于铝酸盐水泥中的铝酸盐矿物和石膏遇水后化合形成具有膨胀性的钙矾石（$3CaO \cdot Al_2O_3 \cdot 3CaSO_4 \cdot 32H_2O$）晶体，其膨胀值大小可通过改变铝酸盐水泥和石膏的掺量来调节。如用 85%～88%的硅酸盐水泥熟料、6%～7.5%的铝酸盐水泥、6%～7.5%的二水石膏可配制成收缩补偿水泥，常用这种水泥拌制混凝土作屋面刚性防水层、锚固地脚螺栓或修补等用途。如提高其膨胀组分，即可增加膨胀量，配成自应力水泥，用于制造自应力钢筋混凝土压力管及配件。

铝酸盐膨胀水泥是由铝酸盐水泥熟料和二水石膏为组成材料，采用混合磨细或分别磨细后混合而成，具有自应力高、抗渗性强、气密性好等优点，可用来制作大口径或较高压力的自应力水管或输气管等。

硫铝酸盐膨胀水泥是以含有适量无水硫铝酸钙熟料，加入较多的石膏磨细而成。如果所加入的石膏掺量足够供应无水硫铝酸钙反应要求时，则可配成硫铝酸盐自应力水泥。这种水泥凝结很快，自应力值为 2～7 MPa，可用于制作大口径输水管和各种输油、输气管。

4.3.2 水泥的储存、运输和保管

水泥有袋装水泥和散装水泥两种。储存、运输、保管水泥时，应注意：

（1）防潮防水

水泥受潮后即产生水化作用，凝结成块，影响水泥的正常使用，所以运输和储存时应保持干燥。对于袋装水泥，地面垫板要高出地面 30 cm，四周离墙 30 cm，堆放高度一般不超

过 10 袋。存放散装水泥时，应将水泥储存于专用的水泥罐中。

（2）分类储存

不同品种、不同强度等级的水泥应分别存放，不可混杂。

（3）储存期不宜过长

储存期过长，由于空气中的水汽、二氧化碳作用而降低水泥强度。一般来说，储存 3 个月后的强度降低 10%～20%。因此，水泥存放期一般不超过 3 个月，应做到先到的先用。快硬水泥、铝酸盐水泥的规定储存期限更短（1～2 个月）。使用过期水泥时必须经过试验，并按试验重新确定的强度等级使用。

复习思考题

4.1　硅酸盐水泥熟料是由哪几种矿物组成？其水化产物是什么？

4.2　什么是水泥的体积安定性？产生安定性不良的原因是什么？

4.3　为什么生产硅酸盐水泥时掺适量石膏对水泥不起破坏作用，而硬化水泥石遇到有硫酸盐溶液的环境，产生的石膏就有破坏作用？

4.4　影响硅酸盐水泥强度发展的主要因素有哪些？

4.5　什么是水泥混合材料？在硅酸盐水泥中掺混合材料起什么作用？

4.6　试分析硅酸盐水泥、普通水泥、矿渣水泥、火山灰水泥及粉煤灰水泥的异同点，并简要说明各种水泥的用途。

4.7　铝酸盐水泥适用于哪些工程？使用时应注意什么？

4.8　现有下列工程或构件生产任务，试分别选用合适的水泥品种，并说明理由。

（1）冬期施工的现浇楼板、梁、柱工程；

（2）采用蒸汽养护的预制构件；

（3）紧急军事抢修工程；

（4）大体积混凝土闸、坝工程；

（5）有硫酸盐腐蚀的地下工程；

（6）高温车间及其他有耐热要求的工程；

（7）海港码头及海洋混凝土工程；

（8）大口径压力管及输油管道工程。

混 凝 土

📝 **教学目标**

1. 熟悉普通混凝土各组成材料的作用，混凝土对各组成材料的要求；

2. 掌握混凝土拌合物的和易性、硬化混凝土的强度和耐久性，了解混凝土的变形；

3. 掌握常用混凝土外加剂的品种、作用效果及选用；

4. 熟悉普通混凝土配合比设计方法；

5. 了解其他品种混凝土；

6. 能够进行混凝土骨料检测、混凝土拌合物性能检测、抗压强度检测，并对检测结果判定；

7. 能够解决或解释工程中相关问题。

混凝土是由胶凝材料、骨料和水，必要时掺入化学外加剂和矿物质混合材料，按适当比例配合，拌制成拌合物，经硬化而成的人造石材。

混凝土的种类很多。按胶凝材料不同，混凝土分为水泥混凝土（又称普通混凝土）、沥青混凝土、石膏混凝土及聚合物混凝土等；按表观密度不同，混凝土分为重混凝土（$\rho_0 >$ 2 800 kg/m³）、普通混凝土（$\rho_0 =$ 2 000～2 800 kg/m³）、轻混凝土（$\rho_0 <$ 2 000 kg/m³）；按使用功能不同，混凝土分为结构混凝土、道路混凝土、水工混凝土、耐热混凝土、耐酸混凝土及防辐射混凝土等；按施工工艺不同，混凝土分为喷射混凝土、泵送混凝土、振动灌浆混凝土等。

各种混凝土中，应用最广的是水泥混凝土。它的原材料来源丰富、抗压强度高、可塑性好、耐久性好，而且能和钢筋一起制成钢筋混凝土，成本低廉，施工方便。但水泥混凝土也存在自重大、抗拉强度低、容易开裂等缺陷。

5.1 普通混凝土的组成材料

普通混凝土是由水泥、粗骨料（碎石或卵石）、细骨料（砂）和水拌和，经硬化而成的一种人造石材。砂、石在混凝土中起骨架作用，并抑制水泥的收缩；水泥和水形成水泥浆，包裹在粗、细骨料表面并填充骨料间的空隙。水泥浆体在硬化前起润滑作用，使混凝土拌合物具有良好的工作性能，硬化后将骨料胶结在一起，形成坚固的整体，其结构如图 5-1 所示。

5.1.1 水泥

1. 水泥品种的选择

配制混凝土时，一般可采用通用硅酸盐水泥，必要时也可采用快硬水泥、铝酸盐水泥等，详见第 4 章及表 4-5。

2. 水泥强度等级的选择

水泥强度等级应与混凝土强度等级相适应，一般以水泥强度（以 MPa 为单位）为混凝土强度等级的 1.5～2.0 倍较适宜，水泥强度等级过高或过低会导致水泥用量过少或过多，对混凝土的技术性能及经济效果都不利。

5.1.2 细骨料——砂子

普通混凝土的细骨料主要采用天然砂和人工砂。

天然砂是自然生成的，经人工开采和筛分的粒径小于 4.75 mm 的岩石颗粒，但不包括软质岩、风化岩石的颗粒。按产源不同，天然砂分为山砂、河砂和海砂。山砂表面粗糙、多棱角，含泥量较高，有机杂质含量也较

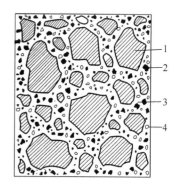

图 5-1　普通混凝土结构示意图
1—石子；2—砂子；
3—水泥浆；4—气孔

多，故质量较差。河砂、海砂长期受水流的冲刷作用，颗粒表面比较圆滑，但海砂中常含有贝壳碎片及可溶性盐类等有害杂质，对混凝土有一定影响，河砂比较洁净，故应用广泛。

人工砂也称机制砂，是经除土处理，由机械破碎、筛分制成的粒径小于 4.75 mm 的岩石颗粒，但不包括软质岩、风化岩石的颗粒。机制砂表面粗糙、多棱角，较为洁净，但砂中含有较多的片状颗粒及石粉，且成本较高。

按技术要求，砂分为Ⅰ类、Ⅱ类、Ⅲ类。Ⅰ类宜用于强度等级大于 C60 的混凝土；Ⅱ类宜用于强度等级为 C30～C60 及有抗冻、抗渗或其他要求的混凝土；Ⅲ类宜用于强度等级小于 C30 的混凝土和建筑砂浆。

《建设用砂》（GB/T 14684—2011）对砂的质量和技术要求主要有以下几个方面：

1. 技术要求

在混凝土拌合物中，水泥浆包裹骨料的表面并填充骨料间的空隙。为了节约水泥，并使混凝土结构达到较高密实度，选择骨料时，应尽可能选用总表面积较小、空隙率较小的骨料，而砂子的总表面积与粗细程度有关，空隙率则与颗粒级配有关。

（1）粗细程度

砂的粗细程度是指不同粒径的砂粒混合在一起的总体粗细程度。在相同质量的条件下，粗砂的总表面积小，包裹砂表面所需的水泥浆量就少；反之，细砂总表面积大，包裹砂表面所需的水泥浆量就多。因此，在和易性要求一定的条件下，采用较粗的砂配制混凝土比采用细砂节约水泥。

（2）颗粒级配

砂的颗粒级配是指粒径不同的砂粒互相搭配的情况。同样粒径的砂空隙率最大，若大颗粒间空隙由中颗粒填充，空隙率会减小，若再填充以小颗粒，空隙率更小，如图 5-2 所示。

由此可见，砂子的空隙率取决于砂子各级粒径的搭配情况。级配良好的砂，空隙率较小，不仅可以节省水泥，而且可以改善混凝土拌合物的和易性，提高混凝土的密实度、强度和耐久性。

在拌制混凝土时，砂的粗细程度和颗粒级配应同时考虑。当砂中含有较多的粗颗粒，并以适量的中颗粒及少量的细颗粒填充其空隙时，其空隙率及总表面积均较小，是比较理想的搭配方式，不仅节约水泥，而且还可以提高混凝土的密实度、强度与耐久性。

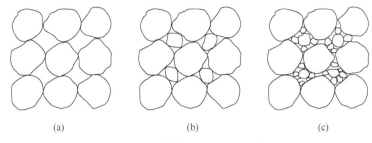

图 5-2　骨料颗粒级配示意图

（a）单一粒径；（b）两种粒径；（c）多种粒径

（3）砂的粗细程度与颗粒级配的评定

砂的粗细程度和颗粒级配，常用筛分析方法进行评定。

采用一套标准的方孔筛，孔径依次为 9.50 mm、4.75 mm、2.36 mm、1.18 mm、600 μm、300 μm、150 μm。称取试样 500 g，将试样倒入按孔径大小从上到下组合的套筛（附筛底）上进行筛分，然后称取各筛上的筛余量，计算各筛的分计筛余百分率 a_1、a_2、a_3、a_4、a_5、a_6 及累计筛余百分率 A_1、A_2、A_3、A_4、A_5、A_6，其计算关系见表 5-1。

表 5-1　累计筛余百分率与分计筛余百分率计算关系

筛孔尺寸	筛余量（g）	分计筛余百分率（%）	累计筛余百分率（%）
4.75 mm	m_1	$a_1 = (m_1/500) \times 100\%$	$A_1 = a_1$
2.36 mm	m_2	$a_2 = (m_2/500) \times 100\%$	$A_2 = a_1 + a_2$
1.18 mm	m_3	$a_3 = (m_3/500) \times 100\%$	$A_3 = a_1 + a_2 + a_3$
600 μm	m_4	$a_4 = (m_4/500) \times 100\%$	$A_4 = a_1 + a_2 + a_3 + a_4$
300 μm	m_5	$a_5 = (m_5/500) \times 100\%$	$A_5 = a_1 + a_2 + a_3 + a_4 + a_5$
150 μm	m_6	$a_6 = (m_6/500) \times 100\%$	$A_6 = a_1 + a_2 + a_3 + a_4 + a_5 + a_6$

砂的粗细程度用细度模数 M_x 表示，其计算公式如下：

$$M_x = \frac{(A_2 + A_3 + A_4 + A_5 + A_6) - 5A_1}{100 - A_1}$$

细度模数 M_x 越大，表示砂越粗。建设用砂按细度模数分为粗砂（3.1～3.7）、中砂（2.3～3.0）、细砂（1.6～2.2）三种规格。

砂的颗粒级配用级配区表示，以级配区或级配曲线判定砂级配的合格性。对细度模数为 1.6～3.7 的建设用砂，根据 600 μm 筛的累计筛余百分率分成 3 个级配区，见表 5-2。Ⅰ类砂的颗粒级配应处于 2 区，Ⅱ类、Ⅲ类砂的颗粒级配应处于 3 个级配区中的任何一个级配区中，才符合级配要求。

表 5-2　砂的颗粒级配（GB/T 14684—2011）

砂的分类	天然砂			机制砂		
级配区	1 区	2 区	3 区	1 区	2 区	3 区
方孔筛	累计筛余（%）					
4.75 mm	10～0	10～0	10～0	10～0	10～0	10～0

续表

砂的分类	天然砂			机制砂		
级配区	1 区	2 区	3 区	1 区	2 区	3 区
方孔筛	累计筛余（%）					
2.36 mm	35～5	25～0	15～0	35～5	25～0	15～0
1.18 mm	65～35	50～10	25～0	65～35	50～10	25～0
600 μm	85～71	70～41	40～16	85～71	70～41	40～16
300 μm	95～80	92～70	85～55	95～80	92～70	85～55
150 μm	100～90	100～90	100～90	97～85	94～80	94～75

注：砂的实际颗粒级配除 4.75 mm 和 600 μm 筛挡外，可以略有超出，但各级累计筛余超出值总和应不大于 5%。

为了更直观地反映砂的颗粒级配，以累计筛余百分率为纵坐标，筛孔尺寸为横坐标，根据表 5-2 的数值可以画出砂子 3 个级配区的级配曲线，如图 5-3 所示。通过观察所试验砂的级配曲线是否完全落在 3 个级配区的任一区内，即可判定该砂级配的合格性。

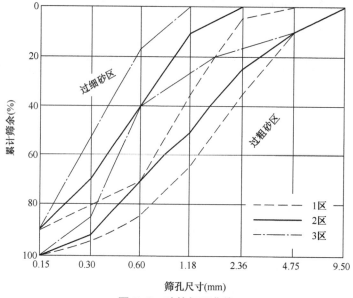

图 5-3　砂的级配曲线

在 3 个级配区中，2 区为中砂，粗细适宜，级配最好，配制混凝土时宜优先选用；1 区的砂较粗，当采用 1 区砂时，应提高砂率，并保持足够的水泥用量，以满足混凝土的和易性；3 区砂较细，当采用 3 区砂时，宜适当降低砂率，以保证混凝土强度。

当砂颗粒级配不符合规定的要求时，应采取相应的措施，如通过分级过筛重新组合。

【例 5.1】　用 500 g 烘干天然砂进行筛分试验，其结果见表 5-3。试分析该砂的粗细程度与颗粒级配。

表 5-3　砂样筛分结果

筛孔尺寸	筛余量 m_i（g）	分计筛余百分率 a_i（%）	累计筛余百分率 A_i（%）
4.75 mm	27.5	5.5	5.5
2.36 mm	42	8.4	13.9

筛孔尺寸	筛余量 m_i（g）	分计筛余百分率 a_i（%）	累计筛余百分率 A_i（%）
1.18 mm	47	9.4	23.3
600 μm	191.5	38.3	61.6
300 μm	102.5	20.5	82.1
150 μm	82	16.4	98.5
<150 μm	7.5	1.5	100

【解】 计算细度模数 M_x

$$M_x = \frac{(A_2 + A_3 + A_4 + A_5 + A_6) - 5A_1}{100 - A_1}$$

$$= \frac{(13.9 + 23.3 + 61.6 + 82.1 + 98.5) - 5 \times 5.5}{100 - 5.5} = 2.66$$

评定结果：将累计筛余百分率与表 5-2 作对照，或绘出级配曲线，此砂处于 2 区，级配良好；细度模数为 2.66，属中砂。

2. 含泥量、石粉含量和泥块含量

含泥量是指天然砂中粒径小于 75 μm 的颗粒含量；石粉含量是指人工砂中粒径小于 75 μm 的颗粒含量；泥块含量是指砂中原粒径大于 1.18 mm，经水浸洗、手捏后小于 600 μm 的颗粒含量。

天然砂中的泥通常包裹在砂颗粒表面，妨碍了水泥浆与砂的黏结，使混凝土的强度降低。此外，泥的比表面积较大，含量多会降低混凝土拌合物的流动性，或者在保持相同流动性的条件下增加用水量，从而导致混凝土的强度、耐久性降低，干缩、徐变增大。天然砂的含泥量应符合表 5-4 的规定。

表 5-4 天然砂的含泥量和泥块含量（GB/T 14684—2011）

项 目	指 标		
	Ⅰ类	Ⅱ类	Ⅲ类
含泥量（按质量计）（%）	≤1.0	≤3.0	≤5.0
泥块含量（按质量计）（%）	0	≤1.0	≤2.0

人工砂的生产过程中会产生一定量的石粉，这是人工砂与天然砂最明显的区别之一。石粉的粒径虽小于 75 μm，但与天然砂中的泥成分不同，粒径分布不同，在使用中所起作用也不同。过多的石粉含量会妨碍水泥与骨料的黏结，对混凝土无益，但通过研究和多年实践的结果表明，适量的石粉对混凝土是有益的。由于人工砂是机械破碎制成的，其颗粒尖锐有棱角，这对骨料和水泥之间的结合是有利的，但对混凝土的和易性是不利的，特别是强度等级低的混凝土和易性很差，而适量石粉的存在则弥补了这一缺陷。此外，由于石粉主要是由 40～75 μm 的微粒组成，它的掺入对完善混凝土细骨料的级配、提高混凝土密实性都是有益的，进而能提高混凝土的综合性能。人工砂的石粉含量应符合表 5-5 的规定。

表5-5　人工砂的石粉含量和泥块含量（GB/T 14684—2011）

项　目			指　标		
			Ⅰ类	Ⅱ类	Ⅲ类
1	亚甲蓝试验	MB值≤1.40或快速法试验合格	石粉含量① （按质量计）（%）	≤10.0	≤10.0	≤10.0
2			泥块含量 （按质量计）（%）	0	≤1.0	≤2.0
3		MB值>1.40或快速法试验不合格	石粉含量 （按质量计）（%）	≤1.0	≤3.0	≤5.0
4			泥块含量 （按质量计）（%）	0	≤1.0	≤2.0

注：①根据使用地区和用途，经试验验证，可由供需双方协商确定。

　　砂中泥块的存在对混凝土是有害的，其含量应符合表5-4和表5-5的规定。

　　为防止人工砂在开采、加工过程中因各种因素掺入过量的泥土，而这又是目测和石粉含量试验所不能区分的，国家标准特别规定了测人工砂石粉含量之前必须先进行亚甲蓝MB值试验或亚甲蓝快速检验。MB值的检验或快速检验是用于检测人工砂中小于75 μm的颗粒是石粉还是泥土的一种试验方法，这样就避免了因人工砂石粉中泥块含量过高而给混凝土带来的副作用。

3. 有害物质含量

　　配制混凝土的砂要清洁、不含杂质，以保证混凝土的质量。国家标准规定，砂中不应混有草根、树叶、塑料、煤块、炉渣等杂物；砂中如果含有云母、轻物质、有机物、硫化物及硫酸盐、氯盐等，其含量应符合表5-6的规定。

表5-6　砂中有害物质含量（GB/T 14684—2011）

项　目	指　标		
	Ⅰ类	Ⅱ类	Ⅲ类
云母（按质量计）（%）	≤1.0	≤2.0	≤2.0
轻物质（按质量计）（%）	≤1.0	≤1.0	≤1.0
有机物（比色法）	合格	合格	合格
硫化物及硫酸盐（按SO_3质量计）（%）	≤0.5	≤0.5	≤0.5
氯化物（以氯离子质量计）（%）	≤0.01	≤0.02	≤0.06

　　云母呈薄片状，表面光滑，与水泥黏结性差，且本身强度低，会导致混凝土的强度、耐久性降低；轻物质是表观密度小于2 000 kg/m³的物质，其质量轻、颗粒软，与水泥黏结性差，影响混凝土的强度、耐久性；有机物会延迟混凝土的硬化，影响强度的增长；硫化物及硫酸盐对水泥石有腐蚀作用；氯盐会使钢筋混凝土中的钢筋锈蚀。

4. 坚固性

　　砂的坚固性是指砂在自然风化和其他外界物理、化学因素作用下，抵抗破裂的能力。

　　天然砂采用硫酸钠溶液法进行试验，砂样经5次循环后其质量损失应符合表5-7的规定。人工砂除了满足表5-7的规定外，还应采用压碎指标法进行试验，压碎指标值应符合表5-8的规定。

表 5-7　坚固性指标（GB/T 14684—2011）

项　　目	指　　标		
质量损失（%）	Ⅰ类	Ⅱ类	Ⅲ类
	≤8	≤8	≤10

表 5-8　压碎指标（GB/T 14684—2011）

项　　目	指　　标		
单级最大压碎指标（%）	Ⅰ类	Ⅱ类	Ⅲ类
	≤20	≤25	≤30

5. 表观密度、松散堆积密度、空隙率

砂的表观密度、松散堆积密度、空隙率应符合如下规定：表观密度不小于 2 500 kg/m³，松散堆积密度不小于 1 400 kg/m³，空隙率不大于 44%。

6. 碱骨料反应

碱骨料反应是指水泥、外加剂等混凝土组成物及环境中的碱与骨料中碱活性矿物在潮湿环境下缓慢发生并导致混凝土开裂破坏的膨胀反应。经碱骨料反应试验后，由砂制备的试件无裂缝、酥裂、胶体外溢等现象，在规定的试验龄期膨胀率应小于 0.10%。

5.1.3　粗骨料——石子

普通混凝土常用的粗骨料分卵石和碎石两类。卵石是由自然风化、水流搬运和分选、堆积形成的粒径大于 4.75 mm 的岩石颗粒。按产源不同，卵石可分为河卵石、海卵石、山卵石等。碎石是天然岩石或卵石经机械破碎、筛分制成的粒径大于 4.75 mm 的岩石颗粒。

卵石、碎石按技术要求分为Ⅰ类、Ⅱ类、Ⅲ类。Ⅰ类宜用于强度等级大于 C60 的混凝土；Ⅱ类宜用于强度等级为 C30～C60 及有抗冻、抗渗或其他要求的混凝土；Ⅲ类宜用于强度等级小于 C30 的混凝土。

《建设用卵石、碎石》（GB/T 14685—2011）对卵石、碎石的质量和技术要求主要有以下几个方面：

1. 最大粒径和颗粒级配

（1）最大粒径

粗骨料公称粒级的上限称为该粒级的最大粒径 D_{max}。粗骨料的最大粒径增大，则其总表面积相应减小，包裹粗骨料所需的水泥浆量就减少，可节约水泥；或者在一定和易性和水泥用量条件下，能减少用水量而提高混凝土强度。对中低强度的混凝土，尽量选择最大粒径较大的粗骨料，但一般不宜超过 40 mm。配制高强混凝土时最大粒径不宜大于 20 mm，这是因为减少用水量获得的强度提高，被大粒径骨料造成的黏结面减少和内部结构不均匀所抵消。此外，骨料最大粒径还受结构形式和配筋疏密限制，《混凝土结构工程施工质量验收规范》（GB 50204—2002）规定，混凝土用粗骨料的最大粒径不得超过构件截面最小尺寸的 1/4，且不得超过钢筋最小净间距的 3/4；对于混凝土实心板，骨料的最大粒径不宜超过板厚的 1/3，且不得超过 40 mm；对于泵送混凝土，最大粒径与输送管道内径之比，碎石不宜大于 1∶3，卵石不宜大于 1∶2.5。

（2）颗粒级配

粗骨料的颗粒级配对混凝土性能的影响与细骨料相同，且其影响程度更大。良好的粗骨料对提高混凝土强度、耐久性以及节约水泥是极为有利的。

粗骨料的颗粒级配分连续粒级和单粒粒级。连续粒级是指颗粒尺寸由小到大连续分级（5 mm～D_{max}），每一级粗骨料都占有适当的比例。连续粒级的颗粒大小搭配合理，配制的混凝土拌合物和易性好，不易发生分层、离析现象，且水泥用量小，目前应用比较广泛。单粒粒级是指颗粒尺寸从 1/2 最大粒径至最大粒径，粒径大小差别较小。单粒粒级一般不单独使用，主要用于组合成具有要求级配的连续粒级，或与连续粒级的石子混合使用，用以改善它们的级配或配成较大粒度的连续粒级。

粗骨料颗粒级配好坏的判定也是通过筛分析法进行的。取一套孔径为 2.36 mm、4.75 mm、9.50 mm、16.0 mm、19.0 mm、26.5 mm、31.5 mm、37.5 mm、53.0 mm、63.0 mm、75.0 mm 及 90.0 mm 的标准方孔筛进行试验，分计筛余百分率及累计筛余百分率的计算方法与砂相同。依据国家标准，建设用卵石、碎石的颗粒级配应符合表 5-9 的规定。

表 5-9　卵石、碎石的颗粒级配（GB/T 14685—2011）

级配情况	公称粒级（mm）	累计筛余，按质量计（%）											
		方孔筛筛孔边长尺寸（mm）											
		2.36	4.75	9.5	16.0	19.0	26.5	31.5	37.5	53.0	63.0	75.0	90
连续粒级	5～6	95～100	85～100	30～60	0～10	0	—	—	—	—	—	—	—
	5～20	95～100	90～100	40～80	—	0～10	0	—	—	—	—	—	—
	5～25	95～100	90～100	—	30～70	—	0～5	0	—	—	—	—	—
	5～31.5	95～100	90～100	70～90	—	15～45	—	0～5	0	—	—	—	—
	5～40	—	95～100	70～90	—	30～65	—	—	0～5	0	—	—	—
单粒粒级	5～10	95～100	80～100	0～15	0	—	—	—	—	—	—	—	—
	10～16	—	95～100	80～100	0～15	—	—	—	—	—	—	—	—
	10～20	—	95～100	85～100	—	0～15	0	—	—	—	—	—	—
	16～25	—	—	95～100	55～70	25～40	0～10	—	—	—	—	—	—
	16～31.5	—	95～100	—	85～100	—	—	0～10	0	—	—	—	—
	20～40	—	—	95～100	—	80～100	—	—	0～10	0	—	—	—
	40～80	—	—	—	—	95～100	—	—	70～100	—	30～60	0～10	0

2. 含泥量和泥块含量

粗骨料中泥和泥块对混凝土性质的影响与细骨料相同，但由于粗骨料的粒径大，因而造成的缺陷或危害更大。粗骨料中含泥量是指粒径小于 75 μm 的颗粒含量；泥块含量是指原粒径大于 4.75 mm，经水浸洗、手捏后小于 2.36 mm 的颗粒含量。粗骨料中含泥量和泥块含量应符合表 5-10 的规定。

表 5-10　粗骨料中含泥量和泥块含量（GB/T 14685—2011）

项　目	指　标		
	I 类	II 类	III 类
含泥量（按质量计）（%）	≤0.5	≤1.0	≤1.5
泥块含量（按质量计）（%）	0	≤0.2	≤0.5

3. 针、片状颗粒含量

卵石和碎石颗粒的长度大于该颗粒所属相应粒级的平均粒径 2.4 倍者为针状颗粒；厚度小于平均粒径 0.4 倍者为片状颗粒（平均粒径指该粒级上、下限粒径的平均值）。针、片状颗粒易折断，且会增大骨料的空隙率和总表面积，使混凝土拌合物的和易性、强度、耐久性降低，因此应限制其在粗骨料中的含量。针、片状颗粒含量用标准规定的针状规准仪和片状规准仪逐粒测定，凡颗粒长度大于针状规准仪上相应间距者为针状颗粒，厚度小于片状规准仪上相应孔宽者为片状颗粒，其含量应符合表 5-11 的规定。

表 5-11　针、片状颗粒含量（GB/T 14685—2011）

项　　目	指　　标		
	Ⅰ 类	Ⅱ 类	Ⅲ 类
针、片状颗粒（按质量计）（%）	≤5	≤10	≤15

4. 有害物质

卵石和碎石中不应混有草根、树叶、树枝、塑料、煤块和炉渣等杂物。卵石和碎石中如含有有机物、硫化物及硫酸盐，其含量应符合表 5-12 的规定。

表 5-12　有害物质含量（GB/T 14685—2011）

项　　目	指　　标		
	Ⅰ 类	Ⅱ 类	Ⅲ 类
有机物	合格	合格	合格
硫化物及硫酸盐（按 SO_3 质量计）（%）	≤0.5	≤1.0	≤1.0

5. 坚固性

坚固性是指卵石、碎石在自然风化和其他外界物理化学因素作用下抵抗破裂的能力。采用硫酸钠溶液法进行试验，卵石和碎石经 5 次循环后，其质量损失应符合表 5-13 的规定。

表 5-13　坚固性指标（GB/T 14685—2011）

项　　目	指　　标		
	Ⅰ 类	Ⅱ 类	Ⅲ 类
质量损失（%）	≤5	≤8	≤12

6. 强度

为保证混凝土的强度，粗骨料必须具有足够的强度。粗骨料的强度指标有两个：岩石抗压强度和压碎指标。

（1）岩石抗压强度

岩石抗压强度是将母岩制成 50 mm×50 mm×50 mm 的立方体试件或 ϕ50 mm×50 mm 的圆柱体试件，测得的在饱和水状态下的抗压强度值。国家标准规定，岩石抗压强度：火成岩应不小于 80 MPa，变质岩应不小于 60 MPa，水成岩应不小于 30 MPa。

（2）压碎指标

压碎指标的测定是将质量为 G_1 的气干状态的 9.50～19.0 mm 的石子装入压碎值测定仪内，放在压力机上，按 1 kN/s 的速度均匀加荷到 200 kN 并稳荷 5 s。卸荷后，用孔径 2.36 mm 的筛筛除被压碎的细粒，称出留在筛上的试样质量 G_2。压碎指标值 Q_e 按下式计算：

$$Q_e = \frac{G_1 - G_2}{G_1} \times 100\%$$

压碎指标表示石子抵抗压碎的能力，以间接地推测其相应的强度，其值越小，说明强度越高。碎石和卵石的压碎指标应符合表 5-14 的规定。

表 5-14　压碎指标（GB/T 14685—2011）

项　　目	指　　标		
	Ⅰ类	Ⅱ类	Ⅲ类
碎石压碎指标（%）	≤10	≤20	≤30
卵石压碎指标（%）	≤12	≤14	≤16

岩石抗压强度比较直观，但试件加工困难，而且其抗压强度反映不出石子在混凝土中的真实强度，因此对经常性的生产质量控制常用压碎指标值。而在选择采石场或对粗骨料强度有严格要求以及对其质量有争议时，宜采用岩石抗压强度做检验。

7. 表观密度、连续级配松散堆积空隙率

碎石和卵石的表观密度、连续级配松散堆积空隙率应符合如下规定：表观密度不小于 2 600 kg/m³，Ⅰ类石子连续级配松散堆积空隙率不大于 43%，Ⅱ类石子不大于 45%，Ⅲ类石子不大于 47%。

8. 碱骨料反应

经碱骨料反应试验后，由卵石、碎石制备的试件无裂缝、酥裂、胶体外溢等现象，在规定的试验龄期的膨胀率应小于 0.10%。

5.1.4　混凝土用水

对混凝土用水的质量要求：不得影响混凝土的和易性及凝结；不得有损于混凝土强度的发展；不得降低混凝土的耐久性、加快钢筋锈蚀及导致预应力钢筋脆断；不得污染混凝土表面。

《混凝土用水标准》（JGJ 63—2006）对混凝土用水提出了具体的质量要求。混凝土用水按水源不同分为饮用水、地表水、地下水、再生水、混凝土设备洗刷水和海水等。符合国家标准的生活用水可用于拌制混凝土；地表水、地下水和再生水等必须按照标准规定检验合格后，方可使用；混凝土企业设备洗刷水不宜用于预应力混凝土、装饰混凝土、加气混凝土和暴露于腐蚀环境的混凝土，不得用于使用碱活性或潜在碱活性骨料的混凝土；海水中含有较多硫酸盐、镁盐和氯盐，影响混凝土的耐久性并加速钢筋的锈蚀，因此未经处理的海水严禁用于钢筋混凝土和预应力混凝土，在无法获得水源的情况下，海水可用于素混凝土，但不宜用于装饰混凝土。

5.2　混凝土的主要技术性质

混凝土的性质包括混凝土拌合物的和易性，混凝土强度、变形及耐久性等。
混凝土各组成材料按一定比例搅拌后尚未凝结硬化的称为混凝土拌合物。

5.2.1　混凝土拌合物的和易性

1. 和易性的概念

和易性又称工作性，是指混凝土拌合物在一定的施工条件下，便于各种施工工序的操作，以保证获得均匀密实的混凝土的性能。和易性是一项综合技术指标，包括流动性（稠度）、黏聚性和保水性三个主要方面。

（1）流动性　流动性是指拌合物在自重或施工机械振捣作用下，能产生流动并均匀密实地填充整个模型的性能。流动性好的混凝土拌合物操作方便，易于捣实和成型。

（2）黏聚性　黏聚性是指拌合物在施工过程中各组成材料相互之间有一定的黏聚力，不出现分层、离析，保持整体均匀的性能。黏聚性差的拌合物在施工过程中易出现分层、离析、泌水，导致混凝土硬化后出现"蜂窝""麻面"等缺陷，影响混凝土强度及耐久性。

（3）保水性　保水性是指拌合物保持水分，不致产生严重泌水的性质。保水性差的混凝土拌合物在运输和浇捣时凝结硬化前容易泌水，水分积聚在混凝土表面，硬化后引起表面疏松，水分也可能积聚在骨料或钢筋下边，削弱骨料或钢筋与水泥石的黏结力。泌水还会留下许多毛细管通道，不仅降低混凝土强度，还影响其抗冻、抗渗等耐久性能。

混凝土拌合物的流动性、黏聚性和保水性三者既互相联系，又互相矛盾。黏聚性好的混凝土拌合物，其保水性往往也好，但流动性较差；如增大流动性能，则黏聚性、保水性往往变差。因此，施工时应兼顾三者，使拌合物既满足要求的流动性，又保证良好的黏聚性和保水性。

2. 和易性测定

目前尚未找到一种简单易行、迅速准确又能全面反映混凝土拌合物和易性的指标及测定方法。《普通混凝土拌合物性能试验方法标准》（GB/T 50080—2002）规定，采用坍落度及坍落扩展度试验和维勃稠度试验评定混凝土拌合物的和易性。

（1）坍落度及坍落扩展度试验

将混凝土拌合物分 3 次按规定方法装入坍落度筒内，刮平表面后，垂直向上提起坍落度筒，拌合物因自重而坍落，测量坍落的值（mm）即为该拌合物的坍落度（见图 5-4）。

测定坍落度后，用捣棒轻击拌合物锥体的侧面，观察其黏聚性。若锥体逐渐下沉，表示黏聚性良好；若锥体倒塌、部分崩溃或出现离析现象，则表示黏聚性不好。保水性以混凝土拌合物稀浆析出的程度来评定，坍落度筒提起后若有较多的稀浆从底部析出，锥体部分的混凝土也因失浆而骨料外露，则表明保水性不好；若无稀浆或仅有少量稀浆自底部析出，则表示保水性良好。

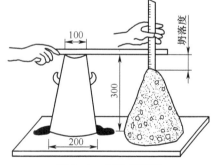

图 5-4　坍落度测定

当混凝土拌合物的坍落度大于 220 mm 时，由于粗骨料堆积的偶然性，坍落度就不能很好地代表拌合物的稠度，此时需测定坍落扩展度值来表示拌合物的稠度。即用钢尺测量混凝土扩展后最终的最大直径和最小直径，在这两个直径之差小于 50 mm 的条件下，用其算术平均值作为坍落扩展度值。如果发现粗骨料在中央堆集或边缘有水泥浆析出，这是混凝土在扩展的过程中产生离析而造成的，表明混凝土拌合物抗离析性不好。

根据坍落度大小，可将混凝土拌合物分成 5 级，见表 5-15。

表 5-15　混凝土拌合物的坍落度等级划分

等　　级	坍落度（mm）
S1	10～40
S2	50～90
S3	100～150
S4	160～210
S5	≥220

坍落度过小说明拌合物流动性小，施工不便，往往影响施工质量，甚至造成质量事故；坍落度过大易产生分层、离析，造成混凝土结构上下不均。因此，混凝土拌合物的坍落度应在一个适宜的范围内。其值可根据工程结构种类、钢筋疏密程度及振捣方法按表 5-16 选用。

表 5-16　混凝土浇筑时的坍落度

项次	结　构　种　类	坍落度（mm）
1	基础或地面等的垫层、无筋的厚大结构（挡土墙、基础或厚大的块体等）或配筋稀疏的结构	10～30
2	板、梁和大型及中型截面的柱子等	30～50
3	配筋较密的结构（薄壁、斗仓、筒仓、细柱等）	50～70
4	配筋特密的结构	70～90

注：①本表是指采用机械振捣的坍落度，采用人工振捣时，坍落度可适当增大；
　　②需要配制大坍落度混凝土时，应掺用外加剂；
　　③曲面或斜面结构的混凝土，其坍落度值应根据实际需要另行选定；
　　④轻骨料混凝土的坍落度，宜比表中数值减少 10～20 mm。

坍落度及坍落扩展度试验简便易行，但观察黏聚性及保水性时受主观因素影响较大，仅适用于骨料最大粒径不大于 40 mm、坍落度不小于 10 mm 的混凝土拌合物。对于干硬性混凝土，和易性测定常采用维勃稠度试验。

（2）维勃稠度试验

维勃稠度试验需用维勃稠度测定仪（图 5-5）。先按规定的方法在坍落度筒中装满混凝土拌合物，提起坍落度筒，在拌合物试件顶面放一透明圆盘，开启振动台，同时用秒表计时，到透明圆盘的底面完全为水泥浆布满时，关闭振动台。所用的时间（s）称为该混凝土拌合物的维勃稠度。维勃稠度值越大，说明混凝土拌合物越干硬。混凝土拌合物根据维勃稠度大小分为五级，见表 5-17。

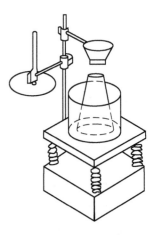

图 5-5　维勃稠度仪

表 5-17　混凝土拌合物的维勃稠度等级划分

等　　级	维勃时间（s）
V_0	≥31
V_1	30～21
V_2	20··11
V_3	10～6
V_4	5～3

3. 影响混凝土和易性的主要因素

影响混凝土拌合物和易性的因素很多，主要有胶凝材料的用量、水胶比、砂率、原材料的性质及外加剂、时间、温度等因素。

（1）胶凝材料的用量

胶凝材料的用量指的是每立方米混凝土中水泥用量和活性矿物掺合料用量之和。

在水胶比不变的条件下，增加混凝土单位体积的胶凝材料浆体数量，能使骨料周围有足够的胶凝材料浆体包裹，改善骨料之间的润滑性能，从而使混凝土拌合物的流动性提高。但胶凝材料浆体不宜过多，否则会出现流浆现象，黏聚性变差，浪费胶凝材料，同时影响混凝土强度。

（2）水胶比

水胶比是指混凝土中用水量与胶凝材料用量的质量比，用 W/B 表示。胶凝材料是混凝土中水泥和活性矿物掺合料的总称。

水胶比过大，胶凝材料浆体太稀，易产生严重离析及泌水现象；水胶比过小，因流动性差难以施工。通常，在满足流动性要求的前提下，应尽量选用小的水胶比。

（3）砂率

砂率是指混凝土中砂的质量占砂、石总量的百分比。因为砂的粒径远小于石子，所以砂率大小对骨料空隙率及总表面积有显著影响。砂率过大时，骨料的空隙率减小而总表面积增加，在胶凝材料浆体数量一定的条件下，拌合物显得干稠，流动性降低；反之，砂率过小，砂浆数量不足，不能保证石子周围形成足够的砂浆层，也会降低拌合物流动性，并影响黏聚性和保水性。因此，选择砂率应该是在用水量及胶凝材料用量一定的条件下，使混凝土拌合物获得最大的流动性，并保持良好的黏聚性和保水性；或在保证良好和易性的同时，胶凝材料用量最少。此时的砂率值称为合理砂率，如图 5-6 和图 5-7 所示。

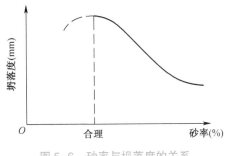

图 5-6　砂率与坍落度的关系

（水及胶凝材料用量不变）

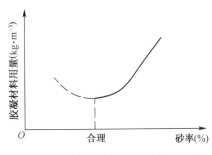

图 5-7　砂率与胶凝材料用量的关系

（坍落度不变）

合理砂率一般通过试验确定，在不具备试验的条件下，可参考表5-18选取。

表5-18　混凝土砂率（%）

水胶比	卵石最大粒径（mm）			碎石最大粒径（mm）		
（W/B）	10	20	40	16	20	40
0.40	26～32	25～31	24～30	30～35	29～34	27～32
0.50	30～35	29～34	28～33	33～38	32～37	30～35
0.60	33～38	32～37	31～36	36～41	35～40	33～38
0.70	36～41	35～40	34～39	39～44	38～43	36～41

注：①本表数值是中砂的选用砂率。对细砂或粗砂，可相应地减小或增大砂率；

②采用人工砂配制混凝土时，砂率可适当增大；

③只用一个单粒级粗骨料配制混凝土时，砂率应适当增大。

（4）原材料的性质

①水泥品种。在其他条件相同时，硅酸盐水泥和普通水泥较矿渣水泥拌制的混凝土拌合物的和易性好。这是因为矿渣水泥保水性差，容易泌水。水泥颗粒愈细时，拌合物流动性也愈小。

②骨料。如果其他条件相同，那么卵石混凝土比碎石混凝土流动性大，级配好的比级配差的流动性大。

（5）其他因素

①外加剂。拌制混凝土时，掺入少量外加剂有利于改善和易性（有关外加剂知识详见本书5.3节）。

②温度。混凝土拌合物的流动性随温度的升高而降低。

③时间。随着时间的延长，拌和后的混凝土坍落度逐渐减小。

5.2.2　混凝土强度

混凝土强度包括抗压、抗拉、抗剪、抗弯及握裹强度。其中，以抗压强度最大，抗拉强度最小（仅为抗压强度的1/12～1/10，结构设计中一般不考虑混凝土的抗拉强度）。

1. 混凝土立方体抗压强度

《普通混凝土力学性能试验方法标准》（GB/T 50081—2002）规定，制作150 mm×150 mm×150 mm的标准立方体试件（在特殊情况下，可采用 ϕ 150 mm×300 mm 的圆柱体标准试件），在标准条件（温度20 ℃±2 ℃，相对湿度95%以上）下或在温度为20 ℃±2 ℃的不流动的 $Ca(OH)_2$ 饱和溶液中养护到28 d，所测得的抗压强度值为混凝土立方体抗压强度，以 f_{cu} 表示。

当采用非标准尺寸的试件时，应换算成标准试件的强度。换算方法是将所测得的强度乘以相应的换算系数（见表5-19）。

表5-19　强度换算系数（GB/T 50081—2002）

试件尺寸（mm）	骨料最大粒径（mm）	强度换算系数
100×100×100	31.5	0.95
150×150×150	40	1
200×200×200	63	1.05

注：本表的换算系数适用于混凝土强度等级小于C60。当混凝土强度等级大于或等于C60时，宜采用标准试件。使用非标准试件时，尺寸换算系数应由试验确定。

为了正确进行设计和控制混凝土质量，根据混凝土立方体抗压强度标准值（以 $f_{cu,k}$ 表示，单位为 MPa），将混凝土强度分成若干等级，即强度等级。混凝土立方体抗压强度标准值，是指按标准试验方法测得的立方体抗压强度总体分布中的一个值，强度低于该值的百分率不超过5%（即具有95%以上的保证率）。混凝土强度等级采用符号 C 与立方体抗压强度标准值一起配合表示。《混凝土质量控制标准》（GB 50164—2011）规定，混凝土划分为 C10、C15、C20、C25、C30、C35、C40、C45、C50、C55、C60、C65、C70、C75、C80、C85、C90、C95、C100 等十九个强度等级。例如，C30 表示混凝土立方体抗压强度标准值 $f_{cu,k} = 30$ MPa，即抗压强度大于或等于 30 MPa 的保证率为95%以上。

2. 混凝土轴心抗压强度

在实际工程中，混凝土受压构件大多是棱柱体或圆柱体形式。为了与实际情况相符，《普通混凝土力学性能试验方法标准》（GB/T 50081—2002）规定，采用 150 mm×150 mm×30 mm 的棱柱体作为标准试件，测得的抗压强度为轴心抗压强度 f_{cp}。在钢筋混凝土结构计算中，计算轴心受压构件时，都采用混凝土的轴心抗压强度作为设计依据。

混凝土的轴心抗压强度 f_{cp} 与立方体抗压强度 f_{cu} 之间具有一定的关系。通过大量试验表明：在立方体抗压强度 f_{cu} 为 10~55 MPa 的范围内，$f_{cp} = (0.7~0.8)f_{cu}$。

3. 影响混凝土强度的主要因素

混凝土强度主要取决于胶凝材料硬化后的强度及其与骨料表面的黏结强度，而胶凝材料硬化后的强度及其与骨料的黏结强度又与胶凝材料强度、水胶比及骨料的性质有密切关系。同时，养护条件及龄期等因素对混凝土强度也有较大影响。

（1）胶凝材料强度和水胶比

胶凝材料强度和水胶比是影响混凝土强度的最主要因素。配合比相同时，胶凝材料强度越高，其胶结力越强，混凝土强度也越大。在一定范围内，水胶比越小，混凝土强度也越高；反之，水胶比越大，用水量越多，多余水分蒸发留下的毛细孔越多，从而使混凝土强度降低。试验证明：当混凝土强度等级小于 C60，水胶比在 0.30~0.68 时，混凝土强度与水胶比之间呈近似双曲线关系，而与胶水比呈直线关系（见图5-8）。

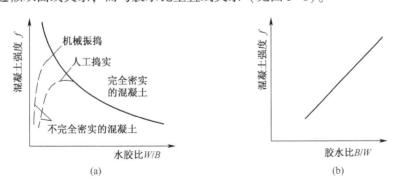

图 5-8　混凝土强度与水胶比及胶水比的关系

（a）强度与水胶比的关系；（b）强度与胶水比的关系

混凝土强度与胶凝材料强度、胶水比之间的关系可用经验公式表示：

$$f_{cu} = \alpha_a f_b \left(\frac{B}{W} - \alpha_b \right)$$

式中　f_{cu}——混凝土 28 d 龄期的抗压强度（MPa）。

　　　f_b——胶凝材料 28 d 胶砂抗压强度实测值（MPa）。当无法取得胶凝材料 28 d 胶砂抗压强度实测值时，可按 $f_b = \gamma_f \gamma_s f_{ce}$ 求得，γ_f、γ_s 为粉煤灰影响系数和粒化高炉矿渣粉影响系数，可按表 5-20 选用。

表 5-20　粉煤灰影响系数（γ_f）和粒化高炉矿渣粉影响系数（γ_s）

种类 掺量（%）	粉煤灰影响系数 γ_f	粒化高炉矿渣粉影响系数 γ_s
0	1.00	1.00
10	0.85～0.95	1.00
20	0.75～0.85	0.95～1.00
30	0.65～0.75	0.90～1.00
40	0.55～0.65	0.80～0.90
50	—	0.70～0.85

　　　B/W——胶水比。

　　　f_{ce}——水泥 28 d 胶抗压强度实测值（MPa）。当无实测值，可按式 $f_{ce} = \gamma_c f_{ce,g}$ 计算求得，式中 $f_{ce,g}$ 为水泥强度等级值（MPa），γ_c 为水泥强度等级值的富余系数，可按实际统计资料确定，当缺乏实际统计资料时，可按表 5-21 选用。

表 5-21　水泥强度等级值的富余系数（γ_c）

水泥强度等级值	32.5	42.5	52.5
富余系数	1.12	1.16	1.10

　　　α_d，α_b——回归系数，应根据工程所使用的原材料，通过试验建立的水胶比与混凝土强度关系式确定，当不具备上述试验统计资料时，则可按《普通混凝土配合比设计规程》（JGJ 55—2011）提供的回归系数取用。对于碎石，$\alpha_a = 0.53$，$\alpha_b = 0.20$；对于卵石，$\alpha_a = 0.49$，$\alpha_b = 0.13$。

　　上式称为混凝土强度公式，又称保罗米公式，一般只适用于流动性和低流动性且混凝土强度等级在 C60 以下的混凝土。利用混凝土强度公式，可根据所用的胶凝材料强度值和水胶比来估计混凝土 28 d 的强度，也可根据胶凝材料强度值和要求的混凝土强度等级来确定应采用的水胶比。

（2）粗骨料的颗粒形状和表面特征

　　粗骨料对混凝土强度的影响主要表现在颗粒形状和表面特征上。当粗骨料中含有大量针、片状颗粒及风化的岩石时，会降低混凝土强度。碎石表面粗糙、多棱角，与水泥石黏结力较强，而卵石表面光滑，与水泥石黏结力较弱。因此，水泥强度等级和水胶比相同时，碎石混凝土强度比卵石混凝土的高些。

（3）养护条件

　　混凝土强度来源于胶凝材料的水化，而胶凝材料的水化只有在一定的温度、湿度条件下才能进行。试验表明：保持足够湿度时，温度升高，胶凝材料水化速度加快，强度增长也快；反之，温度降低，胶凝材料水化速度迟缓，强度增长也较慢。当温度低于 0 ℃时，胶凝材料不但停止水化，而且可能因水结冰，体积膨胀，使混凝土强度降低或破坏。如果湿度不够，不仅影响混凝土强度增长，而且易引起干缩裂缝，使混凝土表面疏松，耐久性降低。因此，混凝土浇筑后，必须保持一定时间的潮湿。《混凝土结构工程施工质量验收规范（2010年版）》（GB 50204—2002）规定，在混凝土浇筑完毕后，应在 12 h 内加以覆盖并保湿养护。对硅酸盐水泥、普通水泥或矿渣水泥拌制的混凝土，浇水养护时间不得少于 7 d；对掺用缓凝型外加剂或有抗渗要求的混凝土，浇水养护时间不得少于 14 d；采用塑料布覆盖养护的混凝土，其敞露的全部表面应覆盖严密，并应保持塑料布内有凝结水；当日平均气温低于 5 ℃时，不得浇水；当采用其他品种水泥时，混凝土的养护时间应根据所采用水泥的技术性能确定；混凝土表面不便浇水或使用塑料布时，宜涂刷养护剂。

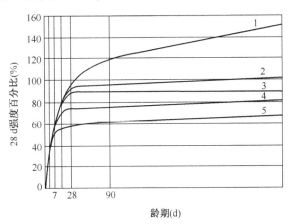

图 5-9　混凝土强度与保持潮湿时间的关系

1—长期保持潮湿；2—保持潮湿 14 d；3—保持潮湿 7 d
4—保持潮湿 3 d；5—保持潮湿 1 d

混凝土强度与保持潮湿时间的关系如图 5-9 所示，温度对混凝土强度的影响见图 5-10。

（4）龄期

混凝土在正常养护条件下，其强度随龄期增长而提高。在最初 3～7 d 内，强度增长较快，28 d 后强度增长缓慢，如图 5-10 所示。

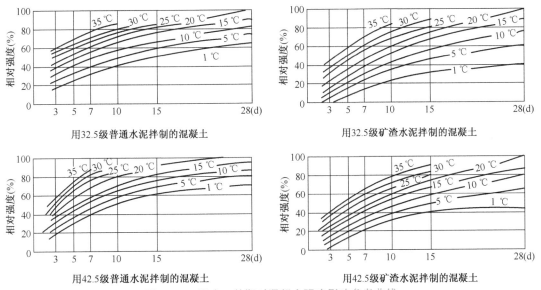

图 5-10　湿度、龄期对混凝土强度影响参考曲线

混凝土强度的发展大致与龄期的对数成正比关系：

$$f_{cn} = \frac{f_{c28}}{lg28} lgn$$

式中 f_{cn}——n 天龄期混凝土立方体抗压强度（MPa）；

f_{c28}——28 d 龄期混凝土立方体抗压强度（MPa）；

n——龄期（d），$n \geq 3$。

（5）试验条件

试验过程中，试件的尺寸、形状、表面状态及加荷速度都会对混凝土的强度值产生一定的影响。

①试件尺寸。相同的混凝土，试件尺寸越小测得的强度越高。其主要原因是试件尺寸大时，内部缺陷出现的概率也大，导致有效受力面积减小及应力集中，从而引起强度的降低。我国标准规定，采用 150 mm×150 mm×150 mm 的立方体试件作为标准试件，当采用非标准试件时，应换算成标准试件的强度。换算方法是将所测得的抗压强度乘以相应的换算系数，如表 5-19 所示。

②试件的形状。当试件受压面积（$a \times a$）相同，而高度（h）不同时，高宽比（h/a）越大，抗压强度越小。这是由于试件受压时，受压面与承压板之间的摩擦力对试件相对于承压板的横向膨胀起着约束作用（见图 5-11），该约束有利于强度的提高，这种作用称为环箍效应。愈接近试件的端面，这种约束作用愈大，在距端面大约（$\sqrt{3}a$）/2 的范围以外，约束作用消失。试件破坏后，其上下部分各呈现一个较完整的棱锥体，就是这种约束作用的结果。棱柱体试件的高宽比大，中间区段受环箍效应的影响小，因此棱柱体抗压强度比立方体抗压强度值小。

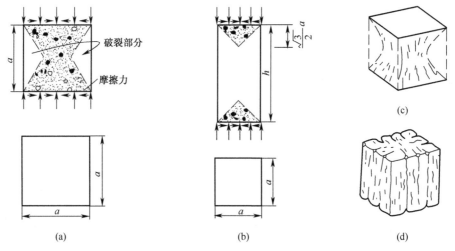

图 5-11 混凝土试件的破坏状态

（a）立方体试件；（b）棱柱体试件；（c）试件破坏后的棱锥体；（d）不受承压板约束时试件的破坏情况

③表面状态。当混凝土试件受压面上有油脂类润滑物质时，承压板与试件间的摩擦力减小，使环箍效应影响减弱，试件将出现垂直裂纹而破坏，如图 5-11（d）所示，测得的抗压强度值也较低。

④加荷速度。试件破坏是当变形达到一定程度时才发生的，当加荷速度较快时，材料变形的增长落后于荷载的增加，故破坏时强度值偏高。当加荷速度超过 1.0 MPa/s 时，这种趋势更加显著。因此，我国标准规定，在试验过程中应连续均匀地加荷，混凝土抗压强度的加

荷速度为：混凝土强度等级小于 C30 时，取：0.3～0.5 MPa/s；混凝土强度等级大于或等于 C30 且小于 C60 时，取 0.5～0.8 MPa/s；混凝土强度等级大于或等于 C60 时，取 0.8～1.0 MPa/s。

4. 提高混凝土强度的措施

（1）采用高强度胶凝材料

（2）采用干硬性混凝土

干硬性混凝土水胶比小、砂率小，经强力振捣后，密实度大，因此强度高。

（3）采用蒸汽或蒸压养护

①蒸汽养护。将已浇筑好的混凝土构件放在低于 100 ℃ 的常压蒸汽中进行养护。采用蒸汽养护的构件，16～20 h 的强度可达标准条件下养护 28 d 强度的 70%～80%。

蒸汽养护特别适合于掺活性矿物掺合料的水泥配制的混凝土。

②蒸压养护。将已浇筑好的混凝土构件放在 175 ℃、0.8 MPa 的密闭蒸压釜内进行养护。在高温高压下，水泥水化时析出的氢氧化钙不仅能与活性氧化硅反应，而且也能与结晶状态的氧化硅（如石英砂、石英粉等）化合，生成含水硅酸盐结晶，使水泥水化加速，硬化加快，混凝土强度也大幅度提高。

（4）采用机械搅拌和振捣

机械搅拌不仅比人工搅拌工效高，而且搅拌得更均匀，所以有利于提高混凝土强度。

同样，采用机械振捣要比人工捣实效果好得多。从图 5-12 可以看出，采用机械捣实的混凝土强度明显高于人工捣实的混凝土强度，且水胶比愈小，愈适合采用机械捣实。

（5）掺入减水剂或早强剂

在混凝土中掺入减水剂，可减少用水量，提高混凝土强度；掺入早强剂，可提高混凝土早期强度（详见本书第 5.3 节）。

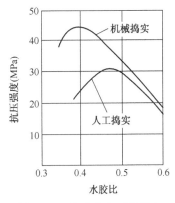

图 5-12 捣实方法对混凝土强度的影响

5.2.3 混凝土变形

混凝土的变形包括非荷载作用下的变形和荷载作用下的变形。

1. 非荷载作用下的变形

非荷载作用下的变形有化学收缩、干湿变形及温度变形等。

①化学收缩。它是指由于胶凝材料水化生成物的体积比反应前物质的总体积小，致使混凝土产生收缩。水泥用量过多，在混凝土内部易产生化学收缩而引起微细裂缝。

②干湿变形。它是指混凝土干燥、潮湿引起的尺寸变化。其中湿胀变形量很小，一般无破坏性，但干缩对混凝土危害较大，应尽量减小。如加强早期养护、采用适宜的水泥品种、限制水泥用量、减少用水量、保证一定的骨料用量等，这些方法均可在一定程度上减小干缩值。

③温度变形。它是指混凝土热胀冷缩的性能。因为水泥水化放出热量，所以温度变形对大体积混凝土工程极为不利，容易引起内外膨胀不均而导致混凝土开裂。因此，对大体积混凝土工程应采用低热水泥。

2. 荷载作用下的变形

荷载作用下的变形主要是徐变。所谓徐变，是指在长期不变的荷载作用下随时间而增长的变形，图 5-13 表示混凝土徐变的曲线。

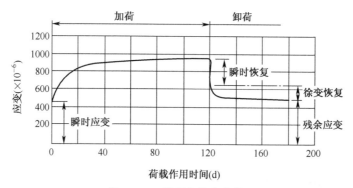

图 5-13　混凝土徐变曲线

从曲线上可以看出，开始加荷时，即产生瞬间应变，接着便发生缓慢增长的徐变。在荷载作用的初期，徐变变形增长得较快，后逐渐变慢，一般 2~3 年才趋于稳定。混凝土的徐变变形量可达 $3 \times 10^{-4} \sim 15 \times 10^{-4}$，即：$0.3 \sim 1.5$ mm/m。当变形稳定后卸掉荷载，混凝土立即发生稍少于瞬时应变的恢复，称为瞬时恢复。其后，还有一个随时间而增加的应变恢复，称为徐变恢复。最后残留下来不能恢复的应变称为残余应变。

混凝土徐变大小与许多因素有关，如水胶比、养护条件、胶凝材料用量等均对徐变有影响。水胶比较小或在水中养护的混凝土，由于孔隙较少，故徐变小；水胶比相同时，胶凝材料用量越多的混凝土，徐变越大。此外，徐变与混凝土弹性模量也有关系，一般弹性模量大的混凝土，徐变值小。

徐变的产生有利也有弊。徐变能消除钢筋混凝土内的应力集中，使应力较均匀地重新分布；对大体积混凝土，徐变还能消除一部分由温度变形产生的破坏应力。但对预应力钢筋混凝土，徐变能使钢筋的预应力受到损失，降低结构承载力。

5.2.4　混凝土耐久性

1. 混凝土耐久性的概念

混凝土耐久性是指混凝土在实际使用条件下抵抗各种破坏因素作用，长期保持强度和外观完整性的能力。它包括混凝土的抗冻性、抗渗性、抗侵蚀性及抗碳化能力等。

（1）抗冻性

抗冻性是指混凝土在饱和水状态下，能经受多次冻融循环而不破坏，也不明显降低强度的性能，是评定混凝土耐久性的主要指标。在寒冷地区，尤其是经常与水接触、受冻的混凝土，要求具有较高的抗冻性。

抗冻性好坏用抗冻等级表示。根据混凝土所能承受的反复冻融循环的次数，抗冻性分为 F10、F15、F25、F50、F100、F150、F200、F250、F300 九个等级。

混凝土的密实度、孔隙的构造特征是影响抗冻性的重要因素，对于密实的或具有封闭孔隙的混凝土，其抗冻性较好。

（2）抗渗性

抗渗性是指混凝土抵抗水、油等液体渗透的能力。抗渗性好坏用抗渗等级来表示。根据标准试件 28 d 龄期试验时所能承受的最大水压，分为 P4、P6、P8、P10 和 P12 五个等级，相应表示混凝土能抵抗 0.4 MPa、0.6 MPa、0.8 MPa、1.0 MPa、1.2 MPa 的水压而不被渗透。

混凝土水胶比对抗渗性起决定性作用。增大水胶比，由于混凝土密实度降低，导致抗渗性降低。另外，混凝土施工处理不当、振捣不密实，也会严重影响混凝土的抗渗性。渗水后的混凝土如果受冻，易引起冻融破坏。对钢筋混凝土而言，渗水还会造成钢筋的锈蚀及保护层开裂。

提高混凝土抗渗性的根本措施在于增强混凝土的密实度。

（3）抗侵蚀性

如果混凝土不密实，外界侵蚀性介质就会通过孔隙或毛细管侵入硬化后的水泥石内部，引起混凝土的腐蚀而破坏。腐蚀的类型通常有淡水腐蚀、硫酸盐腐蚀、溶解性化学腐蚀、强碱腐蚀等，其腐蚀机理详见第 4.1.4 节。混凝土的抗侵蚀性与密实度有关，同时，水泥品种、混凝土内部孔隙特征对抗侵蚀性也有较大影响。当水泥品种确定后，密实或具有封闭孔隙的混凝土，其抗侵蚀性较强。

2. 提高混凝土耐久性的措施

混凝土耐久性主要取决于组成材料的质量及混凝土密实度。提高混凝土耐久性的措施主要有：

①根据工程所处环境及要求，合理选择水泥品种。

②设计使用年限为 50 年的混凝土结构，其混凝土材料宜符合表 5-22 和表 5-23 的规定。

③改善粗细骨料的颗粒级配。

④掺加外加剂，以改善抗冻、抗渗性能。

⑤加强浇捣和养护，以提高混凝土强度及密实度，避免出现裂缝、蜂窝等现象。

⑥采用浸渍处理或用有机材料作防护涂层。

表 5-22　结构混凝土材料的耐久性基本要求（JGJ 55—2011）

环境等级	条　件	最低强度等级	最大水胶比	最大氯离子含量（%）	最大碱含量（kg·m⁻³）
一	室内干燥环境； 无侵蚀性静水浸没环境	C20	0.60	0.30	不限制
二 a	室内潮湿环境； 非严寒和非寒冷地区的露天环境； 非严寒和非寒冷地区与无侵蚀性的水或土壤直接接触的环境； 寒冷和严寒地区的冰冻线以下与无侵蚀性的水或土壤直接接触的环境	C25	0.55	0.20	3.0

环境等级	条件	最低强度等级	最大水胶比	最大氯离子含量（%）	最大碱含量（kg·m⁻³）
二 b	干湿交替环境； 水位频繁变动环境； 严寒和寒冷地区的露天环境； 严寒和寒冷地区冰冻线以上与无侵蚀性的水或土壤直接接触的环境	C30（C25）	0.50（0.55）	0.15	3.0
三 a	严寒和寒冷地区冬季水位变动区环境； 受除冰盐影响环境； 海风环境	C35（C30）	0.45（0.50）	0.15	
三 b	盐渍土环境； 受除冰盐作用环境； 海岩环境	C40	0.40	0.10	

注：1. 处于严寒和寒冷地区二 b、三 a 类环境中的混凝土应使用引气剂，并可采用括号中的有关参数；
    2. 氯离子含量是指氯离子占胶凝材料总量的百分比。

表 5-23　混凝土的最小胶凝材料用量（JGJ 55—2011）

最大水胶比	最小胶凝材料用量（kg·m⁻³）		
	素混凝土	钢筋混凝土	预应力混凝土
0.60	250	280	300
0.55	280	300	300
0.50	320		
≤0.45	330		

5.3　混凝土外加剂

混凝土外加剂是指在拌制混凝土过程中掺入用以改善混凝土性能的物质。外加剂的掺量不大于胶凝材料质量的 5%（特殊情况除外）。

外加剂的掺量很小，却能显著地改善混凝土的性能，提高技术经济效果，且使用方便，因此受到国内外的重视。目前，外加剂已成为混凝土中除胶凝材料、砂、石、水以外的第五组分。我国现已生产百余种外加剂产品，应用于建筑、水工、港口等工程中，取得了良好的效果。

5.3.1　外加剂的分类

国家标准《混凝土外加剂定义、分类、命名与术语》（GB/T 8075—2005）中按外加剂的主要功能将混凝土外加剂分为四类：

①改善混凝土拌合物流变性能的外加剂，包括各种减水剂、引气剂和泵送剂等。

②调节混凝土凝结时间、硬化性能的外加剂，包括缓凝剂、早强剂和速凝剂等。

③改善混凝土耐久性的外加剂，包括引气剂、防水剂和阻锈剂等。

④改善混凝土其他性能的外加剂，包括加气剂、膨胀剂、防冻剂、着色剂、防水剂和泵送剂等。

5.3.2 常用的外加剂

外加剂种类繁多，这里仅介绍常用的几类外加剂。

1. 减水剂

减水剂是指能保持混凝土的和易性，且显著减少其拌和用水量的外加剂。由于拌合物中加入减水剂后，如果不改变单位用水量，可明显地改善其和易性，因此减水剂又称塑化剂。

（1）减水剂的减水作用

水泥加水拌和后，水泥颗粒间会相互吸引，形成许多絮状物［见图 5-14（a）］。在絮状结构中，包裹了许多拌和水，使这些水不能起到增加浆体流动性的作用，当加入减水剂后，减水剂能拆散这些絮状结构，把包裹的游离水释放出来［见图 5-14（b）］，从而提高了拌合物的流动性。这时，如果仍需保持原混凝土的和易性不变，则可显著地减少拌和用水，起到减水作用，故称为减水剂。如果保持原强度不变，可在减水的同时减少水泥用量，以达到节约水泥的目的。

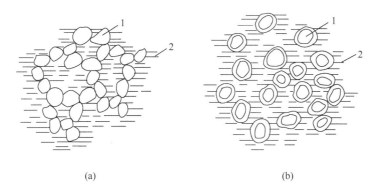

(a)   (b)

图 5-14　水泥浆结构

1—水泥颗粒；2—游离水

（a）未掺减水剂时的水泥浆体中絮状结构；（b）掺减水剂的水泥浆结构

（2）使用减水剂的技术经济效果

①在保持和易性不变且不减少水泥用量时，可减少拌和水量 5%～25% 或更多。由于减少拌和水量使水胶比减小，则可使强度提高 15%～20%，特别是早期强度提高更为显著。

②在保持原配合比不变的情况下，可使拌合物的坍落度大幅度提高（可增大100～200 mm），使之便于施工，也可满足泵送混凝土施工要求。

③若保持强度及和易性不变，可节省胶凝材料 10%～20%。

④由于拌和水量减少，拌合物的泌水、离析现象得到改善，可提高混凝土的抗冻性、抗渗性，使混凝土的耐久性得到提高。

（3）常用的减水剂

目前，减水剂主要有木质素系、萘系、树脂系、糖蜜系和腐殖酸等几类，各类可按主要功能分为普通减水剂、高效减水剂、早强减水剂、缓凝减水剂、引气减水剂等。现将常用品种简要介绍如下：

①木质素系减水剂。它的主要品种是木质素磺酸钙，简称木钙粉或 M 减水剂，是一种棕黄色粉状物，适宜掺量为水泥质量的 0.2%～0.3%。其减水率为 10% 左右，混凝土 28 d 强度提高 10%～20%；若不减水，可增加坍落度 100 mm 左右；若保持混凝土的抗压强度和坍落度不变，可节约水泥用量 10% 左右。这种减水剂对钢筋无锈蚀危害，对混凝土的抗冻、抗渗等耐久性有明显改善。由于有缓凝作用，可降低水泥早期水化热，有利于水工大体积混凝土工程施工。

木质素系减水剂除木钙粉外，还有 MY 减水剂，CH 减水剂，CF-G、WN-Ⅰ型木钠减水剂等产品。

②萘系减水剂。这类减水剂的主要成分是萘及萘的同系物的磺酸盐与甲醛的缩合物，一般为棕色粉状物。萘系减水剂对水泥有强烈的分散作用，其减水、增强、提高耐久性等效果均优于木质素系，属高效减水剂，适宜掺量为水泥质量的 0.2%～1%。一般减水率为 15%～25%，可使早期强度提高 30%～40%；若保持混凝土强度和坍落度不变，可节约水泥 10%～20%。这类减水剂的品种较多，主要有 NNO、FDN、UNF、NF、MF、JN、建-Ⅰ、AF 等。

萘系减水剂适于所有混凝土工程，更适于配制高强、早强混凝土及流态混凝土。

2. 早强剂

加速混凝土早期强度发展的外加剂称为早强剂。这类外加剂能加速水泥的水化过程，提高混凝土的早期强度并对后期强度无显著影响。目前，常用的早强剂有氯盐早强剂、硫酸盐早强剂、三乙醇胺及以它们为基础的复合早强剂。

(1) 氯盐早强剂

常用的氯盐早强剂主要是氯化钙（$CaCl_2$）与氯化钠（$NaCl$）。氯盐外加剂可明显地提高混凝土的早期强度。由于氯盐对钢筋有加速锈蚀的作用，因此通常控制其掺量，使用时应对混凝土加强捣实，保证足够的钢筋保护层厚度，并宜与亚硝酸钠（$NaNO_2$）阻锈剂同时使用，$NaNO_2$ 与氯盐的质量比为 1.3：1。

(2) 硫酸盐早强剂

常用的硫酸盐早强剂主要有元明粉（Na_2SO_4）、芒硝（$Na_2SO_4 \cdot 10H_2O$）、二水石膏（$CaSO_4 \cdot 2H_2O$）和海波（硫代硫酸钠，$Na_2S_2O_3 \cdot 5H_2O$）。它们均为白色粉状物，在混凝土中能与水泥水化生成的水化铝酸钙反应生成水化硫铝酸钙晶体，加速混凝土的硬化，适宜掺量为水泥质量的 0.5%～2%。

(3) 三乙醇胺

三乙醇胺 $N(C_2H_4OH)_3$ 是一种有机物，为无色或淡黄色油状液体，能溶于水，呈强碱性，有加速水泥水化的作用，适宜掺量为水泥质量的 0.03%～0.05%，若超量会引起强度明显降低。

(4) 复合早强剂

上述三类早强剂均可单独使用，但复合使用效果更佳。常用的复合配方是：三乙醇胺为 0.05%，NaCl 为 0.5%，$NaNO_2$ 为 0.5%；或三乙醇胺为 0.05%，$NaNO_2$ 为 1.0%，$CaSO_4 \cdot 2H_2O$ 为 2.0%。

3. 引气剂

在搅拌混凝土的过程中，能引入大量均匀分布、稳定而封闭的微小气泡的外加剂称为引气剂。

引气剂可在混凝土拌合物中引入直径 0.05～1.25 mm 的气泡，改善混凝土的和易性，提高混凝土的抗冻性、抗渗性等耐久性，适用于港口、土工、地下防水混凝土等工程，常用的产品有松香热聚物、松香皂等，适宜掺量为水泥质量的 0.005%～0.020%。此外，引气剂还有烷基磺酸钠及烷基苯磺酸钠等。掺入引气剂后，混凝土强度将有所降低。

4. 缓凝剂

延长混凝土凝结时间的外加剂称为缓凝剂。在混凝土施工中，为了防止在气温较高、运距较长等情况下混凝土拌合物过早凝结影响浇筑质量，或者延长大体积混凝土放热时间或防止分层浇筑的混凝土出现施工缝，常在混凝土中掺入缓凝剂。

常用的缓凝剂有无机盐类，如硼砂（$Na_2B_4O_7 \cdot 10H_2O$），其掺量为胶凝材料质量的 0.1%～0.2%；磷酸三钠（$Na_3PO_4 \cdot 12H_2O$），其掺量为胶凝材料质量的 0.1%～1% 等。还有有机物羟基羟酸盐类，如酒石酸，其掺量为 0.2%～0.3%；柠檬酸，其掺量为0.05%～0.1%；以及使用较多的糖蜜类缓凝剂，其掺量为 0.1%～0.5%。

5. 防冻剂

能使混凝土在负温下硬化，并在规定时间内达到足够防冻强度的外加剂称为防冻剂。在负温度条件下施工的混凝土工程须掺入防冻剂。一般，防冻剂除能降低冰点外，还有促凝、早强、减水等作用，所以多为复合防冻剂。常用的复合防冻剂有 NON-F 型、NC-3 型、MN-F型、FW2、FW3、AN-4 等。

5.3.2 常用的外加剂

(1) 外加剂品种的选择

外加剂品种很多，效果各异。选择外加剂时，应根据工程需要、现场条件及产品说明书进行全面考虑，最好在使用前进行试验验证。

(2) 外加剂掺量的选择

外加剂品种选定后，还要认真确定外加剂的掺量。掺量过小往往达不到预期效果，掺量过大则会影响混凝土质量，甚至造成严重事故。在没有可靠的资料依据时，务必通过实地试验来确定最佳掺量。

(3) 外加剂的掺入方法

一般外加剂不能直接加入混凝土搅拌机内；对溶于水的外加剂，应先配成合适浓度的溶液，使用时按所需掺量加入拌和水中，再连同拌和水一起加入搅拌机内；对不溶于水的外加剂（如铝粉），可在室内预先称好，再与适量的水泥、砂子混合均匀后加入搅拌机中。

5.4 普通混凝土配合比设计

混凝土配合比设计是根据材料的技术性能、工程要求、结构形式和施工条件来确定混凝土各组成材料之间的配合比例。配合比通常有两种表示方式：一种是以每立方米混凝土中各种材料的用量来表示，如水泥 247 kg、粉煤灰 106 kg、水 172 kg、砂 770 kg、石子 1 087 kg、外加剂 3.53 kg；另一种是以各种材料相互间质量比来表示（以水泥质量为1），如水泥：粉煤灰：砂子：石子＝1：0.43：3.12：4.40，水胶比为 0.49。

5.4.1　混凝土配合比设计的基本要求和主要参数

1. 混凝土配合比设计的基本要求

①满足设计要求的强度。

②满足施工要求的和易性。

③满足与环境相适应的耐久性。

④在保证质量的前提下，应尽量节约水泥，降低成本。

2. 混凝土配合比设计的主要参数

在混凝土配合比中，水胶比、单位用水量及砂率值直接影响混凝土的技术性能和经济效益，是混凝土配合比的三个重要参数。混凝土配合比设计就是要正确地确定这三个参数。

5.4.2　混凝土配合比设计的方法、步骤及实例

混凝土配合比可以通过计算法确定，也可查表选取或用配合比计算尺。用计算法确定配合比时，首先按照已选择的原材料性能及混凝土的技术要求进行初步计算，得出"初步配合比"；再经过实验室试拌调整，得出"基准配合比"；然后，经过强度检验（如有抗渗、抗冻等其他性能要求，应当进行相应的检验），定出满足设计和施工要求并比较经济的"实验室配合比"（也称设计配合比）；最后根据现场砂、石的实际含水率，对实验室配合比进行调整，求出"施工配合比"。

1. 计算初步配合比

（1）确定配制强度 $f_{cu,0}$

根据《混凝土强度检验评定标准》（GB/T 50107—2010）规定，混凝土立方体抗压强度应具有 95% 的保证率。为保证混凝土达到设计要求的强度等级，在进行配合比设计时，必须使混凝土的配制强度 $f_{cu,0}$ 高于设计要求的强度标准值。当混凝土的设计强度等级小于 C60 时，配制强度按下式计算：

$$f_{cu,0} \geqslant f_{cu,k} + 1.645\sigma$$

式中　$f_{cu,0}$——混凝土的配制强度（MPa）；

　　　$f_{cu,k}$——设计要求的混凝土强度等级所对应的立方体抗压强度标准值（MPa）；

　　1.645——达到 95% 强度保证率时的系数；

　　　　σ——混凝土强度标准差（MPa）。

当施工单位具有近 1~3 个月的同一品种、同一强度等级混凝土的强度资料，且试件组数不小于 30 时，其混凝土强度标准差 σ 按下式计算：

$$\sigma = \sqrt{\frac{\sum\limits_{i=1}^{n} f_{cu,i}^2 - nmf_{cu}^2}{n-1}}$$

式中　$f_{cu,i}$——第 i 组试件的强度值（MPa）；

　　　mf_{cu}——n 组试件的强度平均值（MPa）；

　　　　n——试件组数。

①当混凝土强度等级不大于 C30 时，如果计算得到的 σ 小于 3.0 MPa，则取 σ = 3.0 MPa；当混凝土强度等级大于 C30 且小于 C60 时，如果计算得到的 σ 小于 4.0 MPa，则

取 $\sigma = 4.0$ MPa。

②当施工单位不具有近期的同一品种、同一强度等级混凝土强度资料时，其混凝土强度标差 σ 可按表 5-24 选用。

表 5-24　混凝土强度标准差 σ 取值（JGJ 55—2011）

混凝土强度等级	≤C20	C25~C45	C50~C55
σ 值（MPa）	4.0	5.0	6.0

当混凝土的设计强度等级不小于 C60 时，配制强度应按下式确定：

$$f_{cu,0} \geqslant 1.15 f_{cu,k}$$

（2）确定水胶比值 W/B

混凝土强度等级不大于 C60 时，按混凝土强度经验公式计算水胶比。

$$f_{cu,0} = \alpha_a f_b \left(\frac{B}{W} - \alpha_b \right)$$

则

$$\frac{W}{B} = \frac{\alpha_a f_b}{f_{cu,0} + \alpha_a \alpha_b f_b}$$

为了保证必要的耐久性，所计算的水胶比不得大于表 5-22 中规定的最大水胶比，否则，应以表 5-22 规定的最大水胶比为依据进行设计。

（3）选择单位用水量 m_{w0}

混凝土单位用水量是控制混凝土拌合物流动性的主要因素。单位用水量的确定，应根据施工要求的流动性以及骨料的品种、级配、最大粒径和外加剂的种类、掺量等因素选择，一般是根据本单位所用材料按经验选用。如果无经验，应按《普通混凝土配合比设计规程》（JGJ 55—2011）的规定选用。

①干硬性和塑性混凝土用水量的确定。

a. 水胶比为 0.40~0.80 时，根据粗骨料的品种、粒径及施工要求的混凝土拌合物稠度，其用水量可按表 5-25 选取。

表 5-25　塑性和干硬性混凝土的单位用水量（kg·m⁻³）（JGJ 55—2011）

拌合物稠度		卵石最大粒径（mm）			碎石最大粒径（mm）			
项　　目	指　　标	10.0	20.0	31.5	40.0	16.0	20.0	31.5	40.0
坍落度 （mm）	10~30	190	170	160	150	200	185	175	165
	35~50	200	180	170	160	210	195	185	175
	55~70	210	190	180	170	220	205	195	185
	75~90	215	195	185	175	230	215	205	195
维勃稠度 （s）	16~20	175	160		145	180	170		155
	11~15	180	165		150	185	175		160
	5~10	185	170		155	190	180		165

注：①本表用水量是采用中砂时的取值，采用细砂时，每立方米混凝土用水量可增加 5~10 kg，采用粗砂时，可减少 5~10 kg；
　　②掺用矿物掺和料和外加剂时，用水量应相应调整。

b. 水胶比小于 0.40 的混凝土以及采用特殊成型工艺的混凝土用水量，应通过试验确定。

②流动性和大流动性混凝土用水量的确定。

a. 以表 5-25 中坍落度 90 mm 的用水量为基础，按坍落度每增大 20 mm 用水量增加 50 kg，计算出未掺外加剂时的混凝土的用水量。

b. 掺外加剂时混凝土的用水量可按下式计算：

$$m_{w0} = m'_{w0}(1 - \beta)$$

式中 m_{w0}——掺外加剂时每立方米混凝土的用水量（kg）；

        m'_{w0}——未掺外加剂时每立方米混凝土的用水量（kg）；

        β——外加剂的减水率（%），β 值按试验确定。

（4）确定胶凝材料、矿物掺合料、水泥用量和外加剂用量

①每立方米混凝土的胶凝材料用量 m_{b0}。每立方米混凝土的胶凝材料用量 m_{b0}，根据已确定的单位用水量 m_{w0} 和水胶比 W/B，按下式计算：

$$m_{b0} = \frac{m_{w0}}{\dfrac{W}{B}}$$

为了保证混凝土的耐久性，所计算的胶凝材料用量同样要满足表 5-23 中规定的最小胶凝材料用量；否则，应以表 5-23 规定的最小胶凝材料用量为依据进行设计。

②每立方米混凝土的矿物掺合料用量 m_{f0}。

每立方米混凝土的矿物掺合料用量 m_{f0} 应按下式计算：

$$m_{f0} = m_{b0}\beta_f$$

式中 β_f——矿物掺合料掺量，应通过试验确定。

当采用硅酸盐水泥或普通硅酸盐水泥时，钢筋混凝土中矿物掺合料最大掺量应符合表 5-26 的规定。对基础大体积混凝土，粉煤灰、粒化高炉矿渣粉和复合掺合料的最大掺量可增加 5%。

表 5-26 钢筋混凝土中矿物掺合料最大掺量

矿物掺合料种类	水胶比	最大掺量（%）	
		采用硅酸盐水泥时	采用普通硅酸盐水泥时
粉煤灰	≤0.40	45	35
	>0.40	40	30
粒化高炉矿渣粉	≤0.40	65	55
	>0.40	55	45
钢渣粉	—	30	20
磷渣粉	—	30	20
硅灰	—	10	10
复合掺合料	≤0.40	65	55
	>0.40	55	45

注：①采用其他通用硅酸盐水泥时，宜将水泥混合材料掺量 20% 以上的混合材料计入矿物掺合料；

    ②复合掺合料各组分的掺量不宜超过单掺时的最大掺量。

③每立方米混凝土的水泥用量 m_{c0}。每立方米混凝土的水泥用量 m_{c0} 应按下式计算：

$$m_{c0} = m_{b0} - m_{f0}$$

④每立方米混凝土的外加剂用量 m_{a0}

$$m_{a0} = m_{b0}\beta_a$$

式中　　β_a ——外加剂掺量（%），应通过试验确定。

（5）选取合理砂率 β_s

砂率值应根据骨料的技术指标、混凝土拌合物性能和施工要求，参考既有历史资料确定；如无历史资料，可按下列规定执行：

①坍落度小于 10 mm 的混凝土，其砂率应经试验确定；

②坍落度为 10～60 mm 的混凝土，其砂率可根据混凝土骨料品种、最大公称粒径及水胶比按表 5-18 选取；

③坍落度大于 60 mm 的混凝土，其砂率可经试验确定，也可在表 5-18 的基础上，按坍落度每增大 20mm、砂率增大 1% 的幅度予以调整。

（6）确定 1 m³ 混凝土的砂、石用量 m_{s0}、m_{g0}

砂、石用量的确定可采用体积法或质量法求得。

①体积法。体积法是将混凝土拌合物的体积看成是各组成材料绝对体积加上拌合物中所含空气的体积之和，据此可列出下列方程组，解得 m_{s0}、m_{g0}。

$$\begin{cases} \dfrac{m_{c0}}{\rho_c} + \dfrac{m_{f0}}{\rho_f} + \dfrac{m_{s0}}{\rho_{0s}} + \dfrac{m_{g0}}{\rho_{0g}} + \dfrac{m_{w0}}{\rho_w} + 0.01\alpha = 1 \\[3mm] \beta_s = \dfrac{m_{s0}}{m_{s0} + m_{g0}} \times 100\% \end{cases}$$

式中　　ρ_c，ρ_f，ρ_w ——分别为水泥、矿物掺合料、水的密度（kg/m³）；

　　　　ρ_{0s}，ρ_{0g} ——分别为砂、石的表观密度（kg/m³）；

　　　　α ——混凝土的含气量百分数，在不用引气剂或引气型外加剂时，α 可取 1。

②质量法。根据经验，如果原材料比较稳定时，所配制的混凝土拌合物的表观密度将接近一个固定值。因此，可假定 1 m³ 混凝土拌合物的质量为 $m_{c\rho}$，由以下方程组解出 m_{s0}、m_{g0}。

$$\begin{cases} m_{c0} + m_{f0} + m_{s0} + m_{g0} + m_{w0} = m_{ce} \\[3mm] \beta_s = \dfrac{m_{s0}}{m_{s0} + m_{g0}} \times 100\% \end{cases}$$

$m_{c\rho}$ 可根据积累的试验资料确定，在无资料时，其值可取 2 350～2 450 kg/m³。

通过以上 6 个步骤，水泥、矿物掺合料、砂、石、水的用量全部求出，即得到初步配合比。

2. 确定实验室配合比

初步配合比是根据经验公式计算而得，或是查表选取的结果，因而不一定符合要求，应通过试验进行调整。调整的目的：一是使混凝土拌合物的和易性满足施工需要；二是使水胶比符合混凝土强度及耐久性要求。

（1）和易性调整

按初步配合比称取表 5-27 规定体积的各组成材料的用量，搅拌均匀后测定其坍落度，同时观察其黏聚性和保水性。

表 5-27　混凝土试配时最小拌和量

骨料最大粒径（mm）	拌合物体积（L）
31.5 以下	20
40	25

注：当采用机械搅拌时，其搅拌量不应小于搅拌机额定搅拌量的 1/4。

如坍落度过小，应在保持水胶比不变的情况下，适当增加水泥及水用量（每调整 10 mm 坍落度，增加 2%～5% 水泥浆用量）；坍落度过大时，可保持砂率不变，适当增加砂石用量。如果拌合物显得砂浆不足，黏聚性及保水性不良，可单独加一些砂子，即适当增大砂率；如果拌合物显得砂浆过多，可单独加一些石子，即适当减小砂率。每次调整后再试拌，直到符合要求为止。

（2）强度复核

试拌调整后的混凝土，和易性满足了要求，但水胶比不一定选用恰当，导致强度不一定符合要求，所以还应对强度进行复核。方法是采用调整后的配合比制成 3 组不同水胶比的混凝土试块：一组采用基准配合比；另外两组配合比的水胶比，宜较基准配合比的水胶比分别增加和减少 0.05，用水量应与基准配合比相同，砂率可分别增加和减少 1%。当不同水胶比的混凝土拌合物坍落度与要求值的差超过允许偏差时，可通过增减用水量进行调整。制作混凝土强度试验试件时，应检验混凝土拌合物的坍落度或维勃稠度、黏聚性、保水性及拌合物的表观密度，并以此结果作为代表相应配合比的混凝土拌合物的性能。

分别将 3 组试件标准养护 28 d，进行抗压强度试验，根据测得的强度值与相对应的胶水比 B/W 关系，用作图法或计算法求出与混凝土配制强度 $f_{cu,0}$ 相对应的胶水比，如图 5-15 所示，并根据此胶水比确定每立方米混凝土的材料用量。

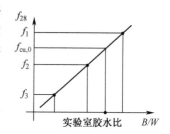

图 5-15　实验室胶水比的确定

3. 计算施工配合比

实验室配合比是以干燥材料为基准得出的。现场施工所用的骨料，一般都含有一些水分。所以现场材料的称量应按工地上砂、石的含水情况随时进行修正，修正后的配合比叫施工配合比。

假定工地上测出砂的含水率为 $a\%$、石子的含水率为 $b\%$，则将上述实验室配合比换算为施工配合比，其材料称量为：

水泥　$m'_c = m_c$

矿物掺合料　$m'_f = m_f$

砂子　$m'_s = m_s (1+a\%)$

石子　$m'_g = m_g (1+b\%)$

水　$m'_w = m_w - m_s \cdot a\% - m_g \cdot b\%$

【例 5.2】某室内现浇钢筋混凝土梁，混凝土设计强度等级为 C30，泵送施工，要求施工时混凝土拌合物坍落度为 180 mm，混凝土搅拌单位无历史统计资料，试进行混凝土初步配合比设计。

该工程所用原材料技术指标如下：

水泥：42.5 级的普通硅酸盐水泥，密度 $\rho_c = 3\ 100\ \text{kg/m}^3$，28 d 强度实测值 $f_{ce} = 48.0\ \text{MPa}$；

粉煤灰：Ⅱ级，表观密度 $\rho_f = 2\ 200\ \text{kg/m}^3$；

中砂：级配合格，表观密度 $\rho_{os} = 2\ 650\ \text{kg/m}^3$；

碎石：5～31.5 mm 连续级配，表观密度 $\rho_{og} = 2\ 700\ \text{kg/m}^3$；外加剂：萘系高效减水剂，减水率为 24%；

水：自来水。

【解】①确定配制强度 $f_{cu,0}$。混凝土搅拌单位无历史统计资料，查表 5-24，取 $\sigma = 5.0$ MPa。

$$f_{cu,0} = f_{cu,k} + 1.645\sigma = 30 + 1.645 \times 5.0 = 38.2\ \text{MPa}$$

②确定水胶比 W/B。查表 5-26，选取粉煤灰的掺量为 30%，其影响系数查表 5.20，取 $\gamma_f = 0.70$，则

$$f_b = \gamma_f f_{ce} = 0.7 \times 48.0 = 33.6\ \text{MPa}$$

本工程采用碎石，回归系数 $\alpha_a = 0.53$，$\alpha_b = 0.20$，利用强度经验公式计算水胶比 W/B

$$\frac{W}{B} = \frac{\alpha_a f_b}{f_{cu,0} + \alpha_a \alpha_b f_b} = \frac{0.53 \times 33.6}{38.2 + 0.53 \times 0.20 \times 33.6} = 0.43$$

查表 5-22，为了满足耐久性要求，在干燥环境中最大水胶比为 0.60，所以取水胶比为 0.43。

③确定单位用水量 m_{w0}。

a. 查表 5-25，坍落度为 90 mm 不掺外加剂时混凝土用水量为 205 kg，按每增加20 mm 坍落度增加 5 kg 水，求出未掺加剂时的用水量为

$$m'_{w0} = 205 + \frac{180 - 90}{20} \times 5 = 227.5\ \text{kg}$$

b. 确定掺减水率为 24% 的高效减水剂后，混凝土拌合物坍落度达到 180 mm 时的用水量为

$$m_{w0} = m'_{w0}(1 - \beta) = 227.5 \times (1 - 0.24) = 173\ \text{kg}$$

④计算胶凝材料用量 m_{s0} 粉煤灰用量 m_{f0} 水泥用量 m_{c0}。

a. 计算胶凝材料用量 m_{b0}

$$m_{b0} = \frac{m_{w0}}{W/B} = \frac{173}{0.43} = 402\ \text{kg}$$

查表 5-23，为了满足耐久性要求，最小胶凝材料用量为 330 kg，所以取胶凝材料用量为 402 kg。

b. 计算粉煤灰用量 m_{f0}

$$m_{f0} = m_{b0}\beta_f = 402 \times 0.30 = 121\ \text{kg}$$

c. 计算水泥用量 m_{c0}

$$m_{c0} = m_{b0} - m_{f0} = 402 - 121 = 281\ \text{kg}$$

⑤确定砂率 β_s。本例采用泵送混凝土，要求施工时混凝土拌合物坍落度为 180 mm。查表 5-18 并计算，得砂率为 $\beta_s = 38\%$。

⑥计算砂石用量 m_{s0}，m_{g0}。

a. 体积法

$$\begin{cases} \dfrac{281}{3\,100}+\dfrac{121}{2\,200}+\dfrac{m_{s0}}{2\,650}+\dfrac{m_{g0}}{2\,700}+\dfrac{173}{1\,000}+0.01=1 \\[2mm] \dfrac{m_{s0}}{m_{s0}+m_{g0}}=0.38 \end{cases}$$

解得 $m_{s0}=648\ kg$，$m_{g0}=1\,116\ kg$

初步配合比为 $m_{c0}=281\ kg$，$m_{f0}=121\ kg$，$m_{s0}=684\ kg$，$m_{g0}=1\,116\ kg$，$m_{w0}=173\ kg$。

b. 质量法

假定混凝土拌合物的表观密度为 $2\,400\ kg/m^3$，则

$$\begin{cases} 281+121+m_{s0}+m_{g0}+173=2\,400 \\[2mm] \dfrac{m_{g0}}{m_{s0}+m_{g0}}=0.38 \end{cases}$$

解得 $m_{sb}=693\ kg$，$m_{g0}=1\,131\ kg$

初步配合比为 $m_{c0}=281\ kg$，$m_{f0}=121\ kg$，$m_{s0}=693\ kg$，$m_{g0}=1\,131\ kg$，$m_{w0}=173\ kg$。

5.5 轻 混 凝 土

凡干表观密度小于 $1\,950\ kg/m^3$ 的混凝土统称为轻混凝土。按其组成成分可分为轻骨料混凝土、多孔混凝土（如加气混凝土）和大孔混凝土（如无砂大孔混凝土）三种类型。

5.5.1 轻骨料混凝土

用轻质粗骨料、轻质细骨料（或普通砂）、水泥和水配制而成的，其干表观密度不大于 $1\,950\ kg/m^3$ 的混凝土称为轻骨料混凝土。轻骨料混凝土是一种轻质、高强、多功能的新型建筑材料，具有表观密度小、保温性好、抗震性强等优点。用轻质骨料配制的钢筋混凝土，可使其结构自重降低 30%～35%，并可明显降低工程造价。

随着建筑物不断向高层及大跨度方向发展，建筑业的工业化、机械化和装配化程度不断提高。因此，轻骨料混凝土越来越被人们所重视，并得以快速发展。

1. 轻骨料的分类及技术性能

（1）轻骨料的分类

轻骨料分轻的粗骨料和轻的细骨料两种。凡粒径大于 5 mm，堆积密度小于 $1\,000\ kg/m^3$ 的骨料，称为轻的粗骨料；粒径不大于 5 mm，堆积密度小于 $1\,200\ kg/m^3$ 的骨料，称为轻的细骨料（或轻砂）。

轻骨料按其来源可分为三类：

①天然轻骨料。它是以天然形成的多孔岩石经加工而成的轻骨料，如浮石、火山渣及轻砂。

②人造轻骨料。它是以地方材料为原料经加工制成的轻骨料，如页岩陶粒、黏土陶粒、膨胀珍珠岩等。

③工业废料。它是以工业废料为原料，经加工而成，如粉煤灰陶粒、膨胀矿渣珠、煤渣等。

轻骨料按其粒型又分圆球型、普通型及碎石型三种类型。

（2）轻骨料的技术性能

轻骨料的技术性能主要包括堆积密度、强度、颗粒级配和最大粒径、吸水率、有害杂质含量及其他性能。此外，对耐久性、安定性、有害杂质含量也提出了要求。

①堆积密度。轻骨料堆积密度的大小将影响轻骨料混凝土的表观密度和性能。根据堆积密度大小，轻骨料可划分为若干密度等级（见表5-28）。

②强度。轻骨料强度是衡量轻骨料混凝土质量的重要指标，用筒压强度及强度等级表示。

轻骨料的筒压强度以"筒压法"测定。其强度等级是指该粗骨料按规定方法（即测定规定配合比的轻砂混凝土和其砂浆组分的抗压强度）所得的"混凝土合理强度值"，是用来评定混凝土中轻粗骨料的真实强度。

轻粗骨料的筒压强度及强度等级应不低于表5-29的规定。

③轻骨料颗粒级配和最大粒径。轻骨料的级配规定只控制最大、最小和中间粒级的含量及其空隙率（自然级配的空隙率应不大于50%），其指标详见表5-30。

表5-28　轻骨料密度等级

密度等级		堆积密度范围（kg·m^{-3}）
轻粗骨料	轻砂	
300	—	210～300
400	—	310～400
500	500	410～500
600	600	510～600
700	700	610～700
800	800	710～800
900	900	810～900
1 000	1 000	910～1 000
—	1 100	1 010～1 100
—	1 200	1 110～1 200

表5-29　轻粗骨料筒压强度及强度等级

密度等级	筒压强度 f_a（MPa）		强度等级 f_{ak}（MPa）	
	碎石型	普通型和圆球型	普通型	圆球型
300	0.2/0.3	0.3	3.5	3.5
400	0.4/0.5	0.5	5.0	5.0
500	0.6/1.0	1.0	7.5	7.5
600	0.8/1.5	2.0	10	15
700	1.0/2.0	3.0	15	20
800	1.2/2.5	4.0	20	25
900	1.5/3.0	5.0	25	30
1 000	1.8/4.0	6.5	30	40

注：碎石型天然轻骨料取斜线以左值，其他碎石型轻骨料取斜线以右值。

表 5-30　轻骨料级配

筛 孔 尺 寸		d_{min}	$\frac{1}{2}d_{max}$	d_{max}	$2d_{max}$
圆球型及单一粒级	累计筛余 （按质量计，%）	≥90	不规定	≤10	0
普通型混合级配		≥90	30～70	≥10	0
碎石型混合级配		≥90	40～60	≤10	0

将轻粗骨料累计筛余小于10%筛孔尺寸定为该轻粗骨料的最大粒径。对保温及结构保温轻骨料混凝土，其粗骨料最大粒径不宜大于40 mm；结构轻骨料混凝土中的轻粗骨料最大粒径不宜大于20 mm。

④吸水率。轻骨料是多孔结构，1 h内吸水极快，24 h后几乎不再吸水。由于吸水，将会影响混凝土拌合物的水胶比、和易性等性能。因此，应测定轻骨料1 h吸水率。在设计轻骨料混凝土配合比时，如果采用干燥骨料，则必须根据骨料吸水率大小，再多加一部分被骨料吸收的附加水量。规程规定：轻砂和天然轻粗骨料的吸水率不作规定；其他轻粗骨料的吸水率不应大于22%。

⑤有害杂质含量及其他性能。轻骨料中严禁混入煅烧过的石灰石、白云石和硫酸盐、氯化物等。轻骨料的有害杂质含量和其他性能指标应不大于表5-31的规定。

表 5-31　轻骨料有害物质含量及其他性能指标

项 目 名 称	指 标
抗冻性（F15，质量损失，%）	≤5
安定性（沸煮法，质量损失，%）	≤5
烧失量[①]，轻粗骨料（质量损失，%）	<4
轻砂（质量损失，%）	<5
硫酸盐含量（按 SO_3 计，%）	<0.5
氯盐含量（以 Cl_2 计，%）	<0.02
含泥量[②]（质量，%）	<3
有机杂质（用比色法检验）	不深于标准色

注：①煤渣烧失量可放宽至15%；

　　②不宜含有黏土块。

2. 轻骨料混凝土的技术性能与分类

（1）轻骨料混凝土的技术性能

①和易性。为了便于施工，轻骨料混凝土应具有良好的和易性。其流动性大小主要取决于用水量。由于轻骨料吸水率较大，易导致拌合物和易性迅速改变，所以拌和后应在15～30 s内测定完毕。

②强度与强度等级。轻骨料属多孔状结构，一般强度较低，但制成的轻骨料混凝土强度要比轻骨料高好几倍。这是因为"筒压法"测定轻骨料强度时，荷载通过骨料间的接触点传递，产生应力集中。而在混凝土中，轻骨料被砂浆紧紧包裹，在骨料周围形成坚硬的水泥浆外壳，使轻骨料处于三向受力状态，约束了骨料的横向变形。加上轻骨料表面粗糙，与水泥浆黏结力较好（轻骨料混凝土破坏裂缝一般不是从界面发生），致使一些轻骨料混凝土强度较高。

《轻骨料混凝土技术规程（附条文说明）》（JGJ 51—2002）规定，根据立方体抗压强度标准值，可将轻骨料混凝土划分为13个强度等级：LC5.0、LC7.5、LC10、LC15、LC20、

LC25、LC30、LC35、LC40、LC45、LC50、LC55、LC60，其中结构轻骨料混凝土的强度标准值按表 5-32 采用。

表 5-32　结构轻骨料混凝土的强度标准值（JGJ 51—2002）

强度种类		轴心抗压	轴心抗拉
符　号		f_{ck}（MPa）	f_{tk}（MPa）
混凝土强度等级	LC15	10.0	1.27
	LC20	13.4	1.54
	LC25	16.7	1.78
	LC30	20.1	2.01
	LC35	23.4	2.20
	LC40	26.8	2.39
	LC45	29.6	2.51
	LC50	32.4	2.64
	LC55	35.5	2.74
	LC60	38.5	2.85

注：自然煤矸石混凝土轴心抗拉强度标准值应按表中值乘以系数 0.85；浮石或火山渣混凝土轴心抗拉强度标准值应按表中值乘以系数 0.80。

③表观密度。轻骨料混凝土按干燥状态下的表观密度划分为 14 个密度等级，见表 5-33。某一密度等级轻骨料混凝土的密度标准值，可取该密度等级干表观密度变化范围的上限值。轻骨料混凝土的性能主要用抗压强度和表观密度两大指标衡量。如果密度较小而强度较高，说明这种混凝土性能优良。

表 5-33　轻骨料混凝土的密度等级（JGJ 51—2002）

密度等级	干表观密度的变化范围（kg·m⁻³）	密度等级	干表观密度的变化范围（kg·m⁻³）
600	560~650	1 300	1 260~1 350
700	660~750	1 400	1 360~1 450
800	760~850	1 500	1 460~1 550
900	860~950	1 600	1 560~1 650
1 000	960~1 050	1 700	1 660~1 750
1 100	1 060~1 150	1 800	1 760~1 850
1 200	1 160~1 250	1 900	1 860~1 950

④收缩与徐变。轻骨料混凝土收缩与徐变比普通混凝土大得多，对结构性能影响也很大。

⑤保温性能。轻骨料混凝土具有较好的保温性能，表观密度为 1 000 kg/m³、1 400 kg/m³、1 800 kg/m³ 的轻骨料混凝土导热系数分别为 0.28W/（m·K）、0.49W/（m·K）、0.87W/（m·K）。

（2）轻骨料混凝土的分类

①按粗骨料种类不同，轻骨料混凝土可分为天然轻骨料混凝土（如浮石混凝土、火山渣混凝土等）、人造轻骨料混凝土（如黏土陶粒混凝土、页岩陶粒混凝土等）和工业废料轻骨料混凝土（如粉煤灰陶粒混凝土、自然煤矸石混凝土等）三种。

②按有无细骨料或细骨料的品种不同，轻骨料混凝土分为全轻混凝土（由轻砂做细骨

料配制而成的轻骨料混凝土）、砂轻混凝土（由普通砂或部分轻砂做细骨料配制而成的轻骨料混凝土）和大孔径骨料混凝土（用轻粗骨料、水泥和水配制而成的无砂或少砂混凝土）三种。

③按用途不同，轻骨料混凝土分保温轻骨料混凝土、结构保温轻骨料混凝土及结构轻骨料混凝土三种，见表 5-34。

表 5-34　轻骨料混凝土按用途分类（JGJ 51—2002）

类别名称	混凝土强度等级的合理范围	混凝土密度等级的合理范围	用　途
保温轻骨料混凝土	LC5.0	≤800	主要用于保温的围护结构或热工构筑物
结构保温轻骨料混凝土	LC5.0 LC7.5 LC10 LC15	800～1 400	主要用于既承重又保温的围护结构
结构轻骨料混凝土	LC15 LC20 LC25 LC30 LC35 LC40 LC45 LC50 LC55 LC60	1 400～1 900	主要用于承重构件或构筑物

3. 轻骨料混凝土的施工

轻骨料混凝土的施工与普通混凝土基本相同，但因轻骨料具有表观密度小、吸水能力强等性能，故施工中应注意以下几个问题：

①应对轻粗骨料的含水率及其堆积密度进行测定。

②必须采用强制式搅拌机搅拌，防止轻骨料上浮或搅拌不均。

③拌合物在运输中应采取措施减少坍落度损失和防止离析。当产生拌合物稠度损失或离析较严重时，浇筑前应采用二次拌和，但不得二次加水。拌合物从搅拌机卸料起到浇入模内止的延续时间不宜超过 45 min。

④轻骨料混凝土拌合物应采用机械振捣成型。对流动性大、能满足强度要求的塑性拌合物以及结构保温类和保温类轻骨料混凝土拌合物，可采用插捣成型。干硬性轻骨料混凝土拌合物浇筑构件，应采用振动台或表面加压成型。浇筑上表面积较大的构件，当厚度小于或等于 200 mm 时，宜采用表面振动成型；当厚度大于 200 mm 时，宜先用插入式振捣器振捣密实后，再表面振捣。用插入式振捣器振捣时，插入间距不应大于棒的振动作用半径的 1 倍。连续多层浇筑时，插入式振捣器应插入下层拌合物约 50 mm。振捣延续时间应以拌合物捣实和避免轻骨料上浮为原则。振捣时间应根据拌合物稠度和振捣部位确定，宜为 10～30 s。

⑤轻骨料混凝土浇筑成型后应及时覆盖和喷水养护。采用自然养护时，用普通水泥、硅酸盐水泥、矿渣水泥拌制的轻骨料混凝土，湿养护时间不应少于 7 d；用粉煤灰水泥、火山

灰水泥拌制的轻骨料混凝土及在施工中掺缓凝型外加剂的混凝土，湿养护时间不应少于14 d。轻骨料混凝土构件用塑料薄膜覆盖养护时，全部表面应覆盖严密，保持膜内有凝结水。

5.5.2　多孔混凝土

多孔混凝土是一种不用粗细骨料的轻混凝土，内部充满许多均匀分布的微小气泡。根据生产工艺的不同，多孔混凝土分为加气混凝土和泡沫混凝土两种。

1. 加气混凝土

加气混凝土是由含钙质材料（水泥、石灰等）及含硅质材料（石英砂、粉煤灰、粒状高炉矿渣等）作原料，经磨细、配料，再加入发气剂（铝粉、双氧水等），进行搅拌、浇筑、发泡、切割及蒸压养护等工序生产而成。

加气混凝土的质量指标是表观密度和强度。一般表观密度大、孔隙率小的，强度较高，但保温性能较差。我国生产的加气混凝土表观密度为 $500 \sim 700$ kg/m^3，相应的抗压强度为 $2.5 \sim 5.5$ MPa，其导热系数为 $0.13 \sim 0.2$ W/(m·K)，质量比轻骨料混凝土低 30%～50%。

加气混凝土常用来生产加气混凝土砌块。根据《蒸压加气混凝土砌块》（GB 11968—2006）规定，按尺寸偏差、外观质量、干密度、抗压强度和抗冻性不同，砌块分为优等品（A）、合格品（B）两个等级，适用于民用与工业建筑物承重和非承重墙体及保温隔热使用。加气混凝土还可以制成配筋的条板，大量用于屋面板，在工业和民用建筑上作承重与保温合一的屋面材料。如在普通混凝土板中加入加气混凝土心块，可预制复合墙板，兼有承重与保温作用。但在高温、高湿或化学有害介质的车间不宜采用加气混凝土配筋构件。

加气混凝土由于强度、表面硬度低，吸水率大，尤其是在寒冷地区会吸水受冻而破坏，故耐久性较差。无论是作为墙体材料还是屋面材料，表面都应作处理。可采用灰砂比较高的优质砂浆抹面，也可采用有机高分子聚合物（如丙烯酸树脂类）涂层。

由于加气混凝土能利用工业废料（粉煤灰），产品成本低、保温性能好，并能大幅度降低建筑物自重，因此，具有较好的技术经济效益。

2. 泡沫混凝土

泡沫混凝土是由水泥净浆加入泡沫剂（也可加入部分掺合料），经搅拌、入模、养护而成。常用的泡沫剂有松香胶泡沫剂和水解牲血泡沫剂。

生产泡沫混凝土时，一般使用普通水泥和火山灰水泥，强度等级不低于 32.5 级，每立方米用量为 $300 \sim 400$ kg，若掺入部分活性混合材料，可减少水泥用量。

泡沫混凝土的表观密度为 $300 \sim 800$ kg/m^3，抗压强度为 $0.3 \sim 5$ MPa，导热系数为 $0.10 \sim 0.25$ W/(m·K)。

泡沫混凝土易于加工，可根据需要制成板块、半圆瓦或弧形条等，常用于屋面保温层、管道保温等。

5.6　其他品种混凝土

普通混凝土和轻混凝土以其良好的技术性能被广泛应用于建筑工程。但随着科学技术的发展及工程的需要，各种新品种混凝土不断涌现。这些品种的混凝土都有其特殊的性能及施工方法，适用于某些特殊领域，它们的出现大大扩大了混凝土的使用范围。现将一些常见的特种混凝土简要介绍如下。

5.6.1 掺粉煤灰混凝土

粉煤灰是火力发电厂的工业废料，属常用的活性混合材料。在混凝土中掺加一定量粉煤灰，可以改善混凝土性能、节约水泥、提高产品质量及降低产品成本。

粉煤灰按其质量分为Ⅰ、Ⅱ、Ⅲ三个等级。Ⅰ、级粉煤灰品位最高，细度较细，可用于后张预应力钢筋混凝土构件及跨度小于 6 m 的先张预应力钢筋混凝土构件。Ⅱ级粉煤灰是我国多数电厂的排出物，数量较大，粒度也稍粗。掺加Ⅱ级粉煤灰的混凝土强度比掺加Ⅰ级的低一些，但其他性能均有改善，所以Ⅱ级粉煤灰主要用于普通钢筋混凝土结构和轻骨料钢筋混凝土结构。Ⅲ级粉煤灰是指电厂排出的原状干灰和湿灰，颗粒较粗，炭粒较多，掺入混凝土中，会使强度和减水的效果都变差。因此Ⅲ级粉煤灰主要用于无筋混凝土和砂浆中，替代部分水泥，并改善混凝土和易性，技术经济效益十分显著。

掺粉煤灰的混凝土早期强度会降低（但后期强度较普通混凝土高些），因此，使用掺粉煤灰的混凝土时，最好同时掺加减水剂或早强剂，这样既可提高混凝土的早期强度，又可进一步节约水泥。

5.6.2 防水混凝土

防水混凝土分为普通防水混凝土、膨胀水泥防水混凝土和外加剂防水混凝土三种。

普通防水混凝土是以调整配合比的方法来提高自身密实度和抗渗性的一种混凝土，是在普通混凝土的基础上发展起来的。它与普通混凝土的不同点在于：后者是根据所需的强度进行配制的，而前者是根据工程所需的抗渗要求进行配制的，其中石子的骨架作用减弱，水泥砂浆除满足填充和黏结作用外，还要求能在粗骨料周围形成一定厚度的、良好的砂浆包裹层，以提高混凝土的抗渗性。因此，选择普通防水混凝土配合比时，应符合以下技术规定：

①粗骨料最大粒径不宜大于 40 mm；

②水泥用量不少于 320 kg/m^3；

③砂率不小于 35%；

④灰砂比不小于 1∶2.5（以 1∶2～1∶2.5 为宜）；

⑤水胶比不大于 0.60；

⑥坍落度不大于 50 mm（以 30～50 mm 为宜）。

膨胀水泥防水混凝土主要是利用膨胀水泥在水化过程中形成大量体积增大的水化硫铝酸钙，在有约束的条件下，能改善混凝土的孔结构，使总孔隙率减少，孔径减小，从而提高混凝土抗渗性。

外加剂防水混凝土种类较多，常见的有引气剂防水混凝土、密实剂防水混凝土及三乙醇胺防水混凝土等。近年来，人们利用 YE 系列防水剂配制高抗渗防水混凝土，不仅大幅度提高了混凝土抗渗强度等级，而且对混凝土的抗压强度及劈裂抗拉强度也有明显的增强作用。

为了开发利用工业废料，用粉煤灰配制的防水混凝土已取得了良好的技术经济效益。

5.6.3　高强、超高强混凝土

混凝土强度类别在不同时代和不同国家有不同的概念和划分。目前许多国家工程技术人员习惯上把 C10~C50 强度等级的混凝土称为普通强度混凝土，C60~C90 的混凝土称为高强混凝土，C100 以上的混凝土称为超高强混凝土。

高强、超高强混凝土的特点是强度高、耐久性好、变形小，能适应现代工程结构向大跨度、重载、高耸发展和承受恶劣环境条件的需要。使用高强混凝土可获得明显的工程效益和经济效益。

目前，国际上配制高强、超高强混凝土时用的技术是高品质通用水泥加高性能外加剂加特殊掺合料。配制高强、超高强混凝土时，应选用质量稳定、强度等级不低于 42.5 级的硅酸盐水泥或普通硅酸盐水泥。应掺用活性较好的矿物掺合料，且宜复合使用矿物掺合料。应掺用高效减水剂或缓凝高效减水剂。对强度等级为 C60 级的混凝土，其粗骨料的最大粒径不应大于 31.5 mm，对强度等级高于 C60 级的混凝土，其粗骨料的最大粒径不应大于 25 mm；其中，针、片状颗粒含量不宜大于 5.0%，泥块含量不宜大于 0.2%；其他质量指标应符合《建设用卵石、碎石》（GB/T 14685—2011）的规定。细骨料的细度模数宜大于 2.6，含泥量不应大于 2.0%，泥块含量不应大于 0.5%，其他质量指标也应符合《建设用砂》（GB/T 14684—2011）的规定。

高强、超高强混凝土配合比的计算方法和步骤与普通混凝土基本相同，但应注意以下几点：

①基准配合比的水胶比，不宜用普通混凝土水胶比公式计算。C60 以上的混凝土一般按经验选取基准配合比的水胶比，试配时选用的水胶比宜为 0.02~0.03。

②外加剂和掺合料的掺量及其对混凝土性能的影响，应通过试验确定。

③配合比中砂率可通过试验建立"坍落度-砂率"关系曲线，以确定合理的砂率值。

④混凝土中胶凝材料用量不宜超过 600 kg/m³。

5.6.4　流态混凝土

流态混凝土就是在预拌的坍落度为 8~150 mm 的塑性混凝土拌合物中加入流化剂，经过搅拌得到的易于流动、不易离析、坍落度为 180~220 mm 的混凝土，其自身能像水一样流动。

流态混凝土的发展是与泵送混凝土施工的发展密切联系的。流态混凝土的主要特点是：流动性好，能自流填满模型或钢筋间隙，适宜泵送，施工方便；由于使用流化剂，可大幅度降低水胶比而不需多用水泥，避免了水泥浆多带来的缺点；可制得高强、耐久、不渗水的优质混凝土，一般有早强和高强效果；流动度大，但无离析和泌水现象。

流态混凝土的配制关键之一是选择合适的流化剂。流化剂又称塑化剂，通常是高减水性、低引气性、无缓凝性的高效减水剂。目前，常用的流化剂主要有三类：萘磺酸盐甲醛缩合物系、改性木质素磺酸盐甲醛缩合物系和三聚氰胺磺酸盐甲醛缩合物系。加流化剂的方法有同时添加法和后添加法。

流态混凝土的坍落度随时间延长损失较大。一般认为流化剂后添加法是克服坍落度损失的一种有效措施。

流态混凝土主要适用于高层建筑、大型工业与公共建筑的基础、楼板、墙板及地下工程，尤其适用于配筋密、浇筑振捣困难的工程部位。随着流化剂的不断改进和成本降低，流态混凝土必将愈来愈广泛地应用于泵送、现浇和密筋的各种混凝土建筑中。

5.6.5 耐腐蚀混凝土

1. 水玻璃耐酸混凝土

水玻璃耐酸混凝土由水玻璃、耐酸粉料、耐酸粗细骨料和氟硅酸钠组成，是一种能抵抗绝大部分酸类（除氢氟酸、氟硅酸和热磷酸外）侵蚀作用的混凝土，特别是对具有强氧化性的浓硫酸、硝酸等有足够的耐酸稳定性。在 1 000 ℃的高温条件下，水玻璃混凝土仍具有良好的耐酸性能和较高的机械强度。由于材料资源丰富、成本低廉，水玻璃耐酸混凝土是一种优良的应用较广的耐酸材料。其主要缺点是耐水性差、施工较复杂、养护期长。

水玻璃作为混凝土的胶结剂，其模数和密度对耐酸混凝土的性能影响较大，在《工业建筑防腐蚀设计规范》（GB 50046—2008）中规定水玻璃的模数以 2.6～2.8 为佳，水玻璃密度应为 1.36～1.42 g/cm³。氟硅酸钠为白色、浅灰色或黄色粉末，它是水玻璃耐酸混凝土的促硬剂，其适宜用量为水玻璃质量的 15%左右，用量过多时耐酸性将下降。耐酸粉料常用的有辉绿岩粉（铸石粉）、石英粉、69 号耐酸粉、瓷粉等，其中以辉绿岩粉最好。细骨料常用石英砂，粗骨料常用石英岩、玄武岩、安山岩、花岗岩、耐酸砖块等。

2. 耐碱混凝土

碱性介质混凝土的腐蚀有三种情况：①以物理腐蚀为主；②以化学腐蚀为主；③物理和化学两种腐蚀同时存在。

物理腐蚀是指碱性介质渗入混凝土表层与空气中的二氧化碳和水化合生成新的结晶物，由于体积膨胀而造成混凝土的破坏。在一般条件下，物理腐蚀的可能性比较大，当混凝土局部处于碱溶液中，碱液从毛细孔渗入，或者受碱液的干湿交替作用时都会发生这种腐蚀。化学腐蚀是指溶液中的强碱与混凝土中的水泥水化物发生化学反应，生成易溶的新化合物，从而破坏了水泥石的结构，使混凝土解体。化学腐蚀只是在温度较高、浓度较大和介质碱性较强的情况下才易发生。从上述两种腐蚀特点可知，如果能提高混凝土的密实度，物理腐蚀是可以防止的，这可以用严格控制骨料级配、降低水胶比或掺外加剂等方法达到；而为了防止化学腐蚀，则要选择耐碱性的骨料和磨细掺料，特别是提高水泥的耐碱性来达到。

耐碱混凝土最好采用硅酸盐水泥。耐碱骨料常用的有石灰岩、白云岩和大理石，对于碱性不强的腐蚀介质，亦可采用密实的花岗岩、辉绿岩和石英岩。由于对耐碱混凝土的密实性要求较高，故对其骨料颗粒级配的要求也比较严格。磨细粉料主要是用来填充混凝土的空隙，提高耐碱混凝土的密实性，磨细粉料也必须是耐碱的，一般采用磨细的石灰石粉。

5.6.6 纤维混凝土

纤维混凝土是在混凝土中掺入纤维而形成的复合材料。它具有普通钢筋混凝土所没有的许多优良品质，在抗拉强度、抗弯强度、抗裂强度和冲击韧性等方面较普通混凝土有明显的改善。

常用的纤维材料有钢纤维、玻璃纤维、石棉纤维、碳纤维和合成纤维等。所用的纤维必须具有耐碱、耐海水、耐气候变化的特性。国内外研究和应用钢纤维较多，因为钢纤维对抑制混凝土裂缝的形成、提高混凝土抗拉和抗弯强度、增加韧性效果最佳。

在纤维混凝土中，纤维的含量、几何形状以及分布情况对混凝土性能有重要影响。以钢纤维为例，为了便于搅拌，一般控制钢纤维的长径比为60~100，掺量为0.5%~1.3%（体积比），选用直径细、形状非圆形的钢纤维效果较佳，钢纤维混凝土一般可提高抗拉强度2倍左右，提高抗冲击强度5倍以上。

纤维混凝土目前主要用于非承重结构、对抗冲击性要求高的工程，如机场跑道、高速公路、桥面面层、管道等。随着各类纤维性能的改善和纤维混凝土技术的提高，纤维混凝土在建筑工程中的应用将会越来越广泛。

5.6.7 沥青混凝土

沥青混凝土亦称沥青混合料，是由沥青、粗细集料和矿粉按一定比例拌和而成的一种复合材料。沥青混合料具有良好的力学性能、噪声小、良好的抗滑性、经济耐久、排水性良好、可分期加厚路面等优点。其缺点是易老化、感温性大。

用沥青混合料铺筑的路面具有晴天无尘土，雨天不泥泞，行车平稳、柔软，晴天、雨天畅通无阻的优点，因而广泛地应用在各级道路、公路上。

5.6.8 高性能混凝土

对高性能混凝土的定义，不同的学者提出的观点也不尽相同。综合国内外有关文献，其定义主要包括以下几个方面：

①高强度。许多学者认为高性能混凝土首先必须是高强的，甚至具体提出强度不应低于50 MPa或60 MPa。但也有学者认为，高性能混凝土未必需要界定一个过高的强度下限，而应该根据具体的工程要求，允许向中等强度的混凝土（30~40 MPa）适当延伸。

②高耐久性。具有优异的抗渗与抗介质侵蚀的能力。

③高尺寸稳定性。具有高弹性模量、低收缩、低徐变和低温度应变。

④高抗裂性。要求限制混凝土的水化热温升以降低热裂的危险。

⑤高工作性。许多学者认为高性能混凝土应该具有高的流动性，可泵，或者自流、免振。甚至有人具体提出坍落度不应小于某一数值（如120 mm或180 mm），不离析，不泌水，流动性保持能力好。但也有学者认为，流动度应根据具体的工程结构以及具体的施工机具与施工方法而定，而不能认为流动度小于某一数值的混凝土就不属于高性能混凝土。

⑥经济合理性。认为高性能混凝土除了确保所需要的性能之外，应考虑节约资源、能源与环境保护，使其朝着"绿色"的方向发展。

在此，推荐吴中伟教授提出的有关高性能混凝土的定义：高性能混凝土是一种新型高技术混凝土，是在大幅度提高普通混凝土性能的基础上，采用现代混凝土技术，选用优质材料，在严格的质量管理的条件下制成的。除了水泥、水、骨料以外，必须掺加足够数量的细掺料与高效外加剂。高性能混凝土需重点保证下列性能：耐久性、工作性、各种力学性能、适用性、体积稳定性以及经济合理性。

要获得高性能混凝土就必须从原材料品质、配合比优化、施工工艺与质量控制等方面综合考虑。首先，必须选用优质原材料，如优质水泥与粉煤灰、超细矿渣与矿粉、与所选水泥具有良好适应性的优质高效减水剂、具有优异的力学性能且级配良好的骨料等。在配合比设计方面，应在满足设计要求的情况下，尽可能降低水泥用量并限制水泥浆体的体积，根据工程的具体情况掺用一种以上矿物掺合料，在满足流动度要求的前提下，通过优选高效减水剂的品种与剂量，尽可能降低混凝土的水胶比。正确选择施工方法，合理设计施工工艺并强化质量控制意识与措施，是高性能混凝土由实验室配合比转变为满足实际工程结构需求的重要保证。

复习思考题

5.1 什么是混凝土及普通混凝土？混凝土为什么能在工程中得到广泛应用？

5.2 普通混凝土的各组成材料在混凝土中起什么作用？

5.3 配制混凝土时，应如何选择水泥品种及强度等级？

5.4 细度模数相同的砂子，其级配是否相同？级配相同的砂子，其细度模数是否相同？

5.5 现有某砂样500 g，经筛分试验后，结果如表5-35所示，试计算分计筛余百分率、累计筛余百分率。评定此砂的粗细程度及颗粒级配。

表5-35 分筛试验结果

筛孔尺寸（mm）	4.75	2.36	1.18	0.60	0.30	0.15	<0.15	合计
筛余量（g）	25	70	80	100	115	100	10	500
分计筛余百分率（%）								
累计筛余百分率（%）								

5.6 什么是混凝土的和易性？它包括哪几方面的含义？如何评定和易性好坏？

5.7 解释关于混凝土抗压强度的几个名词：

（1）立方体抗压强度；

（2）立方体抗压强度标准值；

（3）强度等级；

（4）轴心抗压强度。

5.8 水胶比大小对混凝土强度有何影响？

5.9 用42.5级普通硅酸盐水泥、河砂及卵石配制混凝土，使用的水胶比分别为0.64及0.55，试估算28 d抗压强度各为多少？（$\gamma_c = 1.0$）

5.10 用普通硅酸盐水泥配制100 mm×100 mm×100 mm立方体混凝土试块，在标准养护条件下，测得6 d的立方体抗压强度为16.3 MPa，试估算该组混凝土28 d立方体抗压强度是多少？

5.11 为什么干缩变形对混凝土危害较大？

5.12 什么是混凝土耐久性？控制混凝土最大水胶比及最小水泥用量的目的是什么？

5.13 什么是减水剂？掺加减水剂可获得哪些技术经济效果？

5.14 什么是早强剂？为什么使用氯盐早强剂时要控制其掺量？

5.15 何谓引气剂、缓凝剂、防冻剂？在工程中使用各有何实用意义？

5.16 混凝土配合比设计的任务是什么？进行混凝土配合比设计要确定哪三个参数？如何确定？

5.17　某高层办公楼的基础底板设计使用 C30 强度等级混凝土，采用泵送施工工艺，要求坍落度为 180 mm。试计算混凝土初步配合比。

原材料选择如下：

(1) 水泥：选用 P·O 42.5 级水泥，28 d 胶砂抗压强度 48.6 MPa，安定性合格。

(2) 矿物掺合料：选用 F 类 Ⅱ 级粉煤灰，细度 18.2%，需水量比 101%，烧失量 7.2%；选用 S95 级矿粉，比表面积 428 m²/kg，流动度比 98%，28 d 活性指数 99%。

(3) 粗骨料：选用最大公称粒径为 25 mm 的粗骨料，连续级配，含泥量 1.2%，泥块含量 0.5%，针片状颗粒含量 8.9%，表观密度为 2.65 g/cm³。

(4) 细骨料：采用当地产天然河砂，细度模数 2.70，级配 Ⅱ 区，含泥量 2.0%，泥块含量 0.6%，表观密度为 2.60 g/cm³。

(5) 外加剂：选用北京某公司生产 A 型聚羧酸减水剂，减水率为 25%，含固量为 20%。

(6) 水：选用自来水。

5.18　混凝土的设计配合比为每立方米混凝土中水泥用量 243 kg，粉煤灰用量 122 kg，矿粉用量 41 kg，砂用量 673 kg，石用量 1 147 kg，减水剂用量 171 kg，水用量 171 kg。假定施工现场砂的含水率为 3%，石的含水率为 1%。试确定施工配合比。

5.19　什么是轻骨料混凝土？与普通混凝土相比，轻骨料混凝土具有什么特点？

5.20　轻骨料混凝土施工时应注意什么问题？

5.21　粉煤灰按品质可分几类？粉煤灰掺入混凝土中各起什么作用？

5.22　什么是防水混凝土？有几种配制方法？各种方法怎样达到防水目的？

建筑砂浆

📝 **教学目标**

1. 掌握建筑砂浆的分类、作用、组成材料；
2. 掌握砌筑砂浆的技术性质、应用，熟悉砌筑砂浆配合比设计的方法；
3. 熟悉抹灰砂浆的技术性质、施工要求和选用，了解抹灰砂浆配合比设计的方法；
4. 了解装饰砂浆和特种砂浆的品种、特性及应用；
5. 能够进行砂浆拌合物性能检测、抗压强度检测，并对检测结果判定；
6. 能够解决或解释工程中相关问题。

建筑砂浆是由胶凝材料、细骨料、掺合料和水按适当比例配制而成，是建筑工程中一项用量大、用途广的建筑材料。在结构工程中，砂浆把单块的砖、石或砌块等胶结成砌体；地面、墙面及梁、柱结构的表面都要用砂浆抹面，起到保护和装饰作用；镶贴天然石材、人造石材、陶瓷面砖、锦砖等大都使用砂浆作黏结和嵌缝材料。另外，用于建筑饰面的装饰砂浆应用也很广泛。

根据用途不同，建筑砂浆分为砌筑砂浆、抹面砂浆、装饰砂浆及特种砂浆。根据胶凝材料的不同，建筑砂浆又可分为水泥砂浆、石灰砂浆和混合砂浆等。

6.1 砌 筑 砂 浆

将砖、石、砌块等黏结成砌体的砂浆称为砌筑砂浆。其作用主要是把块状材料胶结成为一个坚固的整体，从而提高砌体的强度、稳定性，并使上层块状材料所承受的荷载能均匀地传递到下层。同时，砌筑砂浆填充块状材料之间的缝隙，能提高建筑物保温、隔音、防潮等性能。

砌筑砂浆分为现场配制砂浆（分为水泥砂浆和水泥混合砂浆）和预拌砂浆（专业生产厂生产的湿拌砂浆或干混砂浆）。

6.1.1 砌筑砂浆的组成材料

1. 胶凝材料

砌筑砂浆用水泥宜采用通用硅酸盐水泥或砌筑水泥。水泥强度等级应根据砂浆品种及强度等级的要求进行选择。M15 及以下强度等级的砌筑砂浆宜选用 32.5 级通用硅酸盐水泥或砌筑水泥；M15 以上强度等级的砌筑砂浆宜选用 42.5 级通用硅酸盐水泥。

2. 砂（细骨料）

砂宜选用中砂，并应符合《普通混凝土用砂、石质量及检验方法标准》（JGJ 52—

2006）的规定，且应全部通过 4.75 mm 的筛孔。

3. 水

砂浆拌和用水应符合《混凝土用水标准》（JGJ 63—2006）的规定，应选用不含有害杂质的洁净水来拌制砂浆。

4. 掺合料及外加剂

为了改善砂浆的和易性和节约水泥，可在砂浆中加入一些无机掺合料，如石灰膏、电石膏、粉煤灰等，掺合料应符合下列规定：

①生石灰熟化成石灰膏时，宜用孔径不大于 3 mm×3 mm 的网过滤，熟化时间不得少于 7 d；磨细生石灰粉的熟化时间不得少于 2 d。沉淀池中储存的石灰膏，应采取防止干燥冻结和污染的措施，严禁使用脱水硬化的石灰膏。

②制作电石膏的电石渣宜用孔径不大于 3 mm×3 mm 的网过滤，检验时应加热至 70 ℃并保持 20 min，没有乙炔气味后方可使用。

③消石灰粉不得直接用于砌筑砂浆中。

④石灰膏和电石膏试配时的稠度应为（120±5）mm。

⑤粉煤灰、粒化高炉矿渣粉、硅灰、天然沸石粉应分别符合国家现行标准的规定。当采用其他品种矿物掺合料时，应有可靠的技术依据，并应在使用前进行试验验证。

⑥采用保水增稠材料时，应在使用前进行试验验证，并应有完整的型式检验报告。

⑦外加剂应符合国家现行有关标准的规定，引气型外加剂还应有完整的型式检验报告。

6.1.2 砌筑砂浆的性质

1. 砂浆拌合物的性质

砂浆拌合物硬化前应具有良好的和易性。和易性好的砂浆，不仅在运输和施工过程中不易产生分层、离析，而且能在粗糙的砖面上铺成均匀的薄层，与底面保持良好的黏结，便于施工操作。这种砂浆胶结后的强度、密实度和耐久性均很好。

砂浆的和易性包括流动性和保水性两个方面。

（1）流动性

流动性（又称稠度）是指砂浆在自重或外力作用下产生流动的性能。流动性的大小用"稠度"表示，通常用砂浆稠度测定仪测定。稠度过大，说明砂浆太稀，过稀的砂浆不仅铺砌困难，而且硬化后强度降低；稠度过小，砂浆太稠，难以铺平。砂浆稠度的选择与砌体种类、施工方法及天气情况有关。一般情况下用于多孔吸水的砌体材料或干热的天气时稠度应选得大些；用于密实不吸水的材料或湿冷的天气时稠度应选得小些。适宜的稠度可参考表 6-1 选用。

表 6-1　砌筑砂浆的施工稠度（mm）

砌 体 种 类	砂浆稠度
烧结普通砖砌体、粉煤灰砖砌体	70～90
混凝土砖砌体、普通混凝土小型空心砌块砌体、灰砂砖砌体	50～70
烧结多孔砖砌体、烧结空心砖砌体、轻集料混凝土小型空心砌块砌体、蒸压加气混凝土砌块砌体	60～80
石砌体	30～50

（2）保水性

新拌砂浆保持其内部水分不泌出流失的能力称为保水性。保水性好的砂浆在存放、运输和使用过程中，能很好地保持水分不致很快流失，各组分不易分离，在砌筑过程中容易铺成均匀密实的砂浆层，能使胶结材料正常水化，最终保持砌体工程的质量。

砌筑砂浆的保水性用"保水率"表示，砌筑砂浆的保水率应符合表6-2的规定。

表6-2　砌筑砂浆的保水率（%）

砂浆种类	保水率
水泥砂浆	≥80
水泥混合砂浆	≥84
预拌砌筑砂浆	≥88

2. 砌筑砂浆的强度及强度等级

砂浆的强度等级是以边长为70.7 mm×70.7 mm×70.7 mm的3个立方体试块，按规定方法成型养护至28 d测定的抗压强度平均值（MPa）确定的。水泥砂浆及预拌砌筑砂浆的强度等级可分为M5、M7.5、M10、M15、M20、M25、M30；水泥混合砂浆的强度等级可分为M5、M7.5、M10、M15。

3. 砂浆的黏结力

砌筑砂浆必须有足够的黏结力，以便将砌体黏结成为坚固的整体。一般来说，砂浆的抗压强度越高，其黏结力越强。砌筑前，保持基层材料有一定的润湿程度（如红砖含水率在10%~15%为宜），也有利于黏结力的提高。此外，黏结力大小还与砖石表面清洁程度及养护条件等因素有关。粗糙、洁净、湿润的表面黏结力较好。

4. 变形性

砂浆在承受荷载、温度变化或湿度变化时，均会产生变形。如果变形过大或不均匀，则会降低砌体的质量，引起沉陷或裂缝。轻骨料配制的砂浆，其收缩变形要比普通砂浆大。

5. 砂浆的抗冻性

有抗冻性要求的砌体工程，砌筑砂浆应进行冻融试验。砌筑砂浆的抗冻性应符合表6-3的规定，且当设计对抗冻性有明确要求时，也应符合设计规定。

表6-3　砌筑砂浆的抗冻性

使用条件	抗冻指标	质量损失率（%）	强度损失率（%）
夏热冬暖地区	F15		
夏热冬冷地区	F25	≤5	≤25
寒冷地区	F35		
严寒地区	F50		

6.1.3　砌筑砂浆的配合比设计

砌筑砂浆应根据工程类别及砌体部位的设计要求，选择砂浆的强度等级，再根据所选强度等级确定其配合比。

1. 水泥混合砂浆配合比设计

（1）计算试配强度

$$f_{m,0} = kf_2$$

式中　$f_{m,0}$——砂浆的试配强度，精确至 0.1 MPa；

　　　f_2——砂浆强度等级值，精确至 0.1 MPa；

　　　k——系数，按表 6-4 取值。

表 6-4　k 值

施工水平	k
优良	1.15
一般	1.20
较差	1.25

（2）每立方米砂浆中的水泥用量

$$Q_C = \frac{1\,000(f_{m,0} - \beta)}{\alpha \cdot f_{ce}}$$

式中　Q_C——每立方米砂浆的水泥用量（kg）；

　　　$f_{m,0}$——砂浆的试配强度（MPa）；

　　　f_{ce}——水泥的实测强度（MPa）；

　　　α、β——砂浆的特征系数，其中 $\alpha = 3.03$，$\beta = -15.09$。

注：各地区也可用本地区试验资料确定 α、β 值，统计用的试验组数不得少于 30 组。

在无法取得水泥的实测强度值时，可按下式计算：

$$f_{ce} = \gamma_c f_{ce,k}$$

式中　$f_{ce,k}$——水泥强度等级对应的强度值（MPa）；

　　　γ_c——水泥强度等级值的富余系数，该值应按实际统计资料确定，无统计资料时可取 1.0。

（3）每立方米水泥混合砂浆的石灰膏用量

$$Q_D = Q_A - Q_C$$

式中　Q_D——每立方米砂浆的石灰膏用量（kg），石灰膏使用时的稠度为（120±5）mm；

　　　Q_A——每立方米砂浆中水泥和石灰膏的总量（kg），可为 350 kg；

　　　Q_C——每立方米砂浆的水泥用量（kg）。

（4）每立方米砂浆中的砂子用量，应按干燥状态（含水率小于 0.5%）的堆积密度值作为计算值（kg）。

（5）每立方米砂浆中的用水量，根据砂浆稠度等要求可选用 210～300 kg。

注：①混合砂浆中的用水量，不包括石灰膏中的水；

　　②当采用细砂或粗砂时，用水量分别取上限或下限；

　　③稠度小于 70 mm 时，用水量可小于下限；

　　④施工现场气候炎热或干燥季节，可酌量增加用水量。

2. 水泥砂浆配合比选用

水泥砂浆材料用量可按表 6-5 选用。

表 6-5　每立方米水泥砂浆材料用量（kg·m⁻³）

强度等级	水泥	砂	用水量
M5	200～230		
M7.5	230～260		
M10	260～390		
M15	290～330	砂的堆积密度值	270～330
M20	340～400		
M25	360～410		
M30	430～480		

注：①M15 及以下强度等级水泥砂浆，水泥强度等级为 32.5；M15 级以上强度等级水泥砂浆，水泥强度等级为 42.5 级；

②当采用细砂或粗砂时，用水量分别取上限或下限；

③稠度小于 70 mm 时，用水量可小于下限；

④施工现场气候炎热或干燥季节，可酌量增加用水量。

3. 水泥粉煤灰砂浆配合比选用

水泥粉煤灰砂浆材料用量可按表 6-6 选用。

表 6-6　每立方粉煤灰砂浆材料用量（kg·m⁻³）

强度等级	水泥和粉煤灰总量	粉煤灰	砂	用水量
M5	210～240			
M7.5	240～270	粉煤灰掺量可占胶凝材料总量的 15%～25%	砂的堆积密度值	270～330
M10	270～300			
M15	300～330			

注：①表中水泥强度等级为 32.5 级；

②当采用细砂或粗砂时，用水量分别取上限或下限；

③稠度小于 70 mm 时，用水量可小于下限；

④施工现场气候炎热或干燥季节，可酌量增加用水量。

4. 试配与调整

按计算或查表所得配合比进行试拌时，应测定其拌合物的稠度和保水率；当不能满足要求时，应调整材料用量，直到符合要求为止。然后确定为试配时的砂浆基准配合比。试配时至少应采用 3 个不同的配合比，其中一个为基准配合比，其他配合比的水泥用量应按基准配合比分别增加和减少 10%。在保证稠度、保水率合格的条件下，可将用水量、石灰膏、保水增稠材料或粉煤灰等活性掺合料用量作相应调整。分别按规定成型试件测定砂浆强度，并选用符合试配强度及和易性要求且水泥用量最低的配合比作为砂浆配合比。

【例 6.1】要求设计用于砌筑砖墙的水泥混合砂浆配合比。设计强度等级为 M7.5，稠度为 70～90 mm。原材料的主要参数，水泥：32.5 级矿渣水泥；干砂：中砂，堆积密度为 1 450 kg/m³；石灰膏：稠度 120 mm；施工水平：一般。

【解】　①计算试配强度 $f_{m,0}$。

$$f_{m,0} = kf_2$$

已知 $f_2 = 7.5$ MPa，由表 6-4 查得 $k = 1.20$，则

$$f_{m,0} = 1.20 \times 7.5 = 9.0 \text{ MPa}$$

②计算水泥用量 Q_C。

$$Q_C = \frac{1\,000(f_{m,0} - \beta)}{\alpha \cdot f_{ce}}$$

式中，$\alpha = 3.03$，$\beta = -15.09$，$f_{ce} = 32.5$ MPa，则

$$Q_C = \frac{1\,000 \times (9.0 + 15.09)}{3.03 \times 32.5} = 245 \text{ kg/m}^3$$

③计算石灰膏用量 Q_D。

$$Q_D = Q_A - Q_C$$

式中，$Q_A = 350$ kg/m^3，则 $Q_D = 350 - 245 = 105$ kg/m^3

④砂子用量 Q_S。

$$Q_S = 1\,450 \text{ kg/m}^3$$

⑤根据砂浆稠度要求，选择用水量 $Q_W = 300$ kg/m^3。

砂浆试配时各材料的用量比例为：

$$\text{水泥：石灰膏：砂} = 245：105：1\,450 = 1：0.43：5.92$$

【例 6.2】 要求设计用于砌筑砖墙的水泥砂浆，设计强度为 M10，稠度 70~90 mm。原材料的主要参数，水泥：32.5 级矿渣水泥；干砂：中砂，堆积密度为 1 400 kg/m^3；施工水平：一般。

【解】 ①根据表 6-5 选取水泥用量 280 kg/m^3。

②砂子用量 Q_S。

$$Q_S = 1\,400 \text{ kg/m}^3$$

③根据表 6-5 选取用水量为 300 kg/m^3。

④砂浆试配时各材料的用量比例为 水泥：砂 $= 280：1\,400 = 1：5.00$。

6.2 抹 灰 砂 浆

一般抹灰工程用砂浆也称抹灰砂浆，是指大面积涂抹于建筑物墙、顶棚、柱等表面的砂浆，包括水泥抹灰砂浆、水泥粉煤灰抹灰砂浆、水泥石灰抹灰砂浆、掺塑化剂水泥抹灰砂浆、聚合物水泥抹灰砂浆及石膏抹灰砂浆等。抹灰砂浆可以保护墙体不受风雨、潮气等侵蚀，提高墙体的耐久性；同时也使建筑物表面平整、光滑、清洁美观。

6.2.1 抹灰砂浆的组成材料

1. 胶凝材料

配制强度等级不大于 M20 的抹灰砂浆，宜用 32.5 级通用硅酸盐水泥或砌筑水泥；配制强度等级大于 M20 的抹灰砂浆，宜用强度等级不低于 42.5 级的通用硅酸盐水泥。通用硅酸盐水泥宜采用散装的。

通用硅酸盐水泥和砌筑水泥应分别符合相应的国家标准，不同品种、不同等级、不同厂家的水泥，不得混合使用。

2. 砂（细骨料）

抹灰砂浆宜用中砂。不得含有有害杂质，砂的含泥量不应超过5%，且不应含有4.75 mm以上粒径的颗粒，并应符合《普通混凝土用砂、石质量及检验方法标准（附条文说明）》（JGJ 52—2006）的规定。人工砂、山砂及细砂应经试配试验证明能满足抹灰砂浆要求后再使用。

3. 水

抹灰砂浆的拌和用水应符合《混凝土用水标准》（JGJ 63—2006）的规定。

4. 掺和料

用通用硅酸盐水泥拌制抹灰砂浆时，可掺入适量的石灰膏、粉煤灰、粒化高炉矿渣粉、沸石粉等，不应掺入消石灰粉。用砌筑水泥拌制抹灰砂浆时，不得再掺加粉煤灰等矿物掺合料。

①石灰膏应符合下列规定：

a. 石灰膏应在储灰池中熟化，熟化时间不应少于15 d，且用于罩面抹灰砂浆时不应少于30 d，并应用孔径不大于3 mm×3 mm的网过滤。

b. 磨细生石灰粉熟化时间不应少于3 d，并应用孔径不大于3 mm×3 mm的网过滤。

c. 沉淀池中储存的石灰膏，应采取防止干燥、冻结和污染的措施。

d. 脱水硬化的石灰膏不得使用；未熟化的生石灰粉及消石灰粉不得直接使用。

②粉煤灰、磨细生石灰粉均应符合相应现行行业标准。建筑石膏宜采用半水石膏，并应符合现行国家标准规定。

③纤维、聚合物、缓凝剂等应具有产品合格证书、产品性能检测报告。

④拌制抹灰砂浆时，可根据需要掺入改善砂浆性能的添加剂。

6.2.2 抹灰砂浆的主要技术性质

1. 抹灰砂浆的和易性

抹灰砂浆的施工稠度宜按表6-7选取。聚合物水泥抹灰砂浆的施工稠度宜为50～60 mm，石膏抹灰砂浆的施工稠度宜为50～70 mm。

表6-7　抹灰砂浆的施工稠度

抹　灰　层	施工稠度（mm）
底层	90～110
中层	70～90
面层	70～80

为了提高抹灰砂浆的黏结力，且易于操作，其和易性要优于砌筑砂浆，抹灰砂浆的分层度宜为10～20 mm。对于预拌抹灰砂浆，可按其行业标准要求控制保水率。

2. 抹灰砂浆的强度

水泥抹灰砂浆强度等级应为M15、M20、M25、M30；水泥粉煤灰抹灰砂浆强度等级应为M5、M10、M15；水泥石灰抹灰砂浆强度等级应为M2.5、M5、M7.5、M10；掺塑化剂水泥抹灰砂浆强度等级应为M5、M10、M15；聚合物水泥抹灰砂浆抗压强度等级不应小于

M5.0；石膏抹灰砂浆抗压强度不应小于 4.0 MPa。

抹灰砂浆的强度等级应满足设计要求。抹灰砂浆强度不宜比基体强度高出两个及以上强度等级，并应符合下列规定：

①对于无粘贴饰面砖的外墙，底层抹灰砂浆宜比基体材料高一个强度等级或等于基体材料强度。

②对于无粘贴饰面砖的内墙，底层抹灰砂浆宜比基体材料低一个强度等级。

③对于有粘贴饰面砖的内墙和外墙，中层抹灰砂浆宜比基体材料高一个强度等级且不宜 M15，并宜选用水泥抹灰砂浆。

④孔洞填补和窗台、阳台抹面等宜采用 M15 或 M20 水泥抹灰砂浆。

6.2.3 抹灰砂浆的配合比设计

(1) 一般规定

为加强抹灰工程质量管理，提高工程质量，抹灰砂浆在施工前需要进行配合比设计。

①砂浆的试配抗压强度

$$f_{m,0} = kf_2$$

式中 $f_{m,0}$——砂浆的试配抗压强度，精确至 0.1 MPa；

f_2——砂浆抗压强度等级值，精确至 0.1 MPa；

k——砂浆生产（拌制）质量水平系数，取值见表 6-4。

②抹灰砂浆配合比应采取质量计量。

③抹灰砂浆的分层度宜为 10～20 mm。

④抹灰砂浆中可加入纤维，掺量应经试验确定。

⑤用于外墙的抹灰砂浆的抗冻性应满足设计要求。

具体每种抹灰砂浆的配合比设计应符合《抹灰砂浆技术规程》（JGJ/T 220—2010）的规定。

(2) 试配、调整与确定

①抹灰砂浆试配时，应考虑工程实际需求，搅拌应符合现行行业标准《砌筑砂浆配合比设计规程》（JGJ/T 98—2010）的规定。

②选取抹灰砂浆配合比后，应先进行试拌，测定拌合物的稠度和分层度（或保水率）；当不能满足要求时，应调整材料用量，直到满足要求为止。

③抹灰砂浆试配时，至少应采用 3 个不同的配合比，其中一个为基准配合比，其余两个配合比的水泥用量按基准配合比分别增加和减少 10%。在保证稠度、分层度（或保水率）满足要求的条件下，可将用水量或石灰膏、粉煤灰等矿物掺合料用量作相应调整。

④抹灰砂浆的试配稠度应满足施工要求，分别测定不同配合比砂浆的抗压强度、分层度（或保水率）及拉伸黏结强度。符合要求且水泥用量最低的作为抹灰砂浆的配合比。

6.2.4 抹灰砂浆的施工和养护

①抹灰砂浆施工应在主体结构质量验收合格后进行。

②抹灰层的平均厚度宜符合下列规定：

a. 内墙：普通抹灰的平均厚度不宜大于 20 mm，高级抹灰的平均厚度不宜大于 25 mm。

b. 外墙：墙面抹灰的平均厚度不宜大于 20 mm，勒脚抹灰的平均厚度不宜大于 25 mm。

c. 顶棚：现浇混凝土抹灰的平均厚度不宜大于 5 mm，条板、预制混凝土抹灰的平均厚度不宜大于 10 mm。

d. 蒸压加气混凝土砌块基层抹灰平均厚度宜控制在 15 mm 以内；当采用聚合物水泥砂浆抹灰时，平均厚度宜控制在 5 mm 以内；采用石膏砂浆抹灰时，平均厚度宜控制在 10 mm 以内。

③抹灰应分层进行，水泥抹灰砂浆每层厚度宜为；5~7 mm，水泥石灰抹灰砂浆层宜为 7~9 mm，并应待前一层达到六七成干后再涂抹后一层。

④强度高的水泥抹灰砂浆不应涂抹在强度低的水泥抹灰砂浆基层上。

⑤当抹灰层厚度大于 35 mm 时，应采取与基体黏结的加强措施。不同材料的基体交接处应设加强网，加强网与各基体的搭接宽度不应小于 100 mm。

⑥各层抹灰砂浆在凝结硬化前，应防止暴晒、淋雨、水冲、撞击、振动。水泥抹灰砂浆、水泥粉煤灰抹灰砂浆和掺塑化剂水泥抹灰砂浆宜在润湿的条件下养护。

6.2.5 抹灰砂浆的选用

抹灰砂浆的品种宜根据使用部位或基体种类按表 6-8 选用。

表 6-8 抹灰砂浆的品种选用

使用部位或基体种类	抹灰砂浆品种
内墙	水泥抹灰砂浆、水泥石灰抹灰砂浆、水泥粉煤灰抹灰砂浆、掺塑化剂水泥抹灰砂浆、聚合物水泥抹灰砂浆、石膏抹灰砂浆
外墙、门窗洞口外侧壁	水泥抹灰砂浆、水泥粉煤灰抹灰砂浆
温（湿）度较高的车间和房屋、地下室、屋檐、勒脚等	水泥抹灰砂浆、水泥粉煤灰抹灰砂浆
混凝土板和墙	水泥抹灰砂浆、水泥石灰抹灰砂浆、聚合物水泥抹灰砂浆、石膏抹灰砂浆
混凝土顶棚、条板	聚合物水泥抹灰砂浆、石膏抹灰砂浆
加气混凝土砌块（板）	水泥石灰抹灰砂浆、水泥粉煤灰抹灰砂浆、掺塑化剂水泥抹灰砂浆、聚合物水泥抹灰砂浆、石膏抹灰砂浆

6.3 装饰砂浆

涂抹在建筑物内外墙表面，以增加建筑物美观效果的砂浆称为装饰砂浆。装饰砂浆与抹灰砂浆的主要区别在面层，装饰砂浆的面层应选用具有一定颜色的胶凝材料和骨料并采用特殊的施工操作方法，以使表面呈现出各种不同的色彩、线条和花纹等装饰效果。

装饰砂浆所采用的胶凝材料有普通水泥、矿渣水泥、火山灰水泥、白水泥、彩色水泥以及石灰、石膏等。骨料常用大理石、花岗石等带颜色的细石碴或玻璃、陶瓷碎粒等。

几种常用装饰砂浆的施工操作方法如下：

(1) 拉毛

先用水泥砂浆或水泥混合砂浆做底层，再用水泥石灰砂浆或水泥纸筋灰浆做面层，在面层灰浆尚未凝结之前用铁抹子等工具将表面轻压后顺势轻轻拉起，形成凹凸感较强的饰面层。要求表面拉毛花纹、斑点分布均匀，颜色一致，同一平面上不显接槎。拉毛同时具有装饰和吸声作用，多用于外墙面及影剧院等公共建筑的室内墙壁和天棚的饰面，也常用于阳台栏板或围墙等外饰面。

（2）弹涂

弹涂是在墙体表面涂刷一层聚合物水泥色浆后，用电动弹力器分几遍将各种水泥色浆弹到墙面上，形成直径为 1～3 mm、颜色不同、互相交错的圆形色点，深浅色点互相衬托，构成彩色的装饰面层，最后再刷一道树脂罩面层，起防护作用。弹涂适用于建筑物内外墙面，也可用于顶棚饰面。

（3）喷涂

喷涂多用于外墙饰面，是用砂浆泵或喷斗将掺有聚合物的水泥砂浆喷涂在墙面基层或底灰上，形成饰面层，最后在表面再喷一层甲基硅醇钠或甲基硅树脂疏水剂，以提高饰面层的耐久性和减少墙面污染。

（4）水刷石

水刷石是将水泥和粒径为 6 mm 左右的石碴按比例混合，配制成水泥石碴砂浆，涂抹成型，待水泥浆初凝后，以硬毛刷蘸水刷洗，或喷水冲刷，将表面水泥浆冲走，使石碴半露出来，达到装饰效果。水刷石饰面具有石料饰面的质感效果，主要用于外墙饰面，另外檐口、腰线、窗套、阳台、雨篷、勒脚及花台等部位也常使用。

（5）干黏石

干黏石是在素水泥浆或聚合物水泥砂浆黏结层上将彩色石碴、石子等直接黏在砂浆层上，再拍平压实的一种装饰抹灰做法，分为人工甩黏和机械喷黏两种。要求石子黏结牢固、不脱落、不露浆，石粒的 2/3 应压入砂浆中。装饰效果与水刷石相同，而且避免了湿作业，提高了施工效率，又节约材料，应用广泛。

（6）水磨石

水磨石是用普通水泥、白水泥或彩色水泥和有色石碴或白色大理石碎粒及水按适当比例配合，需要时掺入适量颜料，经拌匀、浇筑捣实、养护、硬化、表面打磨、洒草酸冲洗、干燥后上蜡等工序制成。水磨石分预制和现制两种。它不仅美观而且有较好的防水、耐磨性能，多用于室内地面的装饰等。

（7）斩假石

斩假石又称剁斧石，是在水泥砂浆基层上涂抹水泥石碴浆或水泥石屑浆，待其硬化且具有一定强度时，用钝斧及各种凿子等工具在表层上剁斩出纹理。斩假石既有石材的质感，又有精工制作的特点，给人以朴实、自然、素雅、庄重的感觉。斩假石饰面一般多用于局部小面积装饰，如勒脚、台阶、柱面、扶手等。

6.4 特种砂浆

建筑工程中，用于满足某些特殊功能要求的砂浆称为特种砂浆。常用的有以下几种：

（1）防水砂浆

防水砂浆是指用于制作防水层的抗渗性较高的砂浆。砂浆防水层又称刚性防水层，适用于不受振动和具有一定刚度的混凝土或砖、石砌体工程，用于水塔、水池等的防水。

防水砂浆可用普通水泥砂浆制作，也可在水泥砂浆中掺入防水剂制得。防水砂浆的配合比：水泥与砂的质量比一般不宜大于 1∶2.5，水灰比宜控制在 0.50～0.60，稠度不应大于

80 mm。水泥宜选用 32.5 级以上的普通硅酸盐水泥，砂宜选用级配良好的中砂。

在水泥中掺入防水剂，可促使砂浆结构密实，或堵塞毛细孔，提高抗渗能力。常用的防水剂有水玻璃类防水剂、金属皂类防水剂和氯化物金属盐类防水剂。

防水砂浆的施工方法有两种：一种是喷浆法，即利用高压喷枪将砂浆高速喷至建筑物表面，砂浆被高压空气强烈压实，密实度大，抗渗性好。另一种是人工多层抹压，一般分4～5层抹压，每层厚度为 5 mm 左右。每层在初凝前用木抹子压实一遍，最后一层要压光。抹完后应加强养护。另外，还可以用膨胀水泥或无收缩水泥来配制防水砂浆。

（2）保温砂浆

保温砂浆是以水泥、石灰、石膏等胶凝材料与膨胀珍珠岩、膨胀蛭石、火山渣或浮石砂、陶砂等轻质多孔骨料按一定比例配制成的砂浆，具有轻质和良好的保温性能，其导热系数为 0.07～0.1 W/(m · K)。保温砂浆可用于平屋顶保温层及顶棚、内墙抹灰及供热管道的保温防护。

（3）吸音砂浆

由轻骨料配制成的保温砂浆，一般均具有良好的吸声性能，故也可用作吸声砂浆。另外，还可用水泥、石膏、砂、锯末（体积比为1∶1∶3∶5）配制吸声砂浆，或在石灰、石膏砂浆中掺入玻璃纤维、矿棉等松软纤维材料，也能获得一定的吸声效果。吸声砂浆用于室内墙壁、顶棚的吸声处理。

（4）干混砂浆

干混砂浆又称为干粉料、干混料或干粉砂浆，它是由胶凝材料、细骨料、外加剂（有时根据需要加入一定量的掺合料）等固体材料组成，经工厂准确配料和均匀混合而制成的砂浆半成品。干混砂浆不含拌和水，拌和水在施工现场拌和时加入。

干混砂浆分为普通干混砂浆和特种干混砂浆。普通干混砂浆分为砌筑工程用的干混砌筑砂浆、抹灰工程用的干混抹灰砂浆、地面工程用的干混地面砂浆；特种干混砂浆指有特殊要求的专用建筑装饰类干混砂浆，包括瓷砖黏结砂浆、聚苯板（EPS）黏结砂浆、外保温抹面砂浆等。

干混砂浆的特点是集中生产，性能优良，质量稳定，品种多样，运输、储存和使用方便，储存期可达 3 个月至半年。

干混砂浆的使用有利于提高砌筑、抹灰、装饰、修补工程的施工质量，改善砂浆现场施工条件。

复习思考题

6.1 建筑砂浆的分类有哪些？

6.2 砌筑砂浆的组成材料有哪些？对组成材料有何要求？

6.3 砌筑砂浆的主要性质包括哪些方面？

6.4 抹灰砂浆的技术要求包括哪几个方面？它和砌筑砂浆的技术要求有何异同点？它对墙体的功用如何？

6.5 常用的装饰砂浆有哪些做法？它们各自的特点、用途有什么不同？

6.6 常用的特种砂浆有哪些？各有什么特点和用途？

墙体与屋面材料

教学目标

1. 掌握烧结普通砖、烧结多孔砖和烧结空心砖的技术性质、特点及应用；

2. 熟悉非烧结砖、常用墙用砌块的类型、技术性质及应用；

3. 了解常用墙体板材的类型、特点及应用；

4. 了解新型墙体材料的发展与革新；

5. 了解屋面材料的种类、特点及应用；

6. 能够进行砖尺寸偏差、外观质量检测，能够进行砖抗压强度检测，并对检测结果判定；

7. 能够判定常用墙体材料的节能性，能够合理选用墙体材料，能够解决或解释工程中的相关问题。

7.1 砌 墙 砖

凡是由黏土、工业废料或其他地方资源为主要原料，以不同的工艺制成的在建筑物中用于承重墙和非承重墙的砖统称为砌墙砖。砖是一种常用的砌筑材料，尤其是黏土砖的生产和使用在我国有着悠久的历史，可上溯至两千多年前的周秦时代，在我国传统的墙体材料中曾扮演着重要的角色。但是，随着建筑业的迅猛发展，传统黏土砖的弊端日益突出：黏土砖的生产毁田取土量大、能耗高、自重大、施工中工人劳动强度大、工效低等。为保护土地资源和生产环境，有效节约能源自 2003 年 6 月 1 日起全国 170 个城市取缔烧结黏土砖的使用，并于 2005 年全面禁止生产、经营、使用黏土砖，取而代之的是利用工业废料制成的新型墙体材料。

砌墙砖按照孔洞率大小分为实心砖、多孔砖和空心砖。根据《墙体材料术语》（GB/T 18968—2003）的规定，实心砖是没有孔洞或孔洞率小于 25% 的砖；孔洞率大于或等于 25%，孔的尺寸小而数量多的砖称为多孔砖；而孔洞率大于或等于 40%，孔的尺寸大而数量少的砖称为空心砖。按照生产工艺分为烧结砖和非烧结砖。烧结砖是经焙烧而制成的砖，常结合主要原料命名，如烧结页岩砖、烧结煤矸石砖等；非烧结砖是通过非烧结工艺制成的，如碳化砖、蒸养砖等。

7.1.1 烧结普通砖

1. 烧结普通砖的定义及分类

烧结普通砖是以黏土、页岩、煤矸石、粉煤灰为主要原料，经焙烧而成的普通砖。按主要原料分为烧结黏土砖（符号为 N）、烧结页岩砖（符号为 Y）、烧结粉煤灰砖（符号为 F）和烧结煤矸石砖（符号为 M）。

烧结黏土砖是以黏土为主要原料，经配料、制坯、干燥、焙烧而成的烧结普通砖，简称为黏土砖。黏土中所含铁的化合物成分，在焙烧过程中氧化成红色的高价氧化铁（Fe_2O_3），烧成的砖为红色。如果砖坯先在氧化气氛中烧成，然后减少窑内空气的供给，同时加入少量水分，使坯体继续在还原气氛中焙烧，此时高价氧化铁还原成青灰色的低价氧化铁（FeO 或 Fe_3O_4），即制得青砖。一般认为，青砖较红砖耐久性好，但青砖只能在土窑中制得，价格较贵。

烧结页岩砖是页岩经破碎、粉磨、配料、成型、干燥和焙烧等工艺制成的砖。因为页岩磨细的程度不及黏土，成型所需的用水量比黏土少，所以砖坯干燥的速度快，制品收缩小。烧结页岩砖的颜色和性能与烧结黏土砖基本相同。

烧结粉煤灰砖是以火力发电厂排出的粉煤灰，掺入适量黏土经搅拌成型、干燥和焙烧而成的承重砌体材料。粉煤灰与黏土的体积比为 1∶1.00～1∶1.25。烧结粉煤灰砖为半内燃砖，颜色一般呈淡红色至深红色，可代替黏土砖用于一般的工业与民用建筑中。

烧结煤矸石砖是以采煤和洗煤时剔除的大量煤矸石为原料，经粉碎后，根据其含碳量和可塑性进行适当配料，即制砖、焙烧时基本不需外投煤。烧结煤矸石砖可以完全代替普通黏土砖用于一般工业与民用建筑中。

利用工业废渣制得的烧结煤矸石砖和烧结粉煤灰砖，利用地方材料制得的烧结页岩砖，既可变废为宝，又可以不毁或少毁农田，有效地解决了烧结普通砖的原料问题。

2. 烧结普通砖的主要技术性质

根据《烧结普通砖》（GB 5101—2003）规定，强度和抗风化性能合格的砖，根据砖的尺寸偏差、外观质量、泛霜和石灰爆裂的程度将其分为优等品（A）、一等品（B）和合格品（C）三个质量等级。

（1）尺寸偏差

烧结普通砖的外形为直角六面体，公称尺寸是 240 mm×115 mm×53 mm，如图 7-1 所示。这样，4 个砖长、8 个砖宽、16 个砖厚，加上砂浆缝的厚度都恰好为 1 m。每立方米砖砌体需用砖 512 块。砖的尺寸允许偏差应符合表 7-1 的规定。

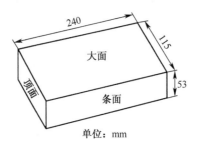

单位：mm

图 7-1　砖的尺寸及各部分名称

（2）外观质量

烧结普通砖的外观质量包括两条面高度差、弯曲、杂质凸出高度、缺棱掉角、裂纹、完整面、颜色等内容，分别应符合表 7-1 的规定。

表 7-1 烧结普通砖的质量等级划分（GB 5101—2003）

项 目		优等品		一等品		合格品	
		样本平均偏差	样本极差≤	样本平均偏差	样本极差≤	样本平均偏差	样本极差≤
尺寸偏差	（1）长度（mm）	±2.0	6	±2.5	7	±3.0	8
	（2）宽度（mm）	±1.5	5	±2.0	6	±2.5	7
	（3）高度（mm）	±1.5	4	±1.6	5	±2.0	6
外观质量	（1）两条面高度差，不大于（mm）	2		3		4	
	（2）弯曲，不大于（mm）	2		3		4	
	（3）杂质凸出高度，不大于（mm）	2		3		4	
	（4）缺棱掉角的三个破坏尺寸，不得同时大于（mm）	5		20		30	
	（5）裂纹长度，不大于（mm） a. 大面上宽度方向及其延伸至条面的长度	30		60		80	
	b. 大面上长度方向及其延伸至顶面的长度或条顶面上水平裂纹的长度	50		80		100	
	（6）完整面不得少于	二条面和二顶面		一条面和一顶面		—	
	（7）颜色	基本一致		—		—	
泛霜		无泛霜		不允许出现中等泛霜		不允许出现严重泛霜	
石灰爆裂		不允许出现最大破坏尺寸大于2 mm的爆裂区域		a. 最大破坏尺寸大于2 mm，且小于等于10 mm的爆裂区域，每组砖样不得多于15处； b. 不允许出现最大破坏尺寸大于10 mm的爆裂区域		a. 最大破坏尺寸大于2 mm且小于或等于15 mm的爆裂区域，每组砖样不得多于15处，其中大于10 mm的不得多于7处； b. 不允许出现最大破坏尺寸大于15 mm的爆裂区域	

注：样本平均偏差是 20 块试样同一方向 40 个测量尺寸的算术平均值减去其公称尺寸的差值，样本极差是抽检的 20 块试样中同一方向 40 个测量尺寸中最大测量值与最小测量值之差值。

（3）强度等级

烧结普通砖是通过取 10 块砖样进行抗压强度试验，根据抗压强度平均值和标准值方法（变异系数 $\delta \leqslant 0.21$）或抗压强度平均值和最小值方法（变异系数 $\delta > 0.21$）来评定砖的强度等级。烧结普通砖可分为 MU30、MU25、MU20、MU15、MU10 五个强度等级，各等级应满足的强度指标见表 7-2。

表 7-2 烧结普通砖的强度等级（MPa）（GB 5101—2003）

强度等级	抗压强度平均值 $\bar{f} \geqslant$	变异系数 $\delta \leqslant 0.21$	变异系数 $\delta > 0.21$
		强度标准值 $f_k \geqslant$	单块最小抗压强度值 $f_{min} \geqslant$
MU30	30.0	22.0	25.0
MU25	25.0	18.0	22.0
MU20	20.0	14.0	16.0
MU15	15.0	10.0	12.0
MU10	10.0	6.5	7.5

烧结普通砖中的各项指标按下式计算：

$$f_k = \bar{f} - 1.8S \tag{7.1}$$

$$S = \sqrt{\frac{1}{9}\sum_{i=1}^{10}(f_i - \bar{f})^2} \tag{7.2}$$

$$\delta = \frac{S}{\bar{f}} \tag{7.3}$$

式中　f_k——烧结普通砖的抗压强度标准值（MPa）；

　　　$\bar{f}$——10 块试样的抗压强度平均值（MPa）；

　　　f_i——第 i 块试样的抗压强度测定值勤（MPa）；

　　　S——10 块试样的抗压强度标准差（MPa）；

　　　δ——变异系数。

（4）泛霜和石灰爆裂

泛霜是指在新砌筑的砖砌体表面有时会出现一层白色的粉状物。出现泛霜是由于砖内含有较多可溶性盐类，这些盐类在砌筑施工时溶解于进入砖内的水中，当水分蒸发时在砖的表面结晶成霜状。这些结晶的粉状物有损建筑物的外观，而且结晶膨胀也会引起砖表层疏松甚至剥落，特别是在干湿循环区域及盐碱严重的地区，这种现象更为严重，轻则使得墙体及装饰层剥落或产生严重污染，重则会使墙体松散、风化而坍塌。因此，国家标准严格规定烧结制品中优等产品不允许出现泛霜，一等产品不允许出现中等泛霜，合格产品不允许出现严重泛霜。

石灰爆裂是指烧结砖的原料中夹杂着石灰石，焙烧时石灰石被烧成生石灰块，在使用过程中生石灰吸水熟化转变为熟石灰，固相体积增大近一倍造成制品爆裂的现象。轻的石灰爆裂会造成制品表面破坏及墙体面层脱落，严重的石灰爆裂会直接破坏制品及砌筑墙体的结构，造成制品及砌筑墙体强度损失，甚至崩溃，因此国家标准对烧结制品严格规定了石灰爆裂破坏情况的评定指标，严格控制制品石灰爆裂的发生。

（5）抗风化性能

抗风化性能是指材料在干湿变化、温度变化、冻融变化等物理因素作用下不破坏并保持原有性质的能力。抗风化性能反映材料在大气作用下是否耐久的性质。

我国按风化指数将各省市划分为严重风化区和非严重风化区，见表 7-3。

表 7-3　风化区的划分（GB 5101—2003）

严重风化区		非严重风化区	
1. 黑龙江省	11. 河北省	1. 山东省	11. 福建省
2. 吉林省	12. 北京市	2. 河南省	12. 台湾省
3. 辽宁省	13. 天津市	3. 安徽省	13. 广东省
4. 内蒙古自治区		4. 江苏省	14. 广西壮族自治区
5. 新疆维吾尔自治区		5. 湖北省	15. 海南省
6. 宁夏回族自治区		6. 江西省	16. 云南省
7. 甘肃省		7. 浙江省	17. 西藏自治区
8. 青海省		8. 四川省	18. 上海市
9. 陕西省		9. 贵州省	19. 重庆市
10. 山西省		10. 湖南省	

风化指数是指日气温从正温降至负温或从负温升至正温的每年平均天数，与每年从霜冻之日起至消失霜冻之日止，这一期间降雨总量（以 mm 计）的平均值的乘积。风化指数大于或等于 12 700 为严重风化区，风化指数小于 12 700 为非严重风化区。

烧结普通砖的抗风化性能用抗冻融试验或吸水率试验来衡量。严重风化区中的 1、2、3、4、5 地区的砖必须进行冻融试验，其他地区砖的抗风化性能符合表 7-4 规定时可不做冻融试验，否则，必须进行冻融试验。冻融试验后，每块砖样不允许出现裂纹、分层、掉皮、缺棱、掉角等冻坏现象，质量损失不得大于 2%。

表 7-4　烧结普通砖的吸水率、饱和系数（GB 5101—2003）

砖种类	严重风化区				非严重风化区			
	5 h 沸煮吸水率（%）≤		饱和系数≤		5 h 沸煮吸水率（%）≤		饱和系数≤	
	平均值	单块最大值	平均值	单块最大值	平均值	单块最大值	平均值	单块最大值
黏土砖	18	20	0.85	0.87	19	20	0.88	0.90
粉煤灰砖[①]	21	23			23	25		
页岩砖	16	18	0.74	0.77	18	20	0.78	0.80
煤矸石砖								

注：① 粉煤灰掺入量（体积比）小于 30% 时，抗风化性能指标按黏土砖规定。

（6）放射性物质

煤矸石砖、粉煤灰砖以及掺用工业废渣的砖应进行放射性物质检测。当砖产品堆垛表面 γ 照射量率小于或等于 200 nGy/h（含本底）时，该产品使用不受限制；当砖产品堆垛表面 γ 照射量率大于 200 nGy/h（含本底）时，必须进行放射性物质镭-226、钍-232、钾-40 比活度的检测，并应符合 GB 6566—2010 的规定。

（7）欠火砖、酥砖和螺旋纹砖

产品中不允许有欠火砖、酥砖和螺旋纹砖。

3. 烧结普通砖的产品标记

烧结普通砖的产品标记按产品名称、类别、强度等级、质量等级和标准编号顺序编写。例如强度等级 MU15，一等品的烧结黏土砖，其标记为：烧结普通砖 N MU15 B GB5101。

4. 烧结普通砖的应用

烧结普通砖具有一定的强度，较好的耐久性，是应用最久、应用范围最为广泛的墙体材料。其中实心黏土砖由于有破坏耕地、能耗高、绝热性能差等缺点，国务院办公厅《关于进一步推进墙体材料革新和推广节能建筑的通知》要求到 2010 年底，所有城市都要禁止使用实心黏土砖。

烧结普通砖目前可用来砌筑墙体、柱、拱、烟囱、沟道、地面及基础等；还可与轻骨料混凝土、加气混凝土、岩棉等复合砌筑成各种轻质墙体；在砌体中配制适当钢筋或钢丝网制作柱、过梁等，可代替钢筋混凝土柱、过梁使用；烧结普通砖优等品用于清水墙的砌筑，一等品、合格品可用于混水墙的砌筑。中等泛霜的砖不能用于潮湿部位。

7.1.2 烧结多孔砖和烧结空心砖

用多孔砖或空心砖代替实心砖可使建筑物自重减轻 1/3 左右，节约原料 20%～30%，节省燃料 10%～20%，且烧成率高，造价降低 20%，施工效率提高 40%，并能改善砖的绝热和隔声性能。在相同的热工性能要求下，用空心砖砌筑的墙体厚度可减薄半砖左右。一些较发达国家多孔砖占砖总产量的 70%～90%，我国目前也正在大力推广多孔砖，而且发展很快。

生产烧结多孔砖和烧结空心砖的原料和工艺与烧结普通砖基本相同，只是对原料的可塑性要求较高，制坯时在挤泥机的出口处设有成孔心头，使坯体内形成孔洞。

1. 烧结多孔砖

烧结多孔砖是指孔洞率大于或等于 25%，孔洞的尺寸小而数量多，且为竖向孔的烧结砖。烧结多孔砖的生产工艺与烧结普通砖基本相同，但对原材料的可塑性要求较高。根据主要原料的不同可分为黏土多孔砖（N）、页岩多孔砖（Y）、煤矸石多孔砖（M）、粉煤灰多孔砖（F）、淤泥多孔砖（U）、固体废弃物多孔砖（G）。

烧结多孔砖的技术性能应满足国家规范《烧结多孔砖和多孔砌块》（GB 13544—2011）的要求。其具体规定如下：

（1）规格尺寸与外观质量

多孔砖的外形为直角六面体，如图 7-2 所示，常用规格的长度、宽度与高度尺寸（mm）为：290、240、190、185、140、115、90。孔洞尺寸应符合：矩形孔的孔长小于等于 40 mm、孔宽小于等于 13 mm；手抓孔一般为（30～40）mm×（75～85）mm；所有孔宽应相等，孔采用单向或双向交错排列；孔洞排列上下、左右应对称，分布均匀，手抓孔的长度方向尺寸必须平行于砖的条面；孔四个角应做成过渡圆角，不得做成直尖角。其尺寸允许偏差与外观质量见表 7-5。

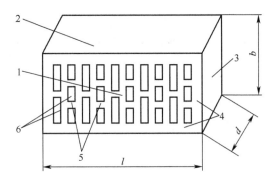

图 7-2 烧结多孔砖外形示意图

1—大面（坐浆面）；2—条面；3—顶面；
4—外壁；5—肋；6—孔洞；
l—长度；b—高度；d—宽度

表 7-5　烧结多孔砖的尺寸偏差与外观质量（GB 13544—2011）　　　单位：mm

项　　目		指　　标	
	尺寸	样本平均偏差	样本极差≤
尺寸允许偏差	>400	±3.0	10.0
	300～400	±2.5	9.0
	200～300	±2.5	8.0
	100～200	±2.0	7.0
	<100	±1.5	6.0
外观质量	完整面　　　　　　　　　不得少于	一条面和一顶面	
	缺棱掉角的 3 个破坏尺寸　　不得同时大于	30	
	大面（有孔面）上深入孔壁 15 mm 以上宽度方向及其延伸到条面的裂纹长度　　不大于	80	
	大面（有孔面）上深入孔壁 15 mm 以上长度方向及其延伸到顶面的裂纹长度　　不大于	100	
	条顶面上的水平裂纹长度　　不大于	100	
	杂质在砖砌块面上造成的凸出高度　　不大于	5	

有下列缺陷之一者，不得称为完整面：
①缺损在条面或顶面上造成的破坏面尺寸同时大于 20 mm×30 mm；
②条面或顶面上裂纹宽度大于 1 mm，其长度超过 70 mm；
③压陷、焦花、粘底在条面或顶面上的凹陷或凸出超过 2 mm，区域尺寸同时大于 20 mm×30 mm。

（2）强度等级

烧结多孔砖是通过取 10 块砖样进行抗压强度试验，根据抗压强度平均值和标准值分为 MU30、MU25、MU20、MU15、MU10 五个强度等级。各等级应满足的强度指标见表7-6。

表 7-6　烧结多孔砖强度等级（GB 13544—2011）

强度等级	抗压强度平均值 $\bar{f}\geq$（MPa）	强度标准值 $f_k\geq$（MPa）
MU30	30.0	22.0
MU25	25.0	18.0
MU20	20.0	14.0
MU15	15.0	10.0
MU10	10.0	6.5

（3）密度等级

烧结多孔砖按照 3 块砖的干燥表观密度平均值划分为 1 000、1 100、1 200、1 300 四个等级。

（4）抗风化性能

风化区的划分见表7-3。严重风化区中的 1、2、3、4、5 地区的烧结多孔砖和其他地区以淤泥、固体废弃物为主要原料生产的烧结多孔砖必须进行冻融试验；其他地区以黏土、粉煤灰、页岩、煤矸石为主要原料生产的烧结多孔砖的抗风化性能符合表7-7规定时可不做冻融试验，否则，必须进行冻融试验。15 次冻融循环试验后，每块砖样不允许出现裂纹、分层、掉皮、缺棱掉角等冻坏现象。

表 7-7 烧结多孔砖抗风化性能（GB 13544—2011）

项目 砖种类	严重风化区				非严重风化区			
	5 h 沸煮吸水率，%≤		饱和系数≤		5 h 沸煮吸水率，%≤		饱和系数≤	
	平均值	单块 最大值	平均值	单块 最大值	平均值	单块 最大值	平均值	单块 最大值
黏土砖	21	23	0.85	0.87	23	25	0.88	0.90
粉煤灰砖	23	25			30	32		
页岩砖	16	18	0.74	0.77	18	20	0.78	0.80
煤矸石砖	19	21			21	23		

注：粉煤灰掺入量（质量比）小于30%时按黏土砖规定判定。

（5）产品标记

烧结多孔砖按产品名称、品种、规格、强度等级、密度等级和标准编号顺序编写。例如规格尺寸 290 mm×140 mm×90 mm、强度等级为 MU25、密度等级 1 200 级的黏土烧结多孔砖，其标记为：烧结多孔砖 N 290×140×90 MU25 1 200 GB 13544—2011。

烧结多孔砖由于具有较好的保温性能，对黏土的消耗相对减少，是目前一些实心黏土砖的替代产品。主要用于六层以下建筑物的承重部位，砌筑时要求孔洞方向垂直于承压面。常温砌筑应提前 1～2 d 浇水湿润，砌筑时砖的含水率宜控制在 10%～15%。地面以下或室内防潮层以下的砌体不得使用多孔砖。

2. 烧结空心砖

烧结空心砖是以黏土、页岩、煤矸石、粉煤灰为主要原料，经焙烧而成的孔洞率大于或等于 40%，孔的尺寸大而数量少的砖。按主要原料不同分为黏土空心砖（N）、页岩空心砖（Y）、煤矸石空心砖（M）和粉煤灰空心砖（F）。其孔洞垂直于顶面，砌筑时要求孔洞方向与承压面平行。因为它的孔洞大，强度低，主要用于砌筑非承重墙体或框架结构的填充墙，其外形如图 7-3 所示。

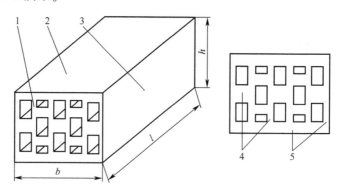

图 7-3 烧结空心砖的外形

1—顶面；2—大面；3—条面；4—肋；5—壁；l—长度；b—宽度；h—高度

根据《烧结空心砖和空心砌块》（GB/T 13545—2014）的规定，烧结空心砖按体积密度分为 800 级、900 级、1 000 级和 1 100 级四级；按抗压强度分为 MU10.0、MU7.5、MU5.0、

MU3.5 四个强度等级，各强度等级应符合表 7-8 的规定，评定方法与烧结普通砖相同。

表 7-8　烧结空心砖的强度等级（GB 13545—2014）

强度等级	抗压强度平均值 $f \geqslant$（MPa）	变异系数 $\delta \leqslant 0.21$ 强度标准值 $f_k \geqslant$（MPa）	变异系数 $\delta > 0.21$ 单块最小抗压强度值 $f_{min} \geqslant$（MPa）	密度等级范围（kg·m^{-3}）
MU10.0	10.0	7.0	8.0	
MU7.5	7.5	5.0	5.8	≤1 100
MU5.0	5.0	3.5	4.0	
MU3.5	3.5	2.5	2.8	

烧结空心砖的技术要求还包括泛霜、石灰爆裂、吸水率、抗风化性能和放射性物质，其规定按 GB/T 13545—2014 执行。

烧结空心砖的产品标记按产品名称、类别、规格（长度×宽度×高度）、密度等级、强度等级和标准编号的顺序编写。例如，规格尺寸 290 mm×190 mm×90 mm、密度等级 800、强度等级 MU7.5 的页岩空心砖，其标记为：烧结空心砖 Y（290×190×90）800　MU7.5 GB13545—2014。

7.1.3　非烧结砖

不经焙烧而制成的砖均为非烧结砖，又称免烧砖，如蒸养蒸压砖、免烧免蒸砖、碳化砖等。目前应用较广的是蒸养蒸压砖，这类砖是以含钙材料（石灰、电石渣等）和含硅材料（砂子、粉煤灰、煤矸石、灰渣、炉渣等）与水拌和，经压制成型、常压或高压蒸汽养护而成，主要品种有灰砂砖、粉煤灰砖、炉渣砖等。这些砖的强度较高，可以替代普通烧结黏土砖使用。

国家推广应用的非烧结砖主要有蒸压灰砂多孔砖、蒸压粉煤灰砖和混凝土多孔砖。

1. 蒸压灰砂多孔砖

蒸压灰砂多孔砖是以石灰和砂为主要原料，允许掺入颜料和外加剂，经坯料制备、压制成型、高压蒸汽养护而成的多孔砖。高压蒸汽养护是采用高压蒸汽（绝对压力不低于 0.88 MPa，温度 174 ℃以上），对成型后的坯体或制品进行水热处理的养护方法，简称蒸压。蒸压灰砂多孔砖就是通过蒸压养护，使原来在常温常压下几乎不与氢氧化钙反应的砂（晶体二氧化硅）产生具有胶凝能力的水化硅酸钙凝胶，再与氢氧化钙晶体共同将未反应的砂粒黏结起来，从而使砖具有强度。

蒸压灰砂多孔砖的尺寸规格一般为 240 mm×115 mm×90 mm（115 mm），孔洞采用圆形或其他孔形，孔洞垂直于大面。蒸压灰砂多孔砖产品采用产品名称、规格、强度等级、产品等级、标准编号的顺序标记，如强度等级为 15 级，优等品，规格尺寸为 240 mm×115 mm×90 mm 的蒸压灰砂多孔砖标记为：蒸压灰砂多孔砖 240×115×90 15 A JC/T 637—2009。

根据标准《蒸压灰砂多孔砖》（JC/T 637—2009）的规定，蒸压灰砂多孔砖按尺寸允许偏差和外观质量将产品分为优等品（A）和合格品（C）两个等级，按抗压强度分为 MU30、MU25、MU20、MU15 四个等级，各强度等级的抗压强度及抗冻性应符合表 7-9 的规定。

表 7-9　蒸压灰砂多孔砖的强度等级（JC/T 637—2009）

强度等级	抗压强度（MPa）		冻后抗压强度（MPa）	单块砖的干质量损失（%）
	平均值≥	单块最小值≥	平均值≥	≤
MU30	30.0	24.0	24.0	
MU25	25.0	20.0	20.0	2.0
MU20	20.0	16.0	16.0	
MU15	15.0	12.0	12.0	

注：冻融循环次数应符合以下规定：夏热冬暖地区 15 闪，夏热冬冷地区 25 次，寒冷地区 35 次，严寒地区 50 次。

蒸压灰砂多孔砖属于国家大力发展、应用的新型墙体材料。在工程中，应结合其具有的性能，合理选择使用。其特点如下：

①组织致密、强度高、大气稳定性好、干缩小、外形光滑平整、尺寸偏差小、色泽淡灰，可加入矿物颜料制成各种颜色的砖，具有较好的装饰效果。可用于防潮层以上的建筑承重部位。

②耐热性、耐酸性差，抗水流冲刷能力差。蒸压灰砂多孔砖中的一些组分如水化硅酸钙、氢氧化钙等不耐酸，也不耐热。因此，蒸压灰砂多孔砖应避免用于长期受热高于 200 ℃及承受急冷、急热或有酸性介质侵蚀的建筑部位。砖中的氢氧化钙等组分在流动水作用下会流失，所以蒸压灰砂多孔砖不能用于有水流冲刷的部位。

③与砂浆粘黏力差。蒸压灰砂多孔砖的表面光滑，与砂浆黏结力差。在砌筑时必须采取相应的措施，如增加结构措施，选用高黏度的专用砂浆。

2. 蒸压粉煤灰砖

蒸压粉煤灰砖是以粉煤灰、生石灰为主要原料，可掺加适量石膏等外加剂和其他集料，经坯体制备、压制成型、高压蒸汽养护而成的砖，产品代号为 AFB。

蒸压粉煤灰砖的尺寸规格为 240 mm×115 mm×53 mm，砖的颜色分为本色（N）和彩色（CO）。蒸压粉煤灰砖产品采用产品名称（AFB）、规格尺寸、强度等级、质量等级、标准编号的顺序标记。如规格尺寸为 240 mm×115 mm×53 mm，强度等级为 MU15 的蒸压粉煤灰砖标记工为：AFB 240 mm×115 mm×53 mm MU15 JC/T 239。

根据标准《蒸压粉煤灰砖》（JC/T 239—2014）的规定，蒸压粉煤灰砖按尺寸偏差、外观质量、强度等级、干燥收缩、抗冻性、碳化系数、吸水率等来判定户品是否合格。蒸压粉煤灰砖的强度等级分为 MU30、MU25、MU20、MU15 和 MU10 五个等级。蒸压粉煤灰砖合格品的干燥收缩值应不大于 0.50 mm/m。

蒸压粉煤灰砖在性能上与蒸压灰砂多孔砖相近。在工程中，应结合其具有的性能，合理选择使用。

①蒸压粉煤灰砖可用于工业与民用建筑的墙体和基础。但用于基础或易受冻融和干湿交替作用的建筑部位时，必须采用 MU15 及以上强度等级的砖。

②因砖中含有氢氧化钙，蒸压粉煤灰砖应避免用于长期受热高于 200 ℃及承受急冷、急热或有酸性介质侵蚀的建筑部位。

③蒸压粉煤灰砖初始吸水能力差，后期的吸水能力较大，施工时应提前湿水，保持砖的含水率在 10% 左右，以保证砌筑质量。

④ 由于蒸压粉煤灰砖出釜后收缩较大，因此，出釜一周后才能用于砌筑。

⑤ 用蒸压粉煤灰砖砌筑的建筑物，应适当增设圈梁及伸缩缝或其他措施，以避免或减少收缩裂缝。

3. 混凝土多孔砖

混凝土多孔砖是以水泥为胶结材料，以砂、石等为主要集料，加水搅拌、成型、养护制成的一种具有多排小孔的混凝土制品，孔洞率在 30% 以上。混凝土多孔砖是继普通混凝土小型空心砌块与轻集料混凝土小型空心砌块之后又一墙体材料新品种，具有生产能耗低、节土利废、施工方便和体轻、强度高、保温效果好、耐久、收缩变形小、外观规整等特点，是一种替代烧结黏土砖的理想材料。

混凝土多孔砖的外形为直角六面体，其长度、宽度、高度分别应符合下列要求：290，240，190，180；240，190，115，90；115，90。矩形孔或矩形条孔（孔长与孔宽之比大于或等于 3）的 4 个角应为半径大于 8 mm 的圆角，铺浆面为半盲孔。

7.2 墙 用 砌 块

砌块是指砌筑用的人造石材，外形多为直角六面体，也有各种异形的砌块。砌块系列中主规格的长度、宽度和高度至少有一项相应大于 365 mm、240 mm 和 115 mm，但高度不大于长度或宽度的 6 倍，长度不超过高度的 3 倍。

砌块的分类方法很多，按用途可分为承重砌块和非承重砌块；按有无孔洞可分为实心砌块（无孔洞或空心率小于 25%）和空心砌块（空心率大于等于 25%）；按产品规格可分为大型砌块（高度大于 980 mm）、中型砌块（高度为 380~980 mm）和小型砌块（高度大于 115 mm 而又小于 380 mm）；按生产工艺可分为烧结砌块和蒸压蒸养砌块；按材质可分为轻骨料混凝土砌块、混凝土砌块、硅酸盐砌块、粉煤灰砌块、加气混凝土砌块等。

砌块是发展迅速的新型墙体材料，生产工艺简单、材料来源广泛、可充分利用地方资源和工业废料、节约耕地资源、造价低廉、制作使用方便，同时由于其尺寸大，可机械化施工，提高施工效率，改善建筑物功能，减轻建筑物自重。

目前，国家推广应用的常用砌块主要有蒸压加气混凝土砌块、石膏砌块、混凝土小型空心砌块、烧结空心砌块（以煤矸石、江河湖淤泥、建筑垃圾、页岩为原料）。烧结空心砌块的引用标准、性能及应用与烧结空心砖完全相同，本节主要介绍其他三种常用砌块。

7.2.1 蒸压加气混凝土砌块

蒸压加气混凝土砌块（代号 ACB）是以钙质材料（水泥、石灰等）、硅质材料（砂、矿渣、粉煤灰等）以及加气剂（铝粉）等，经配料、搅拌、浇注成型、发气、切割和蒸压养护而成的多孔硅酸盐砌块。

1. 蒸压加气混凝土砌块的规格尺寸

根据《蒸压加气混凝土砌块》（GB 11968—2006）的规定，加气混凝土砌块的规格尺寸见表 7-10。

表 7-10　蒸压加气混凝土砌块的规格尺寸（GB 11968—2006）

长度 L（mm）	宽度 B（mm）	高度 H（mm）
600	100，120，125，150，180，200，240，250，300	200，240，250，300

2. 蒸压加气混凝土砌块的主要技术要求

根据《蒸压加气混凝土砌块》（GB 11968—2006）的规定，砌块按尺寸偏差、外观质量、干密度、抗压强度和抗冻性分为优等品（A）、合格品（B）两个等级。

（1）砌块的抗压强度

砌块按抗压强度分为 A1.0、A2.0、A2.5、A3.5、A5.0、A7.5、A10.0 七个强度级别，见表 7-11。

表 7-11　蒸压加气混凝土砌块的抗压强度（GB 11968—2006）

强度级别		A1.0	A2.0	A2.5	A3.5	A5.0	A7.5	A10.0
立方体抗压强度（MPa）	平均值≥	1.0	2.0	2.5	3.5	5.0	7.5	10.0
	最小值≥	0.8	1.6	2.0	2.8	4.0	6.0	8.0

（2）砌块的干密度

砌块按干密度分为 B03、B04、B05、B06、B07、B08 六个级别，见表 7-12。

表 7-12　蒸压加气混凝土砌块的干密度（GB 11968—2006）

干密度级别		B03	B04	B05	B06	B07	B08
干密度（kg/m³）	优等品（A）≤	300	400	500	600	700	800
	合格品（B）≤	325	425	525	625	725	825

（3）砌块的强度级别

砌块的强度级别应符合表 7-13 的规定。

表 7-13　蒸压加气混凝土砌块的强度级别

干密度级别		B03	B04	B05	B06	B07	B08
强度级别	优等品（A）	A1.0	A2.0	A3.5	A5.0	A7.5	A10.0
	合格品（B）			A2.5	A3.5	A5.0	A7.5

（4）砌块的干燥收缩、抗冻性和导热系数

砌块的干燥收缩、抗冻性和导热系数（干态）应符合表 7-14 的规定。

表 7-14　砌块的干燥收缩、抗冻性和导热系数（GB 11968—2006）

干密度级别			B03	B04	B05	B06	B07	B08
干燥收缩值	标准法（mm/m）≤		0.50					
	快速法（mm/m）≤		0.80					
抗冻性	质量损失（%）≤		5.0					
	冻后强度（MPa）≥	优等品（A）	0.8	1.6	2.8	4.0	6.0	8.0
		合格品（B）			2.0	2.8	4.0	6.0
导热系数（干态）［W/(m·K)］≤			0.10	0.12	0.14	0.16	0.18	0.20

注：规定采用标准法、快速法测定砌块干燥收缩值，若测定结果发生矛盾不能判定时，则以标准法测定的结果为准。

3. 蒸压加气混凝土砌块的应用

蒸压加气混凝土砌块由于其多孔构造，表观密度小，只相当于黏土砖和灰砂砖的1/3～1/4，普通混凝土的1/5，使用这种材料可以使整个建筑的自重比普通砖混结构的自重降低40%以上。由于建筑自重减轻，地震破坏力小，所以大大提高建筑物的抗震能力。

蒸压加气混凝土砌块导热系数小 [0.10～0.28 W/(m·K)]，具有保温隔热、隔声、加工性能好、施工方便、耐火等特点。缺点是干燥收缩大，易出现与砂浆层黏结不牢现象。

蒸压加气混凝土砌块适用于低层建筑的承重墙，多层和高层建筑的隔离墙、填充墙以及工业建筑的围护墙体和绝热材料。作为保温隔热材料也可用于复合墙板和屋面结构中。

在无可靠的防护措施时，蒸压加气混凝土砌块不得用于处于水中或高湿度和有侵蚀介质的环境中，也不得用于建筑物的基础和温度长期高于80℃的建筑部位。

7.2.2 石膏砌块

石膏砌块是以建筑石膏为主要原料，经加水搅拌、浇注成型和干燥制成的块状轻质建筑石膏制品。在生产中还可以加入各种轻集料、填充料、纤维增强材料等辅助材料，也可加入发泡剂、憎水剂。

（1）石膏砌块的分类和产品标记

按石膏砌块的结构分成空心石膏砌块和实心石膏砌块。空心石膏砌块是带有水平或垂直方向预制孔洞的砌块，代号为K；实心石膏砌块是无预制孔洞的砌块，代号为S。

按石膏砌块的防潮性能分成普通石膏砌块和防潮石膏砌块。普通石膏砌块是在成型过程中未做防潮处理的砌块，代号为P；防潮石膏砌块是在成型过程中经防潮处理，具有防潮性能的砌块，代号为F。

石膏砌块的主要品种有磷石膏空心砌块、粉煤灰石膏内墙多孔砌块、植物纤维石膏渣空心砌块等。按产品名称、类别代号、长度、高度、厚度、标准编号的顺序进行标记。例如规格尺寸为 666 mm×500 mm×100 mm 的空心防潮石膏砌块，其标记为：石膏砌块 KF 666×500×100 JC/T 698—2010。

（2）石膏砌块的现行标准与技术要求

石膏砌块的技术性能应满足标准《石膏砌块》（JC/T 698—2010）的要求。石膏砌块的标准外形为长方体，纵横边缘分别设有榫头和榫槽，其推荐尺寸为长度 600 mm、666 mm，高度 500 mm，厚度 80 mm、100 mm、120 mm、150 mm，即三块砌块组成 1 m² 墙面。

石膏砌块的外表面不应有影响使用的缺陷，其物理力学性能应符合表 7-15 的规定。

表 7-15 石膏砌块物理力学性能（JC/T 698—2010）

项　目		要求
表观密度（kg·m⁻³）	实心石膏砌块	≤1 100
	空心石膏砌块	≤800
断裂荷载（N）		≥2 000
软化系数		≥0.6

（3）石膏砌块的性能特点及应用

石膏砌块与混凝土相比，其耐火性能要高5倍，导热系数一般小于 0.15 W/(m·K)，是良好的节能墙体材料，且有良好的隔声性能，墙体轻，相当于黏土实心砖墙质量的1/4～1/3，抗震性好。石膏砌块可钉、可锯、可刨、可修补，加工处理十分方便，干法施工，施工速度快，石膏砌块配合精密、墙体光洁、平整，墙面不需抹灰；另外，石膏砌块具有（呼吸（水蒸气功能，提高了居住舒适度。

在生产石膏砌块的原料中可掺加相当一部分粉煤灰、炉渣，除使用天然石膏外，还可以使用化学石膏，如烟气脱硫石膏、氟石膏、磷石膏等，可以变废为宝；在生产石膏砌块的过程中，基本无三废排放；在使用过程中，不会产生对人体有害的物质。因此，石膏砌块是一种很好的保护和改善生态环境的绿色建材。

石膏砌块强度较低，耐水性较差，主要用于框架结构和其他结构建筑的非承重墙体，一般作为内隔墙用。若采用合适的固定及支撑结构，墙体还可以承受较重的荷载（如挂吊柜、热水器、厕所用具等）。掺入特殊添加剂的防潮砌块可用于浴室、厕所等空气湿度较大的场合。

7.2.3 混凝土小型空心砌块

（1）普通混凝土小型空心砌块

普通混凝土小型空心砌块（代号为NHB）是以水泥为胶结材料，砂、碎石或卵石为骨料，加水搅拌，振动加压成型，养护而成的小型砌块。

《普通混凝土小型砌块》（GB 8239—2014）中规定：砌块的主规格尺寸为390 mm×190 mm×190 mm，辅助规格尺寸可由供需双方协商，即可组成墙用砌块基本系列。主砌块各部位的名称如图7-4所示，其中承重空心砌块的最小外壁厚度应不小于30 mm，最小肋厚应不小于25 mm；非承重空心砌块的最小外壁厚和最小肋厚应不小于20 mm。空心砌块（H）的空心率不小于25%。

砌块按尺寸偏差和外观质量满足具体要求见表7-16，则为合格品。砌块的主要技术要求包括外观质量、尺寸允、许偏差、强度等级、相对含水率、抗渗性及抗冻性。

混凝土小型空心砌块的强度等级按抗压强度分为 MU5.0、MU7.5、MU10、MU15、MU20、MU25、MU30、MU35、MU40 九个强度等级，具体要求见表7-17。L（承重砌块）类砌块的吸水率应不大于10%，线性干燥收缩值应不大于0.45 mm/m；N（非承重砌块）类砌块的吸水率应不大于14%，线性干燥收缩值应不大于0.65 mm/m。砌块的抗冻性应符合表7-18中的规定。

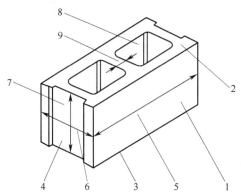

图7-4 小型空心砌块各部位的名称

1—条面；2—坐浆面（肋厚较小的面）；3—铺浆面（肋厚较大的面）；

4—顶面；5—长度；6—宽度；7—高度；8—壁；9—肋

表 7-16 普通混凝土小型砌块的尺寸偏差、外观质量（GB 8239—2014）

项　目			技术指标
尺寸允许偏差（mm）		长度	±2
		宽度	±2
		高度	+3、−2
外观质量	弯曲（mm）≤		2
	缺棱掉角	个数（个）≤	1
		三个方向投影尺寸最大值（mm）≤	20
	裂纹延伸的投影尺寸累计（mm）≤		30

表 7-17 普通混凝土小型空心砌块的强度等级（GB 8239—2014）

强度等级		MU5.0	MU7.5	MU10	MU15	MU20	MU25	MU30	MU35	MU40
砌块抗压强度（MPa）	平均值≥	5.0	7.5	10.0	15.0	20.0	25.0	30.0	35.0	40.0
	单块最小值≥	4.0	6.0	8.0	12.0	16.0	20.0	24.0	28.0	32.0

表 7-18 普通混凝土小型空心砌块的抗冻性要求（GB 8239—2014）

使用条件	抗冻指标	质量损失率	强度损失率
夏热冬暖地区	D15	平均值≤5% 单块最大值≤10%	平均值≤20% 单块最大值≤30%
夏热冬冷地区	D25		
寒冷地区	D35		
严寒地区	D50		

普通水泥混凝土小型空心砌块的导热系数随混凝土材料及孔型和空心率的不同而有差异，空心率为50%时，其导热系数约为 0.26 W/(m·K)。

普通混凝土小型空心砌块一般用于地震设计烈度为8度或8度以下的建筑物墙体。在砌块的空洞内可浇注配筋芯柱，能提高建筑物的延性。

普通混凝土小型空心砌块适用于各类低层、多层和中高层的工业与民用建筑承重墙、隔墙和围护墙，以及花坛等市政设施，也可用作室内、外装饰装修。

普通混凝土小型空心砌块在砌筑时一般不宜浇水，但在气候特别干燥、炎热时，可在砌筑前稍喷水湿润。

装饰混凝土小型空心砌块，外饰面有劈裂、磨光和条纹等面型，做清水墙时不需另作外装饰。

（2）轻集料混凝土小型空心砌块

轻集料混凝土小型空心砌块（代号 LB）是由水泥、砂（轻砂或普通砂）、轻粗集料、水等经搅拌、成型而得。

根据《轻集料混凝土小型空心砌块》（GB/T 15229—2011）的规定，轻集料混凝土小型空心砌块按砌块孔的排数分为四类：单排孔（1）、双排孔（2）、三排孔（3）和四排孔（4）。按砌块密度等级分为八级：700、800、900、1 000、1 100、1 200、1 300、1 400。按砌块强度等级分为五级：MU2.5、MU3.5、MU5.0、MU7.5、MU10.0。砌块的吸水率不应大于18%，干缩率、相对含水率、抗冻性应符合标准规定。强度等级为 MU3.5 级以下的砌块主要用于保温墙体或非承重墙体,强度等级为 MU3.5 级及其以上的砌块主要用于承重保温墙体。

（3）粉煤灰混凝土小型空心砌块

粉煤灰混凝土小型空心砌块是一种新型材料,是以粉煤灰、水泥、集料、水为主要组分（也可加入外加剂）制成的混凝土小型空心砌块,代号为 FHB。其中粉煤灰用量不应低于原材料干质量的 20%,也不高于原材料干质量的 50%,水泥用量不低于原材料质量的 10%。

粉煤灰混凝土小型空心砌块按砌块孔的排数分为单排孔（1）、双排孔（2）和多排孔（D）三类。主规格尺寸为 390 mm×190 mm×190 mm,其他规格尺寸可由供需双方商定。按产品名称（代号 FHB）、分类、规格尺寸、密度等级、强度等级和标准编号的顺序进行标记。例如规格尺寸为 390 mm×190 mm×190 mm、密度等级为 800 级、强度等级为 MU5 的双排孔粉煤灰混凝土小型空心砌块,其标记为:FHB2 390 mm×190 mm×190 mm 800 MU5 JC/T 862—2008。

粉煤灰混凝土小型空心砌块的技术性能应满足标准《粉煤灰混凝土小型空心砌块》（JC/T862—2008）的要求。粉煤灰混凝土小型空心砌块按砌块密度等级分为 600、700、800、900、1 000、1 200 和 1 400 七个等级,按砌块抗压强度分为 MU3.5、MU5、MU7.5、MU10、MU15 和 MU20 六个等级。

粉煤灰混凝土小型空心砌块有较好的韧性,不易脆裂。抗震性能好,而且电锯切割开槽、冲击钻钻孔、人工钻凿洞时,均不易引起砌块破损,有利于装修及暗埋管线,同时运输装卸过程中不易损坏。有良好的保温性能和抗渗性,190 系列的单排孔粉煤灰小型空心砌块的保温性能超过 240 黏土砖墙。粉煤灰小型空心砌块所用的原材料中,粉煤灰和炉渣等工业废料占 80%,水泥用量比同强度的混凝土小型空心砌块少 30%,因而成本低,具有良好的经济效益和社会效益。

发展混凝土砌块可避免毁田烧砖,节约能源、保护环境,特别是可以充分利用粉煤灰、工业尾矿等工业废渣,可与我国产量巨大的水泥工业互相促进;同时又具有建厂投资省、周期短的特点,产品价格也有一定的竞争力。

7.3 墙体板材

我国目前墙体板材品种较多,大体可分为薄板、条板和轻质复合板材三类。

薄板常见品种有纸面石膏板、纤维增强硅酸钙板、水泥木屑板、水泥刨花板等。

条板类有石膏空心条板、加气混凝土空心条板和轻质空心隔墙板等。

轻质复合墙板是为了克服单一材料板材使用的局限性而制成的,一般是由强度和耐久性较好的普通混凝土板或金属板作结构层或外墙面板,采用矿棉、聚氨酯棉和聚苯乙烯泡沫塑料、加气混凝土作保温层,采用各类轻质板材作面板或内墙面板。本节介绍几种有代表性的板材。

（1）玻璃纤维增强水泥轻质多孔隔墙条板

玻璃纤维增强水泥（简称 GRC）轻质多孔隔墙条板是以低碱水泥为胶结料,耐碱玻璃纤维其网格布为增强材料,膨胀珍珠岩为轻骨料（也可用炉渣、粉煤灰等）并配以发泡剂和防水剂等,经配料、搅拌、浇筑、振动成型、脱水、养护而成,其外形如图 7-5 所示。

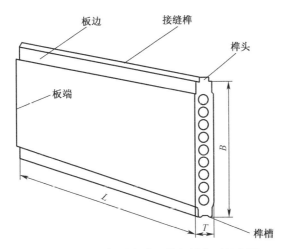

图 7-5 　GRC 轻质多孔隔墙条板外形示意图

该板具有质量轻，强度高，防火性好，防水、防潮性好，抗震性好，干缩变形小，制作简便，安装快捷等特点。在建筑工程中适用于非承重的墙体部位，主要用于多层居住建筑的分室、分户墙，厨房、卫生间隔墙及阳台分户墙，公共建筑、工业厂房的内隔墙，工业建筑的围护外墙等。

（2）纤维增强低碱度水泥建筑平板

纤维增强低碱度水泥建筑平板（以下简称"平板"）是以温石棉、抗碱玻璃纤维等为增强材料，以低碱水泥为胶结材料，加水混合成浆，经制坯、压制、蒸养而成的薄型平板。按石棉掺入量分为掺石棉纤维增强低碱度水泥建筑平板（代号为 TK）与无石棉纤维增强低碱度水泥建筑平板（代号为 NTK）两类。

平板质量轻、强度高，防潮、防火，不易变形，可加工性好，适用于各类建筑物室内的非承重内隔墙和吊顶平板等。

（3）纸面石膏板

纸面石膏板是由石膏心材与护面纸组成，按其用途分为普通纸面石膏板、耐水纸面石膏板和耐火纸面石膏板三种。普通纸面石膏板是以建筑石膏为主要原料，掺入适量轻骨料、纤维增强材料和外加剂构成心材，并与具有一定强度的护面纸牢固地黏结在一起的建筑板材；若在心材配料中加入耐水外加剂，并与耐水护面纸牢固地黏结在一起，即可制成耐水纸面石膏板；若在心材配料中加入无机耐火纤维和阻燃剂等，并与护面纸牢固地黏结在一起，即可制成耐火纸面石膏板。

纸面石膏板表面平整、尺寸稳定，具有自重轻、保温隔热、隔声、防火、抗震、可调节室内湿度、加工性好、施工简便等优点，但用纸量较大、成本较高。

普通纸面石膏板可作为室内隔墙板、复合外墙板的内壁板、天花板等；耐水纸面石膏板可用于相对湿度较大（大于等于 75%）的环境，如厕所、盥洗室等；耐火纸面石膏板主要用于对防火要求较高的房屋建筑中。

（4）轻型复合板

轻型复合板是以绝热材料为心材，以金属材料、非金属材料为面材，经不同方式复合而成，可分为工厂预制和现场复合两种。

目前我国生产的轻型复合板种类有：

①钢丝网架水泥夹心板。因心材不同分为聚苯乙烯泡沫板、岩棉、矿渣棉、膨胀珍珠岩等，面层都以水泥砂浆抹面。此类板材包含了泰柏系列、3D板系列、舒乐舍板钢板网等。

②金属面夹心板。因心材不同分为聚苯乙烯泡沫塑料、硬质聚氨酯泡沫塑料、岩棉、矿渣棉、酚醛泡沫塑料、玻璃棉等。

轻质板材从功能上讲有一定局限性，经过复合后应用更加广泛。其主要特点是轻质、高强，集绝热、防水、装修为一体，用于大跨度公共建筑、绝热工业厂房、净化设备、宾馆饭店及轻型组合房屋的围护结构，已风靡世界建筑市场，在我国发展非常迅速。

7.4 屋面材料

作为防水、保温、隔热的屋面材料，黏土瓦是我国使用较多、历史较长的屋面材料之一。但黏土瓦同黏土砖一样破坏耕地、浪费资源，因此逐步被大型水泥类瓦材和高分子复合类瓦材取代。本节将常用的新型屋面材料的主要组成材料、主要特性及主要用途列表，见表7-19。

表7-19 常用屋面材料主要组成、特性及应用

品　种		主要组成材料	主要特性	主要用途
水泥类	混凝土瓦	水泥、砂或无机硬质细骨料	成本低、耐久性好、但质量大	民用建筑波形屋面防水
	纤维增强水泥瓦	水泥、增强纤维	防水、防潮、防腐、绝缘	厂房、库房、堆货棚、凉棚
	钢丝网水泥大波瓦	水泥、砂、钢丝网	尺寸和质量大	工厂散热车间、仓库、临时性围护结构
高分子复合类瓦材	玻璃钢波形瓦	不饱和聚酯树脂、玻璃纤维	轻质、高强、耐冲击、耐热、耐蚀、透光率高、制作简单	遮阳板、车站站台、售货亭、凉棚等屋面
	塑料瓦楞板	聚氯乙烯树脂、配合剂	轻质、高强、防水、耐蚀、透光率高、色彩鲜艳	凉棚、遮阳板、简易建筑屋面
	木质纤维波形瓦	木纤维、酚醛树脂防水剂	防水、耐热、耐寒	活动房屋、轻结构房屋屋面、车间、仓库、临时设施等屋面
	玻璃纤维沥青瓦	玻璃纤维薄毡、改性沥青	轻质、黏结性强、抗风化、施工方便	民用建筑波形屋面
轻型复合板材	EPS轻型板	彩色涂层钢板、自熄聚苯乙烯、热固化胶	集承重、保温、隔热、防水为一体，且施工方便	体育馆、展览厅、冷库等大跨度屋面结构
	硬质聚氨酯夹心板	镀锌彩色压型钢板、硬质聚氨酯泡沫塑料	集承重、保温、防水为一体，且耐候性极强	大型工业厂房、仓库、公共设施等大跨度屋面结构和高层建筑屋面结构

复习思考题

7.1 如何确定烧结普通砖的强度等级？某烧结普通砖的强度测定值如表7-20所列，

试确定这批砖的强度等级。

表 7-20　强度测定值

试件编号	抗压强度 f_i	平均抗压强度 $\bar{f}$	$(f_i - \bar{f})^2$	$\sum\limits_{i=1}^{10}(f_i-\bar{f})^2$
1	16.6			
2	18.2			
3	9.2			
4	17.6			
5	15.6	$\bar{f}=\dfrac{1}{10}\sum\limits_{i=1}^{10}f_i$		
6	20.1			
7	19.8			
8	21.0			
9	18.9			
10	19.2			
计算结果	$S=\sqrt{\dfrac{1}{9}\sum\limits_{i=1}^{10}(f_i-\bar{f})^2}$ $\delta=\dfrac{S}{\bar{f}}$ $f_k=\bar{f}-1.8S$			
结论				

7.2　如何划分烧结普通砖的产品等级？

7.3　何谓烧结普通砖的抗风化性能？

7.4　烧结多孔砖和烧结空心砖的强度等级是如何划分的？各用于什么地方？

7.5　常用蒸压（养）砖有哪些品种？与烧结普通砖相比有哪些特性？

7.6　简述改革墙体材料的重大意义及发展方向。你所在的地区采用了哪些新型墙体材料？它们与烧结普通黏土砖比较有何优越性？

建筑钢材

📋 **教学目标**

1. 了解钢材的冶炼和分类，熟悉钢材的性能和特点；

2. 掌握钢材的力学性能、工艺性能，了解钢材的化学成分对钢材性能的影响；

3. 熟悉碳素结构钢和低合金结构钢的牌号表示方法、技术标准及选用；熟悉工程中常用的钢筋、钢丝、钢绞线并合理选用；

4. 了解钢材的锈蚀成因及防护方法。

5. 能够进行钢筋检测，并对检测结果进行判定；

6. 能够解决或解释工程中相关问题。

建筑钢材是一种重要的建筑工程材料，包括各种型钢、钢板、钢管、钢筋和钢丝等。钢材是在严格的技术控制条件下生产的，品质均匀致密，抗拉、抗压、抗弯、抗剪切强度都很高。常温下能承受较大的冲击和振动荷载，有很好的韧性，加工性能良好，可以铸造、锻压、焊接、铆接和切割，便于装配，还可以通过热处理方法在很大范围内改变或控制钢材的性能。

采用各种型钢和钢板制作的钢结构，具有自重小、强度高的特点，适用于大跨度及多层结构。钢筋与混凝土组成的钢筋混凝土结构，虽然自重大，但节省钢材，且混凝土的保护作用克服了钢材易锈蚀、维护费用高的缺点。

8.1 钢的冶炼和分类

8.1.1 钢的冶炼

钢是以铁为主要元素，含碳量为 0.02%～2.06%，并含有其他元素的铁碳合金。

钢的冶炼就是将熔融的生铁进行氧化，使碳的含量降低到规定范围，其他杂质含量也降低到允许范围之内。

（1）根据炼钢设备所用炉种不同，炼钢方法主要可分为平炉炼钢、氧气转炉炼钢和电炉炼钢三种

①平炉炼钢。平炉是较早使用的炼钢炉种，它以熔融状或固体状生铁、铁矿石或废钢铁为原料，以煤气或重油为燃料，利用铁矿石中的氧或鼓入空气中的氧使杂质氧化。因为平炉的冶炼时间长，便于化学成分的控制和杂质的去除，所以平炉钢的质量稳定而且比较好，但由于炼制周期长、成本较高，此法逐渐被氧气转炉法取代。

②氧气转炉炼钢。以熔融的铁水为原料，由转炉顶部吹入高纯度氧气，能有效地去除有

害杂质，并且冶炼时间短（20～40 min），生产效率高，因此氧气转炉钢质量好，成本低，应用广泛。

③电炉炼钢。以电为能源迅速将废钢、生铁等原料熔化，并精炼成钢。电炉又分为电弧炉、感应炉和电渣炉等。因为电炉熔炼温度高，便于调节控制，所以电炉钢的质量最好，主要用于冶炼优质碳素钢及特殊合金钢，但成本较高。

冶炼后的钢水中含有以 FeO 形式存在的氧，FeO 与碳作用生成 CO 气泡，并使某些元素产生偏析（分布不均匀），影响钢的质量。因此必须进行脱氧处理，方法是在钢水中加入锰铁、硅铁或铝等脱氧剂。由于锰、硅、铝与氧的结合能力大于氧与铁的结合能力，生成的 MnO、SiO_2、Al_2O_3 等氧化物成为钢渣而被排出。

（2）根据脱氧程度的不同，钢可分为沸腾钢、镇静钢和半镇静钢三种

①沸腾钢。沸腾钢是脱氧不完全的钢。钢液注入钢锭模后，有大量 CO 气体外逸，引起钢液剧烈沸腾，故称沸腾钢。沸腾钢组织不够致密，化学元素偏析大，不均匀，所以质量较差，但成本低。

②镇静钢。镇静钢是脱氧充分的钢。钢液浇铸后平静地冷却凝固，故称镇静钢。镇静钢材质均匀致密，机械性能好、质量好，但成本较高。

③半镇静钢。半镇静钢脱氧程度和质量介于上述两者之间。

建筑钢材是将钢坯加热后经轧制而成的。热轧可使钢坯中的气孔焊合，使材质致密，提高钢材的强度和质量。

8.1.2 钢的分类

钢一般可按以下方式分类：

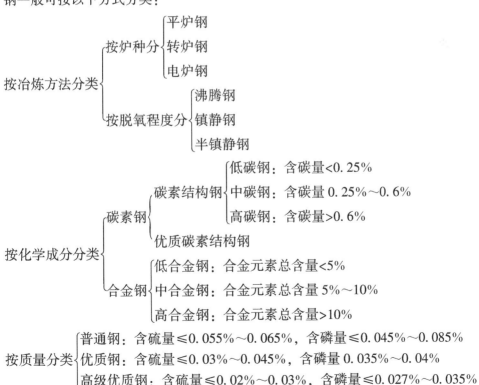

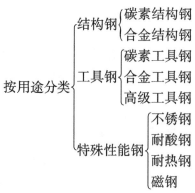

$$
按用途分类
\begin{cases}
结构钢
\begin{cases}
碳素结构钢 \\
合金结构钢
\end{cases} \\
工具钢
\begin{cases}
碳素工具钢 \\
合金工具钢 \\
高级工具钢
\end{cases} \\
特殊性能钢
\begin{cases}
不锈钢 \\
耐酸钢 \\
耐热钢 \\
磁钢
\end{cases}
\end{cases}
$$

建筑上所用的钢材主要是碳素结构钢中的普通低碳钢和合金钢中的普通低合金结构钢。

8.2 钢材的主要性能

钢材的主要性能包括力学性能（抗拉性能、冲击韧性、疲劳强度、硬度等）和工艺性能（冷弯性能、冷加工性能、焊接性能等）。

8.2.1 抗拉性能

抗拉性能是建筑钢材的重要性能。由拉伸试验测定的屈服强度、抗拉强度和伸长率是建筑钢材的重要技术指标。由低碳钢在拉伸过程中形成的应力-应变关系图（见图 8-1）可知，低碳钢受拉过程可划分为以下四个阶段：

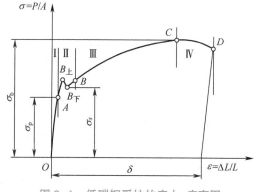

图 8-1 低碳钢受拉的应力-应变图

（1）弹性阶段（O—A）

在 OA 范围内应力与应变成正比例关系，如卸去外力，试件能恢复原来的形状，这个阶段称为弹性阶段。

弹性阶段的最高点 A 所对应的应力值称为弹性极限 σ_p。当应力稍低于 A 点时，应力与应变呈线性正比例关系，其斜率称为弹性模量，用 E 表示，$E = \sigma / \varepsilon = \tan \alpha$。弹性模量反映钢材的刚度，即产生单位弹性应变时所需应力的大小。如 Q235 钢的 $E = 0.21 \times 10^6$ MPa。

（2）屈服阶段（A—B）

当应力超过弹性极限 σ_p 后，应力和应变不再成正比关系，应力在 $B_上$ 至 $B_下$ 小范围内波动，而应变迅速增长。在 σ-ε 关系图上出现了一个接近水平的线段。试件出现塑性变形，AB 称为屈服阶段，$B_下$ 所对应的应力值称为屈服极限 σ_s。

钢材受力达到屈服强度后，变形即迅速发展，虽然尚未破坏，但已不能满足使用要求，所以设计中一般以屈服强度作为钢材强度取值的依据。

对于在外力作用下屈服现象不明显的钢材，规定以产生残余变形为原标距长度 0.2% 时的应力作为屈服强度，用 $\sigma_{0.2}$ 表示，称为条件屈服强度。

（3）强化阶段（B—C）

当应力超过屈服强度后，由于钢材内部组织产生晶格扭曲、晶粒破碎等原因，阻止了塑性变形的进一步发展，钢材抵抗外力的能力重新提高。在 $\sigma - \varepsilon$ 关系图上形成 BC 段的上升曲线，这一过程称为强化阶段。对应于最高点 C 的应力称为抗拉强度，用 σ_b 表示，它是钢材所能承受的最大应力。

钢材屈服强度与抗拉强度的比值：屈强比 σ_s/σ_b；是评价钢材受力特征的一个参数，屈强比能反映钢材的利用率和结构安全可靠程度。屈强比 σ_s/σ_b 较小时，表示钢材的可靠性好，安全性高。但是，屈强比过小，钢材强度的利用率偏低，不够经济。合理的屈强比一般为 0.60～0.75。

（4）颈缩阶段（C—D）

当应力达到抗拉强度 σ_b 后，在试件薄弱处的断面将显著缩小，塑性变形急剧增加，产生"颈缩"现象并很快断裂。

将断裂后的试件拼合起来，量出标距两端点间的距离，按下式计算出伸长率 δ：

$$\delta = \frac{L_1 - L_0}{L_0} \times 100\%$$

式中　L_0——试件原标距间长度（mm）；

　　　L_1——试件拉断后标距间的长度（mm）。

伸长率是反映钢材塑性变形能力的一个重要指标。伸长率越大，说明钢材的塑性越好。对于钢材来说，一定的塑性变形能力可避免应力集中，保证应力重新分布，从而保证钢材安全性。钢材的塑性主要取决于其组织结构、化学成分和结构缺陷等。

钢材伸长率的大小还与标距长度有关，这是因为塑性变形在试件标距内的分布是不均匀的，颈缩处的变形越大，离颈缩部位越远其变形越小。所以原标距与直径之比愈小，则颈缩处伸长值在整个标距中的比重愈大，计算出来的伸长率就会大些。通常以 δ_5 和 δ_{10} 分别表示 $L_0 = 5d_0$ 和 $L_0 = 10d_0$ 时的伸长率，d_0 为试件的直径。对于同一种钢材，$\delta_5 > \delta_{10}$。

8.2.2　冲击韧性

冲击韧性是指钢材抵抗冲击荷载的能力。它是用试验机摆锤冲击带有 V 形缺口的标准试件的背面，将其折断后计算试件单位截面积上所消耗的功，作为钢材的冲击韧性指标，以 α_k 表示，单位为 J/cm^3。α_k 值越大，表明钢材的冲击韧性越好（见图 8-2）。

影响钢材冲击韧性的因素很多，钢的化学成分、组织状态以及冶炼、轧制质量都会影响冲击韧性。如钢中磷、硫含量较高，存在偏析、非金属夹杂物和焊接中形成的微裂纹等都会使冲击韧性显著降低。

钢材冲击韧性随温度降低而下降，其规律是开始下降缓慢，当低于某一温度时则显著下降呈现脆性。这时的温度称为脆性转变温度。这个温度越低，说明钢材的低温抗冲击性能越好。所以在负温度条件下使用的结构，应当选用脆性转变温度较使用温度低的钢材。

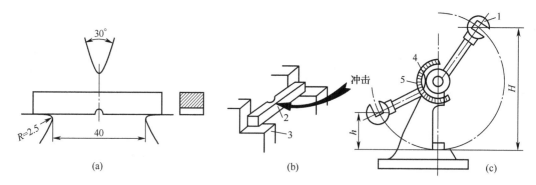

图 8-2　冲击韧性试验图

（a）试件尺寸；（b）试验装置；（c）试验机
1—摆锤；2—试件；3—试验台；4—刻度盘；5—指针

8.2.3　疲劳强度

钢材在交变应力的反复作用下，往往在应力远小于其抗拉强度时就发生破坏，这种现象称为疲劳破坏。疲劳破坏的危险应力用疲劳极限来表示，它是指疲劳试验时试件在交变应力作用下，于规定周期基数内不发生断裂所能承受的最大应力。

钢材承受的交变应力越大，则钢材至断裂时经受的交变应力循环次数越少。当交变应力降低至某一定值时，钢材可经受交变应力循环达无限次而不发生疲劳破坏。对于钢材，通常取交变应力循环次数 1×10^7 时试件不发生破坏的最大应力作为其疲劳极限。

一般认为，钢材的疲劳破坏是由拉应力引起的，抗拉强度高，其疲劳极限也较高。钢材的疲劳极限与其内部组织和表面质量有关。设计承受交变荷载且须进行疲劳验算的结构时，应当了解所用钢材的疲劳强度。

8.2.4　硬度

硬度是指钢材抵抗较硬物体压入产生局部变形的能力。测定钢材硬度常用布氏法。

布氏法是用一直径为 D 的硬质钢球，在荷载 $P(\mathrm{N})$；的作用下压入试件表面，经规定的时间后卸去荷载，用读数放大镜测出压痕直径 d，以压痕表面积（mm^2）除荷载 P，即为布氏硬度值 HB。HB 值越大，表示钢材越硬，如图 8-3 所示。

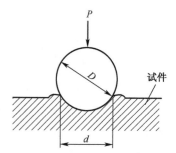

图 8-3　布氏硬度测定示意图

8.2.5　冷弯性能

冷弯性能是指钢材在常温下承受弯曲变形的能力，是建筑钢材的重要工艺性能。钢材的冷弯性能指标是用弯曲角度和弯心直径对试件厚度（直径）的比值来衡量的。试验时采用的弯曲角度愈大，弯心直径对试件厚度（直径）的比值愈小，表示对冷弯性能的要求愈高，如图 8-4 所示。按规定的弯曲角度和弯心直径进行试验时，试件的弯曲处不发生裂缝、裂断或起层即认为冷弯性能合格。

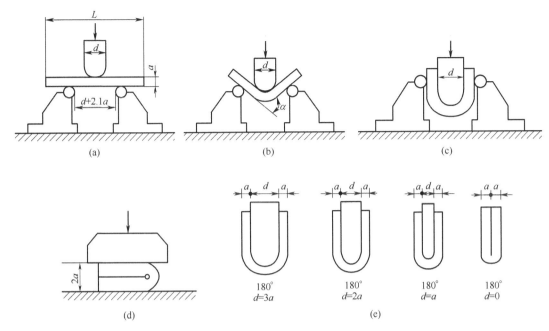

图 8-4 钢材冷弯

（a）试样安装；（b）弯曲 90°；（c）弯曲 180°；（d）弯曲至两面重合；（e）规定弯心

钢材的冷弯性能和伸长率都是塑性变形能力的反映。但伸长率是在试件轴向均匀变形条件下测定的，而冷弯性能则是在更严格条件下对钢材局部变形能力的检验，它可揭示钢材内部结构是否均匀，是否存在内应力和夹杂物等缺陷。工程中还可用冷弯试验来检验建筑钢材各种焊接接头的焊接质量。

8.2.6 钢材的冷加工

（1）钢材的冷加工及时效

钢材在常温下以超过其屈服强度但不超过抗拉强度的应力进行加工，产生一定塑性变形，屈服强度、硬度提高，而塑性、韧性及弹性模量降低，这种现象称为冷加工强化。钢材的冷加工方式有冷拉、冷拔和冷轧三种。

以钢筋的冷拉为例（见图 8-5），图中 $OBCD$ 为未经冷拉时的应力-应变曲线。将试件拉至超过屈服点 B 的 K 点，然后卸去荷载，由于试件已经产生塑性变形，所以曲线沿 KO' 下降而不能回到原点。如将此试件立即重新拉伸，则新的应力-应变曲线为 $O'KCD$，即 K 点成为新的屈服点，屈服强度得到了提高。

倘若从 K 点卸荷后，不立即重新拉伸，而是将试件在常温存放 15～20 d 或者加热至 100 ℃～200 ℃保持 2 h 左右，然后重新拉伸，其应力-应变曲线为 $O'KK_1C_1D_1$，钢筋屈服强度、抗拉强度及硬度都进一步提高，而塑性及韧性继续降低，弹性模量基本恢复，这种现象称为时效。前者称为自然时效，后者称为人工

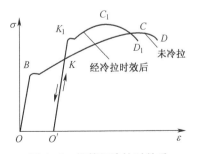

图 8-5 钢筋经冷拉时效后
应力-应变图的变化

时效。钢材的时效是普遍而长期的过程，未经冷加工的钢材同样存在时效现象，但不如冷加工之后表现明显。

（2）冷加工在工程中的应用

工程中常采用对钢筋进行冷拉和对盘条、钢丝进行冷拔的方法，达到节约钢材的目的。钢筋冷拉后屈服强度可提高 15%～20%，冷拔后屈服强度可提高 40%～60%。

冷拔是将外形为光圆的盘条钢筋从硬质合金拔丝模孔中强行拉拔（见图 8-6），由于模孔直径小于钢筋直径，钢筋在拔制过程中既受拉力又受挤压力，使强度大幅度提高，但塑性显著降低。

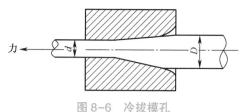

图 8-6 冷拔模孔

在建筑工程中，对于承受冲击、振动荷载的钢材，不得采用冷加工钢材。因焊接的热影响会降低钢材的性能，因此冷加工钢材的焊接必须在冷加工前进行，不得在冷加工后进行焊接。

8.2.7 钢的化学成分对钢材性能的影响

钢中除铁、碳两种基本化学元素外，还含有一些其他的元素，它们对钢的性能和质量有一定的影响。

①碳是决定钢材性能的主要元素。如图 8-7 所示，随着含碳量的增加，钢的强度和硬度提高，塑性和韧性下降。但当含碳量大于 1.0%时，由于钢材变脆，强度反而下降。

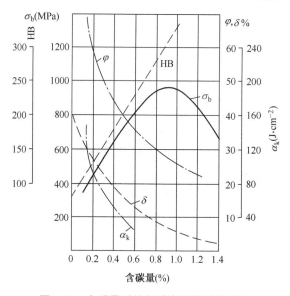

图 8-7 含碳量对热轧碳素钢性质的影响

σ_b—抗拉强度；α_k—冲击韧性；HB—硬度；δ—伸长率；φ—面积缩减率

钢材含碳量增高还会使焊接性能、耐锈蚀性能下降，并增加钢的冷脆性和时效敏感性。含碳量超过 0.3%时钢的焊接性能显著降低。

②硅、锰。硅和锰都是炼钢时为了脱氧加入硅铁和锰铁而留在钢中的合金元素。加入硅和锰可以与钢中有害成分化 FeO 和 FeS 分别形成 SiO_2、MnO 和 MnS 而随钢渣排出，起到脱

氧、降硫的作用。

硅是钢的主要合金元素，其含量小于1%。硅能提高钢材的硬度，对塑性和韧性影响不明显。

锰是低合金结构钢的主要合金元素，含量一般为1%～2%。锰可以细化钢材晶体组织，提高强度。

③硫、磷。硫和磷是钢材中主要的有害元素。硫不熔于铁而以FeS的形式存在，FeS和Fe形成低熔点的共晶体。当钢材温度升至1 000 ℃以上进行热加工时，共晶体熔化，晶粒分离，使钢材沿晶界破裂，这种现象叫做热脆性。热脆性严重降低了钢的热加工性和可焊性。

磷是由炼钢原料中带入的。磷能使钢的强度、硬度提高，但显著降低钢材的塑性和韧性，特别是低温状态下的冲击韧性下降更为明显，使钢材容易脆裂，这种现象叫做冷脆性。冷脆性使钢材的冲击韧性以及焊接性能等都下降。

④氧、氮。氧和氮都是有害元素，它们是在炼钢过程中进入钢液的。未除尽的氧、氮大部分以化合物的形式存在，如FeO、Fe_4N等。这些非金属化合物、夹杂物降低了钢材的强度、冷弯性能和焊接性能。氧还使钢的热脆性增加，氮使冷脆性及时效敏感性增加。

当钢中存在少量的铝、铌、钒、钛等合金元素时，与氮形成氮化物，使晶粒细化，改善钢的性能，减少氮的不利影响。

⑤钛、钒、铌。钛、钒、铌是钢的合金元素，能改善钢的组织、细化晶粒、改善韧性，并显著提高强度。

8.3 建筑钢材的技术标准及选用

建筑工程中需要消耗大量的钢材，按用于不同的工程结构类型，钢材可分为：钢结构用钢，如各种型钢、钢板、钢管等；钢筋混凝土工程用钢，如各种钢筋和钢丝。按材质不同，钢材主要有普通碳素结构钢和低合金高强度结构钢，有时也用到优质碳素结构钢。

8.3.1 普通碳素结构钢

普通碳素结构钢简称碳素结构钢，化学成分主要是铁，其次是碳，故也称铁-碳合金。其含碳量为0.02%～2.06%，此外还含有少量的硅、锰和微量的硫、磷等元素。在各类钢中，碳素结构钢产量最大，用途最广泛。现行国家标准《碳素结构钢》（GB/T 700—2006）具体规定了它的牌号表示方法、技术要求、试验方法、检验规则等。

(1) 碳素结构钢的牌号表示方法

碳素结构钢的牌号由代表屈服强度的字母、屈服强度数值、质量等级符号、脱氧方法符号四部分按顺序组成。碳素结构钢可分为Q195、Q215、Q235和Q275四个牌号。其中质量等级取决于钢内有害元素硫和磷的含量，其含量越少，钢的质量越好，其等级是随A、B、C、D顺序逐级提高的。其他各符号含义见表8-1。

如Q235—AF；表示屈服强度为235 MPa，质量等级为A级的沸腾钢。

(2) 技术要求

碳素结构钢的化学成分、拉伸性能和冲击韧性、弯曲性能应分别符合表8-2～表8-4的要求。

表 8-1 符号含义表

名　　称	符　　号	名　　称	符　　号
屈服强度	Q	镇静钢	Z
质量等级	A、B、C、D	特殊镇静钢	TZ
沸腾钢	F		

注：其中"Z"和"TZ"可省略不标。

表 8-2 碳素结构钢的化学成分（GB/T 700—2006）

牌号	统一数字代号①	等级	厚度（或直径）（mm）	脱氧方法	化学成分				
					C	Si	Mn	P	S
Q195	U11952	—	—	F、Z	0.12	0.30	0.50	0.035	0.040
Q215	U12152	A	—	F、Z	0.15	0.35	1.20	0.045	0.050
	U12155	B							0.045
Q235	U12352	A	—	F、Z	0.22	0.35	1.40	0.045	0.050
	U12355	B			0.20②				0.045
	U12358	C		Z	0.17			0.040	0.040
	U12359	D		TZ				0.035	0.035
Q275	U12752	A	—	F、Z	0.24	0.35	1.50	0.045	0.050
	U12755	B	≤40	Z	0.21			0.045	0.045
			>40		0.22				
	U12758	C	—	Z	0.20			0.040	0.040
	U12759	D		TZ				0.035	0.035

注：①表中为镇静钢、特殊镇静钢牌号的统一数字，沸腾钢牌号的统一数字代号如下：

Q195F—U11950；

Q215AF—U12150，Q215BF—U12153；

Q235AF—U12350，Q215BF—U12353；

Q275AF—U12750。

②经需方同意，Q235B 的含碳量可不大于 0.22%。

(3) 碳素结构钢的选用

碳素结构钢随牌号的增大，含碳量增加，其强度和硬度提高，塑性和韧性降低，冷弯性能逐渐变差。

Q195，Q215 号钢强度低，塑性和韧性较好，易于冷加工，常用于轧制薄板和盘条，制造钢钉、铆钉、螺栓及铁丝等。Q215 号钢经冷加工后可代替 Q235 号钢使用。

Q235 号钢是建筑工程中应用最广泛的钢，属低碳钢，具有较高的强度，良好的塑性、韧性及可焊性，综合性能好，能满足一般钢结构和钢筋混凝土用钢要求，且成本较低，大量被用作轧制各种型钢、钢板及钢筋。其中 Q235—A 级钢一般仅适用于承受静荷载作用的结构，Q235—C 和 Q235—D 级钢可用于重要的焊接结构，Q235—D 级钢含有足够的形成细晶粒的元素，同时对硫、磷有害元素控制严格，故其冲击韧性很好，具有较强的抗振动荷载的能力，尤其适宜在较低温度下使用。

Q275 号钢强度较高，但塑性、韧性较差，可焊性也差，不易焊接和冷弯加工，可用于轧制钢筋、作螺栓配件等，但更多用于机械零件和工具等。

受动荷载作用结构、焊接结构及低温下工作的结构，不能选用 A、B 质量等级钢及沸腾钢。

表 8-3　碳素结构钢的力学性能（GB/T 700—2006）

牌号	质量等级	拉 伸 试 验												冲击试验（V 型缺口）	
		屈服强度[1] R_{eH}（MPa）						抗拉强度[2] R_m（MPa）	断后伸长率 A（%）					温度（℃）	冲击吸收功（纵向）（J）
		钢材厚度（或直径）（mm）							钢材厚度（或直径）（mm）						
		≤16	>16~40	>40~60	>60~100	>100~150	>150~200		≤40	>40~60	>60~100	>100~150	>150~200		
		≥							≥						≥
Q195	—	195	185	—	—	—	—	315~430	33	—	—	—	—	—	—
Q215	A	215	205	195	185	175	165	335~450	31	30	29	27	26	—	—
	B													+20	27
Q235	A	235	225	215	215	195	185	370~500	26	25	24	22	21	—	—
	B													+20	27[3]
	C													0	
	D													−20	
Q275	A	275	265	255	245	225	215	410~540	22	21	20	18	17	—	—
	B													+20	27
	C													0	
	D													−20	

注：①Q195 的屈服强度值仅供参考，不作为交货条件。
②厚度大于 100 mm 的钢材，抗拉强度下限允许降低 20 N/mm²。宽带钢（包括剪切钢板）抗拉强度上限不作为交货条件。
③厚度小于 25 mm 的 Q235B 级钢材，如供方能保证冲击吸收功值合格，经需方同意，可不作检验。

表 8-4　碳素结构钢的冷弯试验指标（GB/T 700—2006）

牌号	试样方向	冷弯试验 180°　$B=a$[1]	
		钢材厚度（或直径）[2]（mm）	
		≤60	>60~100
		弯心直径	
Q195	纵	0	—
	横	0.5a	
Q215	纵	0.5a	1.5a
	横	a	2a
Q235	纵	a	2a
	横	1.5a	2.5a
Q275	纵	1.5a	2.5a
	横	2a	3a

注：①B 为试样宽度，a 为试样厚度（或直径）。
②钢材厚度（或直径）大于 100 mm 时，弯曲试验由双方协商确定。

8.3.2 低合金高强度结构钢

低合金高强度结构钢是在碳素结构钢的基础上，添加少量的一种或几种合金元素（总含量小于 5%）的一种结构钢。所加元素主要有锰（Mn）、硅（Si）、钒（V）、钛（Ti）、铌（Nb）、铬（Cr）、镍（Ni）及稀土元素。低合金高强度结构钢综合性能较为理想，尤其在大跨度、承受动荷载和冲击荷载的结构中更适用。与使用碳素钢相比，可节约钢材 20%～30%，且成本并不很高。

国家标准《低合金高强度结构钢》（GB/T1591—2008）规定了低合金结构钢的牌号及技术性质。

(1) 低合金高强度结构钢的牌号表示方法

低合金高强度结构钢共有八个牌号。其牌号的表示方法由屈服强度字母 Q、屈服强度数值、质量等级三个部分组成，屈服点数值共分 345 MPa，390 MPa，420 MPa，460 MPa，500 MPa，550 MPa，620 MPa，690 MPa 八种，质量等级按照硫、磷等杂质含量由多到少分为 A、B、C、D、E 五级。如 Q345A 表示屈服点为 345 MPa 的 A 级钢。

(2) 低合金高强度结构钢的技术要求

低合金高强度结构钢的化学成分应符合表 8-5 的要求，力学性能和冷弯性能应符合表 8-6的要求。

(3) 低合金高强度结构钢的性能和应用

低合金高强度结构钢具有较高的强度，良好的塑性、韧性，良好的焊接性、耐蚀性和冷成形性，低的韧脆转变温度，适于冷弯和焊接。广泛用于桥梁、车辆、船舶、锅炉、高压容器和输油管等。

8.3.3 钢筋混凝土用钢筋、钢丝

1. 热轧钢筋

热轧钢筋按外形分为热轧光圆钢筋和热轧带肋钢筋两种。热轧光圆钢筋的横截面通常为圆形，且表面光滑；热轧带肋钢筋的横截面通常为圆形，且表面上有两条对称的纵肋和沿长度 方向均匀分布的横肋。横肋的纵截面呈月牙形且与纵肋不相交的钢筋称为月牙肋钢筋，横肋 的纵截面高度相等且与纵肋相交的钢筋称为等高肋钢筋，如图 8-8 所示。与光圆钢筋相比，带肋钢筋与混凝土之间的黏结力大，共同工作的性能更好。

热轧光圆钢筋可以是直条或盘卷，其公称直径为 6～22 mm，常用的有 6 mm、8 mm、10 mm，12 mm、16 mm、20 mm；热轧带肋钢筋通常是直条，也可以盘卷交货，每盘应是一条钢 筋，钢筋的公称直径（与钢筋的公称横截面积相等的圆直径）为 6～50 mm，常用的有 6 mm、10 mm、12 mm、16 mm、20 mm、25 mm、32 mm、40 mm、50 mm。

(1) 热轧钢筋的牌号和化学成分

《钢筋混凝土用钢 第 1 部分：热轧光圆钢筋：GB 1499.1—2008）及《钢筋混凝土用钢第 2 部分：热轧带肋钢筋》（GB1499.2—2007）中规定，热轧光圆钢筋的牌号由 HPB 加屈服强度特征值构成，其中只 HPB 是热轧光圆钢筋的英文（Hot Rolled Plain Bars）缩写；热轧带肋钢筋的牌号由 HRB 加屈服强度特征值构成，其中 HRB 是热轧带肋钢筋（Hot Rolled Ribbed Bars）缩写；HRBF 是细晶粒热轧钢筋，F 是"细"的英文（Fine）的缩写。热轧钢筋的牌号及化学成分应符合表 8-7 的要求。

表 8-5 低合金高强度结构钢的化学成分（GB/T 1591—2008）

化学成分 ①② （质量分数）（%）

牌号	质量等级	C	Si	Mn	P	S	Nb	V	Ti	Cr	Ni	Cu	N	Mo	B	Al
					不大于											不小于
Q345	A	≤0.20	≤0.50	≤1.70	0.035	0.035										—
	B	≤0.20			0.035	0.035										—
	C	≤0.18			0.030	0.030	0.07	0.15	0.20	0.30	0.50	0.30	0.012	0.10	—	0.015
	D	≤0.18			0.030	0.025										
	E	≤0.18			0.025	0.020										
Q390	A		≤0.50	≤1.70	0.035	0.035										—
	B				0.035	0.035										—
	C	≤0.020			0.030	0.030	0.07	0.20	0.20	0.30	0.50	0.30	0.015	0.10	—	0.015
	D				0.030	0.025										
	E				0.025	0.020										
Q420	A		≤0.50	≤1.70	0.035	0.035										—
	B				0.035	0.035										—
	C	≤0.020			0.030	0.030	0.07	0.20	0.20	0.30	0.80	0.30	0.015	0.20	—	0.015
	D				0.030	0.025										
	E				0.025	0.020										
Q460	C	≤0.020	≤0.60	≤1.80	0.030	0.030	0.11	0.20	0.20	0.30	0.80	0.55	0.015	0.20	0.004	0.015
	D				0.030	0.025										
	E				0.025	0.020										
Q500	C	≤0.18	≤0.60	≤1.80	0.030	0.030	0.11	0.12	0.20	0.60	0.80	0.55	0.015	0.20	0.004	0.015
	D				0.030	0.025										
	E				0.025	0.020										
Q550	C	≤0.18	≤0.60	≤2.00	0.030	0.030	0.11	0.12	0.20	0.80	0.80	0.80	0.015	0.30	0.004	0.015
	D				0.030	0.025										
	E				0.025	0.020										
Q620	C	≤0.18	≤0.60	≤2.00	0.030	0.030	0.11	0.12	0.20	1.00	0.80	0.80	0.015	0.30	0.004	0.015
	D				0.030	0.025										
	E				0.025	0.020										
Q690	C	≤0.18	≤0.60	≤2.00	0.030	0.030	0.11	0.12	0.20	1.00	0.80	0.80	0.015	0.30	0.004	0.015
	D				0.030	0.025										
	E				0.025	0.020										

① 型材及棒材 P、S 含量可提高 0.005%，其中 A 级钢上限可为 0.045%。
② 当细化晶粒元素组合加入时，20（Nb+V+Ti）≤0.22%，20（Mo+Cr）≤0.30%。

表8-6　低合金高强度结构钢的力学性能和冷弯性能（GB/T 1591—2008）

牌号	质量等级	拉伸试验①②③ 下屈服强度（直径、边长/mm）（R_{eL}）（MPa） 以下公称厚度									抗拉强度（直径、边长）（R_m）（MPa） 以下公称厚度							断后伸长率（A）（%） 公称厚度（直径、边长）（mm）					
		≤16	>16~40	>40~63	>63~80	>80~100	>100~150	>150~200	>200~250	>250~400	≤40	>40~63	>63~80	>80~100	>100~150	>150~250	>250~400	≤40	>40~63	>63~100	>100~150	>150~250	>250~400
Q345	A	≥345	≥335	≥325	≥315	≥305	≥285	≥275	≥265	—	470~630	470~630	470~630	470~630	450~600	450~600	—	≥20	≥19	≥19	≥18	≥17	—
	B																						
	C																	≥21	≥20	≥20	≥19	≥18	≥17
	D									≥265							450~600						
	E																						
Q390	A	≥390	≥370	≥350	≥330	≥330	≥310	—	—	—	490~650	490~650	490~650	490~650	470~620	—	—	≥20	≥19	≥19	≥18	—	—
	B																						
	C																						
	D																						
	E																						
Q420	A	≥420	≥400	≥380	≥360	≥360	≥340	—	—	—	520~680	520~680	520~680	520~680	500~650	—	—	≥19	≥18	≥18	≥18	—	—
	B																						
	C																						
	D																						
	E																						
Q460	C	≥460	≥440	≥420	≥400	≥400	≥380	—	—	—	550~720	550~720	550~720	550~720	530~700	—	—	≥17	≥16	≥16	≥16	—	—
	D																						
	E																						
Q500	C	≥500	≥480	≥470	≥450	≥440	—	—	—	—	610~770	600~760	590~750	540~730	—	—	—	≥17	≥17	≥17	—	—	—
	D																						
	E																						
Q550	C	≥550	≥530	≥520	≥500	≥490	—	—	—	—	670~830	620~810	600~790	590~780	—	—	—	≥16	≥16	≥16	—	—	—
	D																						
	E																						
Q620	C	≥620	≥600	≥590	≥570	—	—	—	—	—	710~880	690~880	670~860	—	—	—	—	≥15	≥15	≥15	—	—	—
	D																						
	E																						
Q690	C	≥690	≥670	≥660	≥640	—	—	—	—	—	770~940	750~920	730~900	—	—	—	—	≥14	≥14	≥14	—	—	—
	D																						
	E																						

①当屈服不明显时，可测量 $R_{p0.2}$ 代替下屈服强度。

②宽度不小于600 mm扁平材，拉伸试验取横向试样，宽度小于600 mm扁平材、型材及棒材取纵向试样，断后伸长率最小值相应提高1%（绝对值）。

③厚度>250 mm～400 mm的数值适用于扁平材。

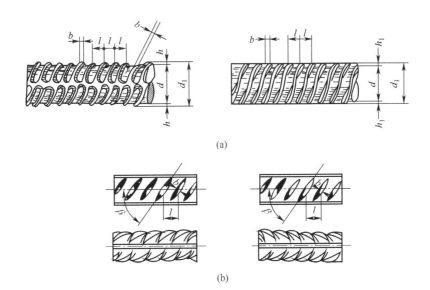

图 8-8 热轧钢筋

（a）等高肋钢筋；（b）月牙肋钢筋

表 8-7 热轧钢筋的化学成分

牌 号	化学成分（质量分数）/%，不大于					
	C	Si	Mn	P	S	Ceq
HPB235	0.22	0.30	0.65	0.045	0.050	—
HPB300	0.25	0.55	1.50			
HRB335	0.25	0.80	1.60	0.045	0.045	0.52
HRBF335						
HRB400						0.54
HRBF400						
HRB500						0.55
HRBF500						

（2）热轧钢筋的力学性能和冷弯性能

热轧钢筋的力学性能和冷弯性能应符合表 8-8 的规定。其中力学性能指标包括屈服强度 R_{eL}、抗拉强度 R_m、断后伸长率最大力总伸长率 A_{gt}。冷弯性能按规定的弯心直径弯曲 180° 后，钢筋受弯曲部位表面不得产生裂纹。

表 8-8 热轧钢筋的力学性能和冷弯性能

牌 号	力学性能指标				冷弯试验 180°	
	屈服强度 R_{eL}（MPa）	抗拉强度 R_m（MPa）	断后伸长率 A（%）	最大力总伸长率 A_{gt}（%）	公称直径 a（mm）	弯心直径 d
HPB235 HPB300	235	370	25.0	10.0	a	$d=a$
	300	420				

牌　号	力学性能指标				冷弯试验 180°	
	屈服强度 R_{eL}（MPa）	抗拉强度 R_m（MPa）	断后伸长率 A（%）	最大力总伸长率 A_{gt}（%）	公称直径 a（mm）	弯心直径 d
HRB335 HRBF335	335	455	17		6～25	3a
					28～40	4a
					>40～50	5a
HRB400 HRBF400	400	540	16	7.5	6～25	4a
					28～40	5a
					>40～50	6a
HRB500 HRBF500	500	630	15		6～25	6a
					28～40	7a
					>40～50	8a

（3）热轧钢筋的应用

热轧光圆钢筋的强度较低，但塑性及焊接性能很好，便于各种冷加工，因而广泛用作普通钢筋混凝土构件的受力筋及各种钢筋混凝土结构的构造筋；HR335 和 HR400 钢筋强度较高，塑性和焊接性能也较好，故广泛用作大、中型钢筋混凝土结构的受力钢筋；HRB500 钢筋强度高，但塑性和焊接性能较差，可用作预应力钢筋。

2. 冷轧带肋钢筋

冷轧带肋钢筋是低碳钢热轧圆盘条经冷轧后，在其表面带有沿长度方向均匀分布的三面或两面横肋的钢筋。

（1）冷轧带肋钢筋的牌号表示方法与技术要求

《冷轧带肋钢筋》（GB/T13788—2008）规定，冷轧带肋钢筋的牌号由 CRB 和钢筋的抗拉强度最小值构成。C、R、B 分别为冷轧（Cold Rolled）、带肋（Ribbed）、钢筋（Bars）三个词的英文首位字母。冷轧带肋钢筋分为 CRB550、CRB650、CRB800、CRB970 四个牌号。CRB550 为普通钢筋混凝土用钢筋，其公称直径范围为 4～12 mm；CRB650 及以上牌号钢筋为预应力混 凝土用钢筋，其公称直径为 4 mm、11 mm、6 mm。

冷轧带肋钢筋的力学性能和工艺性能应符合表 8-9 的规定。

表 8-9　冷轧带肋钢筋的力学性能和工艺性能（GB/T 13788—2008）

牌号	$R_{p0.2}$（MPa）不小于	R_m（MPa）不小于	伸长率（%）不小于		弯曲试验 180°	反复弯曲次数	应力松弛，初始应力应相当于公称抗拉强度的 70%
			$A_{11.3}$	A_{100}			1 000 h 松弛率（%）不大于
CRB550	500	550	8.0	—	$D=3d$	—	—
CRB650	585	650	—	4.0		3	8
CRB800	720	800	—	4.0		3	8
CRB970	875	970	—	4.0		3	8

注：表中 D 为弯心直径，d 为钢筋公称直径。

（2）冷轧带肋钢筋的应用

冷轧带肋钢筋既具有冷拉钢筋强度高的特点，同时又具有很强的握裹力，混凝土对冷轧带肋钢筋的握裹力是同直径冷拔低碳钢丝的3~6倍，大大提高了构件的整体强度和抗震能力。这种钢筋适用于中、小型预应力混凝土结构构件和普通钢筋混凝土结构构件。

3．预应力混凝土用钢棒

预应力混凝土用钢棒指预应力混凝土用光圆钢棒、螺旋槽钢棒、螺旋肋钢棒、带肋钢棒四种。它是用低合金钢热轧圆盘条经冷加工后（或不经冷加工）淬火和回火所得钢棒（热轧盘条经加热到奥氏体化温度后快速冷却，然后在相变温度以下加热进行回火所得）。

根据《预应力混凝土用钢棒》（GB/T 5223.3—2005），预应力混凝土用钢棒的公称直径、横截面积、质量应符合规定，应进行拉伸试验、弯曲试验、应力松弛试验的检验。钢棒的公称直径、横截面积、质量、拉伸性能及弯曲性能见表8-10。

表8-10　钢棒的公称直径、横截面积、质量及性能

表面形状类型	公称直径 D_n（mm）	公称横截面积 S_n（mm²）	横截面积 S（mm²）		每米参考质量（g/m）	抗拉强度 R_m（MPa）不小于	规定非比例延伸强度 $R_{p0.2}$（MPa）不小于	弯曲性能	
			最小	最大				性以要求	弯曲半径（mm）
光圆	6	28.3	26.8	29.0	222	对所有规模钢棒不小于 1 080 1 230 1 420 1 570	对所有规格钢棒 930 1 080 1 280 1 420	反咋弯曲不小于4次/180°	15
	7	38.5	36.3	39.5	302				20
	8	50.3	47.5	51.5	394				20
	10	78.5	74.1	80.4	616				25
	11	95.0	93.1	97.4	746			弯曲160°~180°后弯曲处无裂纹	弯心直径为钢棒公称直径的10倍
	12	113	106.8	115.8	887				
	13	133	130.3	136.3	1 044				
	14	154	145.6	157.8	1 209				
	16	201	190.2	206.0	1 578				
螺旋槽	7.1	40	39.0	41.7	314				
	9	64	62.4	66.5	502				
	10.7	90	87.5	93.6	707				
	12.6	125	121.5	129.9	981				
螺旋肋	6	28.3	26.8	29.0	222			反复弯曲不小于4次/180°	15
	7	38.5	36.3	39.5	302				20
	8	50.3	47.5	51.5	394				20
	10	78.5	74.1	80.4	616				25
	12	113	106.8	115.8	888			弯曲160°~180°后弯曲处无裂纹	弯心直径为钢棒公称直径的10倍
	14	154	145.6	157.8	1 209				
带肋	6	28.3	26.8	29.0	222				
	8	50.3	47.5	51.5	394				
	10	78.5	74.1	80.4	616				
	12	113	106.8	115.8	887				
	14	154	145.6	157.8	1 209				
	16	201	190.2	206.0	1 578				

由于预应力混凝土用钢棒具有高强度、良好的韧性、低松弛性、与混凝土握裹力强、良好的 可焊接性等特点，特别适用于预应力混凝土构件，广泛用于港口、水利工程、桥梁、铁路轨枕及高层建筑管桩基础等工程。

4. 预应力混凝土用钢丝

（1）分类及代号

《预应力混凝土用钢丝》（GB/T5223—2014）规定，预应力混凝土用钢丝按加工状态分为冷拉钢丝（代号为 WCD）和消除应力钢丝两类。消除应力钢丝按松弛性能又分为低松弛级钢 丝（代号为 WLR）和普通松弛级钢丝（代号 WNR）两类。

冷拉钢丝是用盘条通过拔丝模或轧辊经冷加工而成的产品，是以盘卷供货的钢丝。低松弛钢丝是指钢丝在塑性变形下（轴应变）进行短时热处理而得到的，普通松弛钢丝是指钢丝通 过矫直工序后在适当温度下进行短时热处理而得到的。

预应力混凝土用钢丝按外形分为光圆钢丝（代号为 P）、螺旋肋钢丝（代号为 H）和刻痕钢丝（代号为 I）三种。螺旋肋钢丝表面沿着长度方向上有规则间隔的肋条，如图 8-9 所示。刻痕钢丝表面沿着长度方向上有规则间隔的压痕，如图 8-10 所示。刻痕钢丝和螺旋肋钢丝与混凝土的黏结力好。

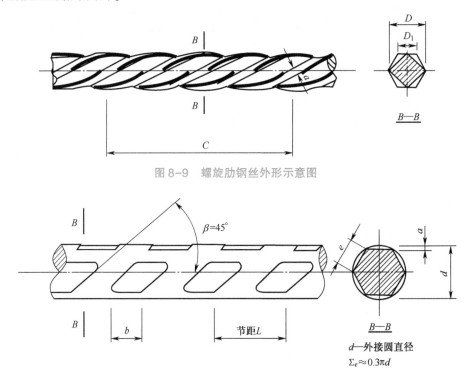

图 8-9　螺旋肋钢丝外形示意图

图 8-10　三面刻痕钢丝外形示意图

（2）预应力混凝土用钢丝的力学性能

压力管道用冷拉钢丝的力学性能应符合表 8-11 的规定。消除应力的光圆、螺旋肋、刻痕钢丝的力学 性能应符合表 8-12 的规定。

（3）预应力混凝土用钢丝的应用

预应力混凝土用钢丝质量稳定、安全可靠、强度高、无接头、施工方便，主要用于大跨

表 8-11　压力管道用冷拉钢丝的力学性能（GB/T 5223—2014）

公称直径 d_a/mm	公称抗拉强度 R_m/MPa	最大力的特征值 F_m/kN	最大力的最大值 $F_{m,max}$/kN	0.2%屈服力 $F_{p0.2}$/kN ≥	每210mm扭矩的扭转次数 N ≥	断面收缩率 Z/% ≥	氢脆敏感性能负载为70%最大力时，断裂时间 t/h≥	应力松弛性能初始力为最大力70%时，1 000 h 应力松弛率 r/% ≤
4. 00		18. 48	20. 99	13. 86	10	35		
5. 00		28. 86	32. 79	21. 65	10	35		
6. 00	1 470	41. 56	47. 21	31. 17	8	30		
7. 00		56. 57	64. 27	42. 42	8	30		
8. 00		73. 88	83. 93	55. 41	7	30		
4. 00		19. 73	22. 24	14. 80	10	35		
5. 00		30. 82	34. 75	23. 11	10	35		
6. 00	1 570	44. 38	50. 03	33. 29	8	30		
7. 00		60. 41	68. 11	45. 31	8	30		
8. 00		78. 91	88. 96	59. 18	7	30	75	7. 5
4. 00		20. 99	23. 50	15. 74	10	35		
5. 00		32. 78	36. 71	24. 59	10	35		
6. 00	1 670	47. 21	52. 86	35. 41	8	30		
7. 00		64. 26	71. 96	48. 20	8	30		
8. 00		83. 93	93. 99	62. 95	6	30		
4. 00		22. 25	24. 76	16. 69	10	35		
5. 00		34. 75	38. 68	26. 06	10	35		
6. 00	1 770	50. 04	55. 69	37. 53	8	30		
7. 00		68. 11	75. 81	51. 08	6	30		

表 8-12　消除应力光圆及螺旋肋钢丝的力学性能（GB/T 5223—2014）

公称直径 d_n/mm	公称抗拉强度 R_m/MPa	最大力的特征值 F_m/kN	最大力的最大值 $F_{m,max}$/kN	0.2%屈服力 $F_{0.2}$/kN ≥	最大力总伸长率（L_0=200 mm）A_m/%≥	反复弯曲性能		应力松弛性能	
						弯曲次数/（次/180°）≥	弯曲半径 R/mm	初始力相当于实际最大力的百分数/%	1 000 h 应力松弛率 r/%≤
4. 00		18. 48	20. 99	16. 22		3	10		
4. 80		26. 61	30. 23	23. 35		4	15		
5. 00		28. 86	32. 78	25. 32		4	15		
6. 00		41. 56	47. 21	36. 47		4	15		
6. 25		45. 10	51. 24	39. 58		4	20		
7. 00		56. 57	64. 26	49. 64		4	20		
7. 50	1 470	64. 94	73. 78	56. 99		4	20		
8. 00		73. 88	83. 93	64. 84		4	20		
9. 00		93. 52	106. 25	82. 07		4	25		
9. 50		104. 19	118. 37	91. 44		4	25		
10. 00		115. 45	131. 16	101. 32		4	25		
11. 00		130. 69	158. 70	122. 59		—	—		
12. 00		166. 26	188. 88	145. 00		—	—		

公称直径 d_n/mm	公称抗拉强度 R_m/MPa	最大力的特征值 F_m/kN	最大力的最大值 $F_{m,max}$/kN	0.2%屈服力 $F_{0.2}$/kN $\geq$	最大力总伸长率 ($L_0 = 200$ mm) A_m/% $\geq$	反复弯曲性能		应力松弛性能	
						弯曲次数/(次/180°) $\geq$	弯曲半径 R/mm	初始力相当于实际最大力的百分数/%	1 000 h 应力松弛率 r/% $\leq$
4.00		19.73	22.24	17.37		3	10		
4.80		28.41	32.03	25.00		4	15		
5.00		30.82	34.75	27.12		4	15		
6.00		44.38	50.03	39.06		4	15		
6.25		48.17	54.31	42.39		4	20		
7.00		60.41	68.11	53.16		4	20		
7.50	1 570	69.36	78.20	61.04		4	20		
8.00		78.91	88.96	69.44		4	20		
9.00		99.88	112.60	87.89		4	25		
9.50		111.28	125.46	97.93		4	25		
10.00		123.31	139.02	108.51		4	25		
11.00		149.20	168.21	131.30		—	—		
12.00		177.57	200.19	156.26		—	—		
4.00		20.99	23.50	18.47		3	10		
5.00		32.78	36.71	28.85		4	15		
6.00		47.21	52.86	41.54	3.5	4	15	70	2.5
6.25		51.24	57.38	45.09		4	20		
7.00	1 670	64.26	71.96	56.55		4	20	80	4.5
7.50		73.78	82.02	64.93		4	20		
8.00		83.93	93.98	73.86		4	20		
9.00		106.25	118.97	93.50		4	25		
4.00		22.25	24.76	19.58		3	10		
5.00		34.75	38.68	30.58		4	15		
6.00	1 770	50.04	55.69	44.03		4	15		
7.00		68.11	75.81	59.94		4	20		
7.50		78.20	87.04	68.81		4	20		
4.00		23.38	25.89	20.57		3	10		
5.00	1 860	36.51	40.44	32.13		4	15		
6.00		52.58	58.23	46.27		4	15		
7.00		71.57	79.27	62.98		4	20		

度的屋架、薄腹架、吊车梁或桥梁等大型预应力混凝土构件，还可用于轨枕、压力管道等预应力混凝土构件。

5. 预应力混凝土用钢绞线

预应力混凝土用钢绞线是由冷拉光圆钢丝及刻痕钢丝捻制的用于预应力混凝土结构的钢绞线。《预应力混凝土用钢绞线》（GB/T 5224—2014）规定，钢绞线分为标准型钢绞线、刻痕钢绞线、模拔型钢绞线三种。标准型钢绞线是由冷拉光圆钢丝捻制成的钢绞线；刻痕钢绞线是由刻痕钢丝捻制成的钢绞线4莫拔型钢绞线是捻制后再经冷拔制成的钢绞线。

钢绞线按结构分为八类，其代号如下：

用两根钢丝捻制的钢绞线	1×2
用三根钢丝捻制的钢绞线	1×3
用三根刻痕钢丝捻制的钢绞线	1×3I
用七根钢丝捻制的标准型钢绞线	1×7
用六根刻痕钢丝和一根光圆中主钢丝捻制的钢绞线	1×7
用七根钢丝捻制又经模拔的钢绞线	(1×7)C
用十九根钢丝捻的1+9+9西鲁式钢绞线	1×19S
用十九根钢丝捻制的1+6+6/6瓦林吞式钢绞线	1×19W

1×2、1×3、1×7结构钢绞线的外形如图8-11所示，钢绞线的尺寸及其允许偏差应符合GB/T 5224—2014的规定。钢绞线按盘卷供应，盘重一般不小于1 000 kg，盘卷内径不小于750 mm，盘卷宽度为（750±50）mm或（650±50）mm。

预应力钢绞线标记包含下列内容：预应力钢绞线、结构代号、公称直径、强度级别、标准编号。如公称直径为15.20 mm，强度级别为1 860 MPa的七根钢丝捻制的标准型钢绞线，其标记为：预应力钢绞线 1×7-15.20-1860-GB/T 5224—2014。

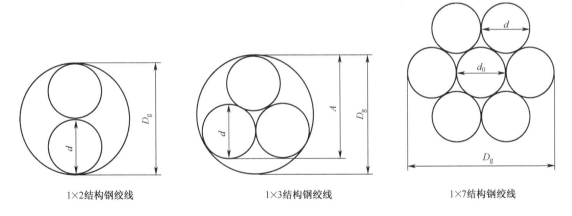

1×2结构钢绞线　　　　1×3结构钢绞线　　　　1×7结构钢绞线

图 8-11　预应力钢绞线截面图

D_g—钢绞线直径（mm）；d_0—中心钢丝直径（mm）；d—外层钢丝直径（mm）；
A—1×3结构钢绞线测量尺寸（mm）

钢绞线的力学性能应符合标准规定，表8-13所示是1×7结构钢绞线力学性能。

钢绞线具有强度高、与混凝土黏结好、断面面积大、使用根数少、在结构中排列布置方便、易于锚固等优点，主要用于大跨大荷载的预应力屋架、薄腹梁等构件。

表 8-13　1×7 结构钢绞线力学性能（GB/T 5224—2014）

钢绞线结构	钢绞线公称直径 D_g/mm	公称抗拉强度 R_m/MPa	整根钢绞线最大力 F_m/kN	整根钢绞线最大力的最大值 $F_{m,max}$/kN	0.2%屈服力 F_{pa2}/kN ≤	最大力总伸长率（$L_0 \geqslant 500$ mm）A_{gt}/% ≥	应力松弛性能 初始负荷培当于实际最大力的百分数/%	应力松弛性能 1000 h 应力松弛率 r/% ≤
1×7	15.20 (15.24)	1 470	206	234	181	3.5	70	2.5
		1 570	220	248	194			
		1 670	234	262	206			
	9.50 (9.53)	1 720	94.3	105	83.0			
	11.10 (11.11)		128	142	113			
	12.70		170	190	150			
	15.20 (15.24)		241	269	212			
	17.80 (17.76)		327	365	288			
	18.90	1 820	400	444	352			
	15.70	1 770	266	295	234			
	21.60		504	561	444			
	9.50 (9.53)	1 860	102	113	89.8			
	11.10 (11.11)		138	153	121		80	4.5
	12.70		184	203	162			
	15.20 (15.24)		260	288	229			
	15.70		279	309	245			
	17.80 (17.78)		355	391	311			
	18.90		409	451	360			
	21.60		530	587	466			
	9.50 (9.53)	1 960	107	113	94.2			
	11.10 (11.11)		145	160	128			
	12.70		193	213	170			
	15.20 (15.24)		274	302	241			

钢绞线结构	钢绞线公称直径 D_g/mm	公称抗拉强度 R_m/MPa	整根钢绞线最大力 F_m/kN	整根钢绞线最大力的最大值 $F_{m,max}$/kN	0.2%屈服力 F_{pa2}/kN ≤	最大力总伸长率 ($L_0 \geqslant 500$ mm) A_{gt}/% ≥	应力松弛性能 初始负荷培当于实际最大力的百分数/%	应力松弛性能 1 000 h 应力松弛率 r/% ≤
1×7I	12.70	1 860	184	203	162			
	15.20 (15.24)		260	288	229			
(1×7)C	12.70	1 860	208	231	183			
	15.20 (15.24)	1 820	300	333	264			
	18.00	1 720	384	428	338			

注：规定非比例延伸力 $F_{p0.2}$ 值不小于整根钢绞线公称最大力 F_m 的 90%。

6. 冷轧扭钢筋

冷轧扭钢筋是由低碳钢热轧圆盘条经专用钢筋冷轧扭机调直、冷轧并冷扭（或冷滚）一次成型，具有规定截面形式和相应节距的连续螺旋状钢筋。《冷轧扭钢筋》（JG190—2006）规定，冷轧扭钢筋按其截面形状不同分为三种类型：近似矩形截面为Ⅰ型；近似正方形截面为Ⅱ型；近似圆形截面为Ⅲ型。冷轧扭钢筋按其强度级别不同分为二级：550 级和650 级。

冷轧扭钢筋的标记由产品名称代号（CTB 冷轧扭）、强度级别代号（550、650）、标志代号（ϕ^T）主参数代号（标志直径）以及类型代号（Ⅰ、Ⅱ、Ⅲ）组成。如冷轧扭钢筋550 级Ⅱ型，标志直径 10 mm，标记为：CTB550ϕ^T10 —Ⅱ。

冷轧扭钢筋力学性能和工艺性能应符合表8-14 的规定。

表8-14 冷轧扭钢筋力学性能和工艺性能指标（JG 190—2006）

强度级别	型号	抗拉强度 σ_b (N/mm²)	伸长率 A（%）	180°弯曲试验 （弯心直径=3d）	应力松弛率（%） （当 $\sigma_{con}=0.7f_{pk}$） 10 h	应力松弛率（%） （当 $\sigma_{con}=0.7f_{pk}$） 1 000 h
CTB550	Ⅰ	≥550	$A_{11.3} \geqslant 4.5$	受弯曲部位钢筋表面不得产生裂纹	—	—
	Ⅱ	≥550	$A \geqslant 10$		—	—
	Ⅲ	≥550	$A \geqslant 12$		—	—
CTB650	Ⅲ	≥650	$A_{100} \geqslant 4$		≤5	≤8

注：①d 为冷轧扭钢筋标志直径。

②A、$A_{11.3}$ 分别表示以标距 5.65$\sqrt{S_0}$ 或 11.3$\sqrt{S_0}$（S_0 为试样原始截面面积）的试样拉断伸长率，A_{100} 表示标距为 100 mm 的试样拉断伸长率。

③σ_{con} 为预应力钢筋张拉控制应力；f_{ps} 为预应力冷轧扭钢筋抗拉强度标准值。

冷轧扭钢筋具有强度高、与混凝土握裹力好、延性好（伸长率明显优于低碳冷拔钢丝），建筑工程中具有操作简便、实用性强、结构性能优、工程质量可靠等优点。应用冷轧扭钢筋比应用普通热轧圆钢筋节省钢材 40% 左右，资金节约率为 25% 左右，经济效益十分显著。

冷轧扭钢筋适用于工业与民用建筑及一般构筑物中不直接承受动力荷载的受弯构件，用于现浇楼板，其节材率达到 40%以上。冷轧扭钢筋在全国已基本普及。

8.4　建筑钢材的腐蚀与防护

钢材的腐蚀是指钢材的表面与周围介质发生化学作用或电化学作用遭到侵蚀而破坏的过程。腐蚀不仅造成钢材的受力截面减小，表面不平整，应力集中，降低钢材的承载能力，而且当 钢材受到冲击荷载、循环交变荷载作用时，将产生腐蚀疲劳现象，使钢材疲劳强度大为降低，尤其是显著降低钢材的冲击韧性，使钢材出现脆性断裂。此外，混凝土中的钢筋腐蚀后，产生体积膨胀，使混凝土顺筋开裂。钢筋锈蚀已成为导致钢筋混凝土建筑物耐久性不足，过早破坏的主要原因。为了确保钢材在工作过程中不产生腐蚀，必须采取必要的防腐措施。

1. 钢材的腐蚀

根据钢材腐蚀的作用机理不同，一般把钢材的腐蚀分为化学腐蚀和电化学腐蚀两类。

(1) 化学腐蚀

化学腐蚀是指钢材直接与周围介质发生化学反应而产生的腐蚀。这种腐蚀多数是氧化作用，使钢材表面形成疏松的铁氧化物。在干燥的环境下，腐蚀进展缓慢，但在温度或湿度较高的环境条件下，这种腐蚀进展加快。

(2) 电化学腐蚀

电化学腐蚀是指钢材与电解质溶液相接触而产生电流，形成原电池作用而发生的腐蚀。钢材本身含有铁、碳等多种成分，由于这些成分的电极电位不同，形成原电池的两个极。在潮湿的空气中，钢材表面覆盖一层薄的水膜。在阳极区，铁被氧化成化 Fe^{2+} 离子进入水膜，因为水中溶有来自空气中的氧，故在阴极区氧被还原为 OH^- 离子，Fe^{2+} 和 OH^- 离子结合成为不溶于水的 $Fe(OH)_2$，并进一步氧化成为疏松易剥落的红棕色铁锈 $Fe(OH)_3$，体积膨胀数倍。图 8-12 所示为钢筋在混凝土中的腐蚀过程。

电化学腐蚀是钢材主要的腐蚀形式。

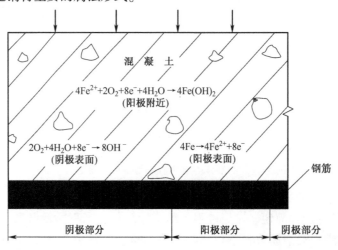

图 8-12　钢筋在混凝土中的锈蚀过程

2. 钢材的防护（钢材的防腐和防火）

为确保钢材在使用中不被腐蚀，应根据钢材的使用状态及腐蚀环境采取以下措施：

（1）保护层法

利用保护层使钢材与周围介质隔离，从而避免或减缓外界腐蚀性介质对钢材的腐蚀作用。例如，在钢材的表面喷刷涂料、搪瓷、塑料等，或以金属镀层作为保护膜，如锌、锡、铬等，如图 8-13 所示。

铁艺涂塑钢筋防腐　　　　　　　环氧防腐钢筋　　　　　　　　镀锌钢管

图 8-13　钢材防腐

（2）制成合金钢

在钢中加入合金元素铬、镍、钛、铜等，制成不锈钢，可以提高钢材的耐腐蚀能力。

对于钢筋混凝土中的钢筋，防止其腐蚀的经济而有效的方法是严格控制混凝土的质量，使其具有较高的密实度和碱度，施工时确保钢筋有足够的保护层，防止空气和水分进入而产生电化学腐蚀，同时严格控制氯盐外加剂的掺量。对于重要的预应力承重结构，可加入防锈剂，必要时采用钢筋镀锌、镍等方法。

复习思考题

8.1　低碳钢拉伸时的应力-应变图可划分为哪几个阶段？指出弹性极限 σ_p、屈服强度 σ_s 和抗拉强度 σ_b。说明屈服比 σ_s/σ_b 的实用意义。

8.2　什么是钢材的冷加工和时效处理？它们对钢材性能有何影响？工程中如何利用？

8.3　长度为 20 m、直径为 12 mm 的Ⅱ级钢筋进行冷拉加工，其控制拉力和控制伸长值各为多少？

8.4　碳素结构钢的牌号是如何表示的？说明下述钢材牌号的含义：①Q195—AF；②Q215—BZ；③ Q235—D；④ Q255—D。

8.5　低合金结构钢的牌号是如何表示的？

8.6　热轧钢筋是如何划分等级的？各级钢筋的适用范围如何？

8.7　两根直径为 16 mm、原标距部分长为 80 mm 的热轧钢筋试件，做拉伸试验时，达到屈服点时的荷载分别为 72.4 kN、72.2 kN，达到极限抗拉强度时的荷载分别为 105.6 kN、107.4 kN。拉断后，测得标距部分长分别为 95.8 mm、94.7 mm。问该钢筋属哪个牌号？

木　材

1. 了解木材的分类及木材的构造；
2. 熟悉木材的物理性质和力学性能；
3. 熟悉木材在建筑工程中的用途及其利用途径；
4. 能够解决或解释工程中的相关问题。

木材是重要的建筑材料之一，在建筑工程中具有广泛的用途。

9.1　木材的分类及构造

木材是由树木加工而成的，树木分为针叶树和阔叶树两大类，见表9-1。建筑工程中应用最多的是针叶树。

表9-1　树木的分类和特点

种类	特　点	用　途	树种
针叶树	树叶细长，呈针状，多为常绿树； 纹理顺直，木质较软，强度较高，表现密度小； 耐腐蚀性较强，胀缩变形小	是建筑工程中主要使用的树种，多用作承重构件、门窗等	松树、杉树、柏树等
阔叶树	树叶宽大，叶脉呈网状，大多为落叶树； 木质较硬，加工较难； 表观密度大，胀缩变形大	常用作内部装饰、次要的承重构件和胶合板等	榆树、桦树、水曲柳等

木材的构造是决定木材性质的主要因素。一般对木材的研究可以从宏观和微观两方面进行。

9.1.1　宏观构造

用肉眼或低倍放大镜所看到的木材组织称为宏观构造。为便于了解木材的构造，将树干切成三个不同的切面，如图9-1所示。

横切面——垂直于树轴的切面；
径切面——通过树轴的切面；
弦切面——和树轴平行与年轮相切的切面。
在宏观构造中，树木可分为树皮、木质部和髓心三个

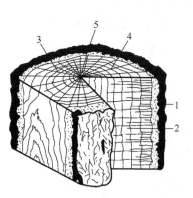

图9-1　树干的三个切面
1—树皮；2—木质部；3—年轮；
4—髓线；5—髓心

部分。而木材主要使用木质部。

1. 木质部的构造特征

(1) 边材、心材

在木质部中，靠近髓心的部分颜色较深，称为心材。心材含水量较少，不易翘曲变形，抗蚀性较强。外面部分颜色较浅，称为边材。边材含水量高，易干燥，也易被湿润，所以容易翘曲变形，抗蚀性也不如心材。

(2) 年轮、春材、夏材

横切面上可以看到深浅相间的同心圆，称为年轮。年轮中浅色部分是树木在春季生长的，由于生长快，细胞大而排列疏松，细胞壁较薄，颜色较浅，称为春材（早材）；深色部分是树木在夏季生长的，由于生长迟缓，细胞小，细胞壁较厚，组织紧密坚实，颜色较深，称为夏材（晚材）。每一年轮内就是树木一年的生长部分。年轮中夏材所占的比例越大，木材的强度越高。

2. 髓心、髓线

第一年轮组成的初生木质部分称为髓心（树心）。从髓心呈放射状横穿过年轮的条纹，称为髓线。髓心材质松软，强度低，易腐朽开裂。髓线与周围细胞联结软弱，在干燥过程中，木材易沿髓线开裂。

9.1.2 微观构造

在显微镜下所看到的木材组织，称为木材的微观构造（见图9-2和图9-3）。在显微镜下，可以看到木材是由无数管状细胞紧密结合而成，细胞横断面呈四角略圆的正方形。每个细胞分为细胞壁和细胞腔两个部分，细胞壁由若干层纤维组成。细胞之间纵向联结比横向联结牢固，造成细胞纵向强度高，横向强度低。细胞之间有极小的空隙，能吸附和渗透水分。

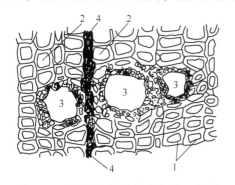

图9-2　显微镜下松木的横切片示意图

1—细胞壁；2—细胞腔；3—树脂流出孔；4—木髓线

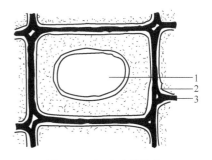

图9-3　细胞壁的结构

1—细胞腔；2—初生层；3—细胞间层

细胞壁的成分和组织构造决定了木材的物理性质和力学性能。细胞壁厚、腔小，木材就密实、强度高。

9.2　木材的主要性质

木材的性质包括物理性质和力学性能。

9.2.1　木材的物理性质

1. 木材的含水率

木材的含水率是指木材中所含水的质量占干燥木材质量的百分数。

（1）木材中的水分

木材中的水分可分为：

①自由水：存在于木材细胞腔和细胞间隙中的水分。

②吸附水：吸附在细胞壁内细纤维之间的水分。

③结合水：形成细胞化学成分的化合水。

（2）木材的纤维饱和点

木材受潮时，首先形成吸附水，吸附水饱和后，多余的水成为自由水；木材干燥时，首先失去自由水，然后才失去吸附水。当吸附水处于饱和状态而无自由水存在时，此时对应的含水率称为木材的纤维饱和点。纤维饱和点随树种而异，一般为 23%～33%，平均为 30%。木材的纤维饱和点是木材物理性质、力学性能的转折点。

（3）木材的平衡含水率

木材的含水率是随着环境温度和湿度的变化而改变的。当木材长期处于一定温度和湿度下，其含水率趋于一个定值，表明木材表面的蒸汽压与周围空气的压力达到平衡，此时的含水率称为平衡含水率。它与周围空气的温度、相对湿度的关系如图 9-4 所示。根据周围空气的温度和相对湿度可求出木材的平衡含水率。

2. 湿胀干缩

木材细胞壁内吸附水的变化引起木材的变形，即湿胀干缩。木材含水率大于纤维饱和点时，表示木材的含水量除吸附水达到饱和外，还有一定数量的自由水，此时木材如受潮或变干，只是自由水在改变，它不影响木材的变形；但在纤维饱和点以下时，水分都吸附在细胞壁的纤维上，此时含水率的增减将引起木材体积的增减。即只有吸附水的改变才会引起木材的变形。图 9-5 所示是木材含水率与胀缩变形的关系。

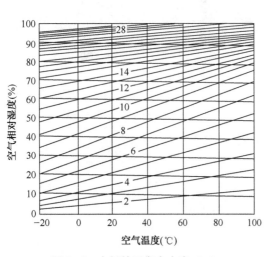

图 9-4　木材的平衡含水率（%）

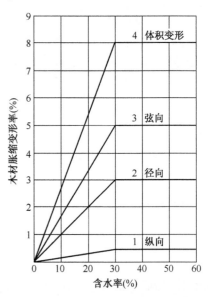

图 9-5　木材含水率与胀缩变形的关系

由于木材构造的不均匀性，在不同的方向干缩值不同。顺纹方向（纤维方向）干缩值最小，平均为 0.1%~0.35%；径向较大，平均为 3%~6%；弦向最大，平均为 6%~12%。木材的湿胀干缩严重地影响了木材的正常使用，干缩会造成木结构拼缝不严、翘曲开裂等，而湿胀又会使木材产生凸起变形。为了避免这种不利的影响，在木材加工制作前将其进行干燥处理，使木材干燥至其含水率与木材使用时的环境湿度相适合的平衡含水率。

另外，木材的湿胀干缩性随树种而异，一般来讲，表观密度大、夏材含量多的木材，湿胀变形较大。

3. 表观密度

由于木材的分子结构基本相同，因此木材的密度相差很小，一般为 1.48~1.56 g/cm³，平均约为 1.55 g/cm³。但木材的表观密度有较大差异，较大的如麻栎的表观密度为 980 kg/m³，较小的如泡桐的表观密度为 280 kg/m³，平均值约为 500 kg/m³。木材的表观密度与树种、构造、含水量及取材部位等有关。

9.2.2　木材的力学性能

1. 木材的强度

按受力状态，木材的强度分为抗拉、抗压、抗弯和抗剪四种强度。由于木材构造的特点，使木材的各种力学性能具有明显的方向性，在顺纹方向（作用力与木材纵向纤维平行的方向）木材的抗拉和抗压强度都比横纹方向（作用力与木材纵向纤维垂直的方向）高得多。

木材的强度检验是采用无疵病的木材制成标准试件，按《木材物理力学试验方法总则》（GB/T 1928—2009）进行测定。试验时木材受不同外力的破坏情况各不相同，其中顺纹受压破坏是因细胞壁失去稳定所致，而非纤维断裂；横纹受压破坏是因为木材受力压紧后产生显著变形而造成破坏；顺纹抗拉破坏通常是因纤维间撕裂后拉断所致。木材受弯时其上部为顺纹受压，下部为顺纹受拉，在水平面内还有剪切力作用，破坏时首先是受压纤维达到强度极限，产生大量变形，但这时构件仍能继续承载，当受拉区也达到强度极限时，则纤维及纤维间的联结产生断裂，导致最终破坏。

木材受剪切作用时，由于作用力对于木材纤维方向的不同，可分为顺纹剪切、横纹剪切和横纹切断三种，如图 9-6 所示。剪切是破坏剪切面中纤维的横向联结，因此木材的横纹剪切强度比顺纹剪切强度要低。横纹切断时剪切破坏是将木材纤维切断，因此，横纹切断强度较大，一般为顺纹剪切强度的 4~5 倍。

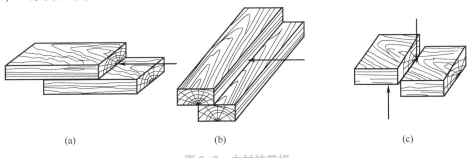

| (a) | (b) | (c) |

图 9-6　木材的剪切

（a）顺纹剪切；（b）横纹剪切；（c）横纹切断

当以木材的顺纹抗压强度为1时，木材理论上各强度大小关系见表9-2。

表9-2　木材各种强度间的关系

抗　　压		抗　　拉		抗　弯	抗　　剪	
顺纹	横纹	顺纹	横纹		顺纹	横纹
1	1/10~1/3	2~3	1/2~1	1.5~2	1/7~2	1/2~1

2. 影响市材强度的因素

（1）含水率

木材的含水率对木材强度的影响规律是：当含水率在纤维饱和点以上变化时，仅仅是自由水的增减，对木材强度没有影响；当含水率在纤维饱和点以下变化时，随含水率的降低，即吸附水减少，细胞壁趋于紧密，木材强度增加；反之，木材强度减小。试验证明，木材含水率的变化对木材各强度的影响程度是不同的，对抗弯和顺纹抗压影响较大，对顺纹抗剪影响较小，而对顺纹抗拉几乎没有影响，如图9-7所示。

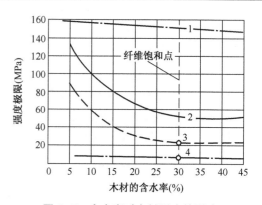

图9-7　含水率对木材强度的影响

1—顺纹抗拉；2—抗弯；
3—顺纹抗压；4—顺纹抗剪

为了便于比较，我国木材试验标准规定，以标准含水率（即含水率12%）时的强度为标准值，其他含水率时的强度可按下式换算成标准含水率时的强度。

$$\sigma_{12} = \sigma_W[1 + \alpha(W - 12)]$$

式中　　σ_{12}——含水率为12%时的木材强度（MPa）；

　　　　σ_W——含水率为W%时的木材强度（MPa）；

　　　　W——试验时的木材含水率（%）；

　　　　α——木材含水率校正系数。

α随树的种类和力的作用方式而异。顺纹抗压$\alpha=0.05$，横纹抗压$\alpha=0.045$；顺纹抗拉：阔叶树$\alpha=0.015$，针叶树$\alpha=0$；顺纹抗弯$\alpha=0.04$；顺纹抗剪$\alpha=0.03$。

（2）负荷时间

木材在长期荷载作用下，只有当其应力远低于强度极限的某一范围时，才可避免木材因长期负荷而破坏。这是由于木材在较大外力作用下产生等速蠕滑，经过长时间后，最后达到急剧产生大量连续变形而导致破坏。

木材在长期荷载作用下不致引起破坏的最大强度，称为持久强度。木材的持久强度比其极限强度小得多，一般为极限强度的50%~60%，如图9-8所示。木结构设计时，应考虑负荷时间对木材强度的影响。

（3）环境温度

温度对木材强度有直接影响。当温度由25 ℃升至50 ℃时，将因木纤维和其间的胶体软化等原因，使木材抗压强度降低20%~40%，抗拉和抗剪强度降低

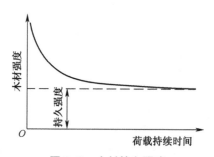

图9-8　木材持久强度

12%～20%；当温度在100℃以上时，木材中部分组织会分解、挥发，木材变黑，强度明显下降。因此，长期处于高温环境下的建筑物不宜采用木结构。

（4）木材的缺陷

①节子。节子破坏了木材构造的均匀性和完整性，因此会降低顺纹抗拉强度，对顺纹抗压强度影响较小。节子能提高横纹抗压和顺纹抗剪强度。

②腐朽。木材受腐朽菌侵蚀后，不仅颜色改变，结构也变得松软、易碎，呈筛孔和粉末状形态。腐朽严重地降低了木材的硬度和强度，甚至使木材完全失去使用价值。

③裂纹。木纤维间由于受外力和温度、湿度的影响，产生分离所形成的裂隙称为裂纹。裂纹会降低木材的强度，特别是顺纹抗剪强度。而且缝内容易积水，加速木材的腐烂。

④构造缺陷。木纤维排列不正常，如斜纹、涡纹、扭转纹以及髓心偏心或双髓心，均会降低木材的强度，特别是抗拉及抗弯强度。

9.3 木材的应用

树木的生长周期长，我国木材资源十分缺乏，而木材又是不可或缺的宝贵资源。因此，在建筑工程的施工中，必须科学合理地使用木材，节约木材，提高木材的耐久性和利用率。

9.3.1 木材产品

木材按供应形式和用途可分为原条、原木、板材和方材，见表9-3。

表9-3 木材产品的分类

分类名称	说　明	主　要　用　途
原条	指除去皮、根、树梢、枝杈的木料，但尚未按一定尺寸加工成规定的木料	脚手架、建筑用材、家具等
原木	原条按一定尺寸加工而成的规定直径和长度的木料	直接在建筑工程中作屋架、檩条、椽木、木桩、搁栅、楼梯等；或者用于胶合板等一般加工用材
板材	原木经锯解加工而成的木材，宽度为厚度的3倍或3倍以上	建筑工程、桥梁、家具、造船、车辆、包装箱等
方材	原木经锯解加工而成的木材，宽度不足厚度的3倍	建筑工程、桥梁、家具、造船、车辆、包装箱等

9.3.2 常用木材制品

木材根据其加工方式不同可分为实木板、人造板两大类。目前在建筑工程中除了地板和门扇会使用实木板外，一般板材都是人工加工的人造板。

人造板材是利用木材、木质纤维、木质碎料或其他植物纤维为原料，加入胶粘剂和其他添加剂制成的板材。常用的木质人造板有胶合板、纤维板、刨花板、木屑板、木丝板等。人造板材幅面宽、表面平整光滑、不翘曲不开裂，经加工处理后还具有防水、防火、防腐、耐酸等性能。不少人造板材存在游离甲醛释放的问题，国家标准《室内装饰装修材料　人造板及其制品中甲醛释放限量》（GB 18580—2001）对此作出了规定，以防止室内环境受到污染。

(1) 实木板

顾名思义，实木板就是采用完整的木材制成的木板材。这些板材坚固耐用、纹路自然，是装修时优中之选。但由于此类板材造价高，而且施工工艺要求高，在装修中使用并不多。

(2) 胶合板

胶合板是由三层或多层单板或薄板胶贴热压而成，压制时按照相邻各层木纤维互相垂直重叠，层数一般为奇数，少数也有偶数，是目前制作家具最为常用的材料。根据《胶合板》（GB/T 9846.1~8—2004）的规定，其分类见表9-4。其中平面状普通胶合板的宽度有915 mm、1 220 mm 两种，长度从 915~2 440 mm 有五种规格，厚度为 2.7 mm、3 mm、3.5 mm、4 mm、5 mm、5.5 mm、6 mm，自 6 mm 起按 1 mm 递增。

胶合板材质均匀、强度高、不翘曲不开裂、木纹美丽、色泽自然、幅面大、平整易加工、使用方便、装饰性好，广泛应用于装饰装修工程中。

表9-4 胶合板分类表（GB/T 9846.1—2004）

按总体外观分	按构成成分	单板胶合板	按主要特征分	按耐久性分	干燥条件下使用
		木心胶合板（又分为细木工板和层积板）			潮湿条件下使用
					室外条件下使用
		复合胶合板		按表面加工状况分	未砂光板
	按外形和形状分	平面的			砂光板
		成型的			预饰面板
按用途分	普通胶合板				贴面板
	特种胶合板				

(3) 纤维板

纤维板是将树皮、刨花、树枝等木材加工的下脚碎料经破碎浸泡、研磨成木浆，加入一定胶粘剂经热压成型、干燥处理而成的人造板材。纤维板具有材质均匀、纵横强度差小、不易开裂、表面适于粉刷各种涂料或粘贴装裱等优点，用途广泛。制造 1 m³纤维板约需2.5~3 m³的木材，可代替 3 m³锯材或 5 m³原木。发展纤维板生产是木材资源综合利用的有效途径。

纤维板通常按产品表观密度分非压缩型和压缩型两大类。非压缩型产品为软质纤维板，表观密度小于 400 kg/m³；压缩型产品有中密度纤维板（也称半硬质纤维板，表观密度为 400~800 kg/m³）和硬质纤维板（密度大于 800 kg/m³）。

软质纤维板质轻，孔隙率大，有良好的隔热性和吸声性，多用作公共建筑物内部的覆盖材料。经特殊处理可得到孔隙更多的轻质纤维板，具有吸附性能，可用于净化空气。

中密度纤维板结构均匀，密度和强度适中，有较好的再加工性。产品厚度范围较宽，具有多种用途，如家具用材、电视机的壳体材料等。中密度纤维板还常制成带有一定图形的盲孔板，表面施以白色涂料，这种板兼具吸声和装饰作用，多用作会议室、报告厅等室内顶棚材料。

硬质纤维板产品厚度范围较小，在 3~8 mm 之间。强度较高的 3~4 mm 厚的硬质纤维板可代替9～12 mm 锯材薄板材使用。多用于建筑、船舶、车辆等。

（4）刨花板、木丝板、木屑板

刨花板、木丝板、木屑板是用木材加工时产生的刨花、木屑和短小废料刨制的木丝等碎渣，经干燥后拌入胶料，再经热压成型而制成的人造板材。所用胶结料可为合成树脂胶，也可用水泥、菱苦土等无机胶结料。这类板材表观密度小，强度较低，主要用作绝热和吸声材料。有的表层做了饰面处理如粘贴塑料贴面后，可用作装饰或家具等材料。

9.3.3 木材的防腐

1. 木材的腐朽

木材的腐朽为真菌侵害所致。真菌分霉菌、变色菌和腐朽菌三种，前两种真菌对木材质量影响较小，但腐朽菌影响很大。腐朽菌寄生在木材的细胞壁中，它能分泌出一种酵素，把细胞壁物质分解成简单的养分，供自身摄取生存，从而致使木材产生腐朽，并遭彻底破坏。但真菌在木材中生存和繁殖必须具备三个条件，即适当的水分、足够的空气和适宜的温度。当空气相对湿度在90%以上，木材的含水率为35%～50%，环境温度为25 ℃～30 ℃时，适宜真菌繁殖，木材最易腐朽。

此外，木材还易受到白蚁、天牛等昆虫的蛀蚀，使木材形成很多孔眼或沟道，甚至蛀穴，破坏木质结构的完整性而使强度严重降低。

2. 木材的防腐

木材防腐的基本原理在于破坏真菌及虫类生存和繁殖的条件，常用方法有以下两种：

（1）结构预防法

在结构和施工中，使木结构不受潮，要有良好的通风条件；在木材与其他材料之间用防潮垫；不将支点或其他任何木结构封闭在墙内；木地板下设通风洞；木屋架设老虎窗等。从而根除菌类生存条件，达到防腐要求。

（2）防腐剂法

这种方法是通过涂刷或浸渍水溶性防腐剂（如氯化钠、氧化锌、氟化钠、硫酸铜）、油溶性防腐剂（如五氯酚、林丹合剂）、乳剂防腐剂（如氟化钠、沥青膏）等，使木材成为有毒物质，达到防腐要求。

复习思考题

9.1 简述木材的宏观构造和微观构造。

9.2 何谓纤维饱和点、平衡含水率？

9.3 木材含水率对其物理力学性能有何影响？

9.4 影响木材强度的主要因素有哪些？

9.5 木材防腐有哪些方法？

9.6 人造板材有哪几种？试述其应用。

防水材料

1. 了解石油沥青的主要技术性质、技术标准、应用及沥青的改性；
2. 熟悉常用防水卷材的分类、品种、性能及应用；
3. 熟悉常用防水涂料的分类、品种、性能及应用；
4. 了解密封材料的品种及应用。

10.1 沥 青

沥青是一种有机胶凝材料，是有机化合物的复杂混合物。沥青溶于二硫化碳、四氯化碳、苯及其他有机溶剂，在常温下呈固体、半固体或液体形态，颜色呈辉亮褐色以至黑色。沥青具有良好的黏结性、塑性、不透水性及耐化学侵蚀性，并能抵抗大气的风化作用。在建筑工程上主要用于屋面及地下室防水、车间耐腐蚀地面及道路路面等。此外，还可用来制造防水卷材、防水涂料、油膏、胶结剂及防腐涂料等。一般用于建筑工程的主要是石油沥青及少量的煤沥青。

10.1.1 石油沥青的主要技术性质及应用

1. 主要技术性质

沥青的主要技术性质有黏滞性、塑性、温度敏感性、大气稳定性。另外，它的闪点和燃点以及溶解度、水分等对它的应用都有影响。

(1) 黏滞性

黏滞性是沥青在外力作用下抵抗发生形变的性能指标。沥青黏滞性的大小主要由它的组分和温度来确定，一般沥青质含量增大，其黏滞性增大；温度升高，其黏滞性降低。

液态沥青的黏滞性用黏滞度表示；半固体或固体沥青的黏滞性用针入度表示。

①黏滞度是液态沥青在一定温度下，经规定直径的孔洞漏下 50 mL 所需要的时间 (s)。黏滞度常以符号 C_t^d 表示。其中 d 为孔洞直径，常为 3.5 mm 或 10 mm；t 为温度，常为 25 ℃ 或 60 ℃。黏滞度越大，表示液态沥青在流动时的内部阻力越大。

②针入度是指在温度为 25 ℃ 的条件下，以质量 100 g 的标准针，经 5 s 沉入沥青中的深度，每沉入 0.1 mm 称为 1 度。针入度值越大，表征半固态或固态沥青的相对黏度越小。

沥青的牌号划分主要是依据针入度的大小确定的。建筑石油沥青牌号有 40 号、30 号和 10 号。

(2) 塑性

塑性是指沥青在外力作用下产生变形而不被破坏的能力。沥青之所以能被制造成性能良好的柔性防水材料，很大程度上取决于它的塑性。沥青塑性的大小与它的组分、温度及拉伸速度等因素有关。树脂含量越多，塑性越大；温度升高，塑性增大；拉伸速度越快，塑性越大。

沥青的塑性用延伸度来表示。延伸度是指将沥青标准试件在规定温度（25 ℃）下，在沥青延伸仪上以规定速度（5 cm/min）拉伸，当试件被拉断时的伸长值，单位为 cm。沥青的延伸度越大，沥青的塑性越好。

（3）温度敏感性

温度敏感性是指石油沥青的黏滞性和塑性随温度升降而变化的性能。随温度的升高，沥青的黏滞性降低，塑性增加，这样变化的程度越大则表示沥青的温度敏感性越大。温度敏感性大的沥青，低温时会变成脆硬固体，易破碎；高温时则会变为液体而流淌，因此温度敏感性是沥青的重要质量指标之一，常用软化点表示。

软化点是指沥青材料由固体状态转变为具有一定流动性膏体时的温度。软化点可通过环球法试验测定。将沥青试样装入规定尺寸的铜环中，上置规定尺寸和质量的钢球，放在水或甘油中，以每分钟升高 5 ℃ 的速度加热至沥青软化下垂达 25.4 mm 时的温度（℃），即为沥青软化点。

（4）大气稳定性（抗老化性）

大气稳定性是指沥青长期在阳光、空气、温度等的综合作用下，性能稳定的程度。沥青在大气因素的长期综合作用下，逐渐失去黏滞性、塑性而变硬变脆的现象称为沥青的老化。大气稳定性可以用沥青的蒸发损失量及针入度变化来表示，即试样在 160 ℃ 温度下加热 5 h 后的质量损失百分率和蒸发前后的针入度比。蒸发损失率越小，针入度比越大，则表示沥青的大气稳定性越好。

（5）闪点和燃点

闪点是指沥青达到软化点后再继续加热，则会发生热分解而产生挥发性的气体，当与空气混合，在一定条件下与火焰接触，初次产生蓝色闪光时的沥青温度。

燃点又称着火点。当沥青温度达到闪点，温度如再上升，与火接触而产生的火焰能持续燃烧 5 s 以上时，这个开始燃烧的温度即为燃点。

各种沥青的最高加热温度都必须低于其闪点和燃点。施工现场在熬制沥青时，应特别注意加热温度。当超过最高加热温度时，由于油的挥发，可能发生沥青锅起火、爆炸、烫伤人等事故。

（6）溶解度

沥青的溶解度是指沥青在溶剂中（苯或二硫化碳）溶解的百分率。沥青溶解度是用来确定沥青中有害杂质含量的。

沥青中有害杂质含量高，主要会降低沥青的黏滞性。一般石油沥青溶解度高达 98% 以上，而天然沥青因含不溶性矿物质，溶解度低。

（7）水分

沥青几乎不溶于水，具有良好的防水性能。但沥青材料也不是绝对不含水的。水在纯沥青中的溶解度为 0.001%～0.01%。沥青吸收水分的多少取决于所含能溶于水的盐分的多少，沥青含盐分越多，水作用时间越长，吸收水分就越多。

由于沥青中含有水分，施工前要进行加热熬制。沥青在加热过程中水分形成泡沫，并随温度的升高而增多，易发生溢锅现象，可能引起火灾。所以在加热过程中应加快搅拌，促使水分蒸发，并降低加热温度，而且锅内沥青不能装得过多。

2. 沥青的技术标准

沥青的主要技术标准以针入度、延伸度、软化点等指标表示，见表10-1。

表10-1　建筑石油沥青技术标准

项　　目		质量指标		
		10号	30号	40号
针入度（25 ℃，100 g，5 s）（1/10 mm）		10～25	26～35	36～50
延度（25 ℃，5 cm/min）（cm）	不小于	1.5	2.5	3.5
软化点（环球法）（℃）	不低于	95	75	60
溶解度（三氯乙烯）（%）	不小于	99.0		
蒸发后质量变化（163 ℃，5 h）（%）	不大于	1		
蒸发后25 ℃针入度（%）	不小于	65		
闪点（开口杯法）（%）	不低于	260		

3. 石油沥青的应用

建筑石油沥青主要用于屋面、地下防水及沟槽防水、防腐蚀等工程。道路石油沥青主要用于沥青混凝土或沥青砂浆，用于道路路面或工业厂房地面等工程。根据工程需要还可以将建筑石油沥青与道路石油沥青掺和使用。

一般屋面用的沥青，软化点应比本地区屋面可能达到的最高温度高 20 ℃～25 ℃，以避免夏季流淌。

当采用普通石油沥青作为黏结材料时，随着时间增长，沥青黏结层的耐热和黏结能力会降低。因此，在建筑中一般不宜采用普通石油沥青作为黏结材料，否则必须加以适当的改性处理。

10.1.2　沥青的改性

通常，沥青材料本身不能完全满足建筑工程的要求，通过对沥青进行改性处理，使其具备较好的综合性能，如在高温条件下有足够的强度和稳定性，在低温条件下有良好的弹性和塑性，在加工和使用条件下具有抗老化能力，与各种矿物填充料和结构表面有较强的黏附力，对基层变形有一定的适应性和耐疲劳性等。

1. 矿物填充料改性

在沥青中加入一定量的矿物填充料，可以提高沥青的黏滞性和耐热性，减小沥青的温度敏感性，同时也可以减少沥青的用量。常用的矿物填充料有粉状和纤维状两类。矿物填充料的掺量一般为20%～40%。

粉状填充料易被沥青润湿，可直接混入沥青中，以提高沥青的大气稳定性和降低温度敏感性，常用来生产具有耐酸、耐碱、耐热和绝缘性能较好的沥青制品。粉状填充料有滑石粉、石灰石粉、白云石粉、粉煤灰、硅藻土和云母粉等。

纤维状填充料呈纤维状，富有弹性，具有耐酸、耐碱、耐热性能，是热和电的不良导体，内部有很多微孔，吸油（沥青）量大，故可提高沥青的抗拉强度和热稳定性。纤维状填充料有石棉绒、石棉粉等。

2. 树脂改性

用树脂改性石油沥青可以改善沥青的强度、塑性、耐热性、耐寒性、黏结性和抗老化性等。树脂改性沥青主要有无规聚丙烯（APP）、聚氯乙烯（PVC）、聚乙烯（PE）、古马隆树脂等。

3. 橡胶改性

沥青与橡胶相溶性较好，改性后的沥青高温时变形小，低温时具有一定的塑性，可提高材料的强度、延伸率和耐老化性。橡胶改性沥青主要有以下品种：

（1）丁基橡胶改性沥青

具有优异的耐分解性，并具有较好的耐热性和低温抗裂性。多用于道路路面工程及制作密封材料和涂料等。

（2）氯丁橡胶改性沥青

可以使沥青的气密性、低温柔韧性、耐化学腐蚀性、耐光性、耐臭氧性、耐候性和耐燃烧性大大改善。

（3）再生橡胶改性沥青

具有一定的弹性、塑性、耐光性、耐臭氧性、良好的黏结性、气密性、低温柔韧性和抗老化等性能，而且价格低廉。主要用于制作防水卷材、片材、密封材料、胶粘剂和涂料等。

（4）SBS改性沥青

具有塑性好、抗老化性能好、热不黏冷不脆等特性。SBS的掺量一般为5%～10%，主要用于制作防水卷材，也可用于密封材料或防水涂料等，是目前世界上应用最广的改性沥青材料之一。

4. 橡胶和树脂改性

橡胶和树脂用于沥青改性，使沥青同时具有橡胶和树脂的特性，且橡胶和树脂的混溶性较好，故改性效果良好。

橡胶和树脂共混改性沥青采用不同的原料品种、配比、制作工艺，可以得到不同性能的产品，常用的有氯化聚乙烯-橡胶共混改性沥青和聚氯乙烯-橡胶共混改性沥青等，主要用于防水卷材、片材、密封材料和涂料等。

10.2 防水卷材

防水卷材是建筑工程重要的防水材料之一。根据其主要防水组成材料分为沥青防水卷材、高聚物改性沥青防水卷材和合成高分子防水卷材三大类。沥青防水卷材是传统的防水材料，但其胎体材料已有很大的发展，在我国目前仍广泛应用于地下、水工、工业及其他建筑物和构筑物中，特别是被普遍应用于屋面工程中。高聚物改性沥青防水卷材和合成高分子防水卷材性能优异，代表了新型防水卷材的发展方向。

10.2.1 沥青防水卷材

沥青资源丰富，价格低廉，具有良好的防水性能，广泛用于地下、水工、工业及其他建筑和构筑物中。沥青防水卷材的应用在我国占据主导地位。

凡用原纸或玻璃布、石棉布、棉麻织品等胎料浸渍石油沥青（或焦油沥青）制成的卷状材料，称为有胎卷材，通常称为油毡。将石棉、橡胶粉等掺入沥青材料中，经碾压制成的卷状材料称为辊压卷材（无胎卷材）。这两种卷材通称沥青防水卷材。

（1）石油沥青纸胎油毡

石油沥青纸胎油毡（简称油毡）是指以石油沥青浸渍原纸，再涂盖其两面，表面涂或撒隔离材料所制成的卷材。油毡幅宽为 1 000 mm，其他规格可由供需双方商定。每卷油毡的总面积为（20±0.3）m²。

油毡按产品名称、类型和标准号顺序标记。如Ⅱ型石油沥青纸胎油毡标记为：油毡Ⅱ型 GB 326—2007。

油毡按卷重和物理性能分为Ⅰ型、Ⅱ型和Ⅲ型三类。Ⅰ型、Ⅱ型油毡适用于辅助防水、保护隔离层、临时性建筑防水、防潮及包装等；Ⅲ型油毡适用于屋面工程的多层防水。

每卷油毡的卷重应符合表 10-2 的规定。

油毡的物理性能应符合表 10-3 的规定。

表 10-2　油毡的卷重

类型	Ⅰ型	Ⅱ型	Ⅲ型
卷重（kg/卷）≥	17.5	22.5	28.5

表 10-3　油毡的物理性能

项目		指标		
		Ⅰ型	Ⅱ型	Ⅲ型
单位面积浸涂材料总量（g·m⁻²）≥		600	750	1 000
不透水性	压力（MPa）≥	0.02	0.02	0.10
	保持时间（min）≤	20	30	30
吸水率（%）≤		3.0	2.0	1.0
耐热度		(85±2)℃，2 h 涂盖层无滑动、流淌和集中性气泡		
拉力（纵向）（N/50 mm）≥		240	270	340
柔度		(18±2)℃，绕 φ20 mm 棒或弯板无裂纹		

注：本标准Ⅲ型产品物理性能要求为强制性的，其余为推荐性的。

（2）玻璃布胎沥青油毡

为了克服纸胎沥青油毡耐久性差、抗拉强度低等缺点，可用玻璃布等代替纸胎。玻璃布胎沥青油毡（简称玻璃布油毡）是用石油沥青涂盖材料浸涂玻璃纤维布的两面，再涂或撒隔离材料所制成的以无机纤维为胎体的沥青防水卷材。玻璃布油毡幅宽为 1 000 mm。玻璃布油毡按物理性能分为一等品（B）和合格品（C）。

玻璃布胎油毡的抗拉强度、耐久性等均优于纸胎油毡，柔韧性好，耐腐蚀性强，适用于耐久性、耐腐蚀性、耐水性要求较高的工程如地下工程防水、防腐层、屋面防水以及除热水管外的金属管道防腐保护层等。玻璃布油毡的物理性能应符合表 10-4 所规定的技术指标。

表 10-4　玻璃布胎沥青油毡技术指标

项目名称	一等品	合格品
可溶物含量（g·m⁻²）≥	420	380
耐热度 [(85±2)℃，2 h]	无滑动和集中性气泡	

项 目 名 称		一 等 品	合 格 品
不透水性	压力（MPa）≥	0.2	0.1
	时间 不小于 15 min	无渗漏	
拉力（N）[（25±2）℃时，纵向]≥		400	300
柔度	温度（℃）≤	0	5
	弯曲直径（30 mm）	无裂纹	
耐霉菌腐蚀性	质量损失（%）≤	2.0	
	拉力损失（%）≤	15	

（3）高聚物改性沥青防水卷材

高聚物改性沥青防水卷材是指以合成高分子聚合物改性沥青为涂盖层，以纤维织物、纤维毡或塑料薄膜为胎体，以粉状、粒状、片状或薄膜材料为防粘隔离层制成的防水卷材。

高聚物改性沥青防水卷材克服了沥青防水卷材的温度稳定性差、延伸率小、难以适应基层开裂及伸缩的缺点，具有高温不流淌、低温不脆裂、拉伸强度较高、延伸率较大等优异性能。

（4）弹性体改性沥青防水卷材

弹性体改性沥青防水卷材（SBS）是以聚酯毡、玻纤毡、玻纤增强聚酯毡为胎基，以苯乙烯-丁二烯-苯乙烯（SBS）热塑性弹性体作改性剂，两面覆以隔离材料所制成的建筑防水卷材，简称 SBS 卷材。

SBS 卷材按胎基分为聚酯毡（PY）、玻纤毡（G）、玻纤增强聚酯毡（PYG）；按上表面隔离材料分为聚乙烯膜（PE）、细砂（S）、矿物粒料（M），按下表面隔离材料分为细砂（S）、聚乙烯膜（PE）；按材料性能分为 I 型和 II 型。

SBS 卷材幅宽 1 000 mm；聚酯胎卷材厚度为 3 mm 和 4 mm；玻纤胎卷材厚度为 2 mm、3 mm 和 4 mm。每卷面积有 15 m²、10 m²、7.5 m² 三种。

SBS 卷材具有较高的弹性、延伸率、耐疲劳性和低温柔韧性，适用于工业与民用建筑的屋面及地下防水工程，尤其适用于较低气温环境的建筑防水。它可用冷法施工或热熔铺贴，适于单层铺设或复合使用。SBS 卷材的物理力学性能应符合表 10-5 的规定。

表 10-5 **SBS 卷材物理力学性能**（GB 18242—2008）

序号	项 目		指 标				
			I		II		
			PY	G	PY	G	PYG
1	可溶物含量（g·m⁻²）≥	3 mm	2 100			—	
		4 mm	2 900			—	
		5 mm	3 500				
		试验现象	—	胎基不燃	—	胎基不燃	
2	耐热性	℃	90		105		
		≤mm	2				
		试验现象	无流淌、滴落				

序号	项 目		指　标				
			I		II		
			PY	G	PY	G	PYG
3	低温柔性（℃）		−20		−25		
			无裂缝				
4	不透水性 30 min		0.3 MPa	0.2 MPa	0.3 MPa		
5	拉力	最大峰拉力（N/50 mm）≥	500	350	800	500	900
		次高峰拉力（N/50 mm）≥	—	—	—	—	800
		试验现象	拉伸过程中，试件中部无沥青涂盖层开裂或与胎基分离现象				
6	延伸率	最大峰时延伸率（%）≥	30	—	40	—	—
		第二峰时延伸率（%）≥	—		—		15
7	人工气候加速老化	外观	无滑动、流淌、滴落				
		拉力保持率（%）≥	80				
		低温柔性（℃）	−15		−20		
			无裂缝				

（5）塑性体改性沥青防水卷材

塑性体改性沥青防水卷材是以聚酯毡、玻纤毡、玻纤增强聚酯毡为胎基，以无规聚丙烯（APP）或聚烯烃类聚合物（APAO、APO 等）作石油沥青改性剂，两面覆以隔离材料制成的防水卷材，简称 APP 卷材。

APP 卷材按胎基分为聚酯毡（PY）、玻纤毡（G）、玻纤增强聚酯毡（PYG）；按上表面隔离材料分为聚乙烯膜（PE）、细砂（S）、矿物粒料（M），下表面隔离材料分为细砂（S）、聚乙烯膜（PE）；按材料性能分为 I 型和 II 型。

APP 卷材耐热性能优异，耐水性、耐腐蚀性较好，适用于工业与民用建筑的屋面和地下防水工程以及道路、桥梁等建筑物的防水，尤其适用于较高气温环境的建筑防水。其物理力学性能应符合表 10-6 的规定。

表 10-6　APP 卷材物理力学性能（GB 18243—2008）

序号	项 目		指　标				
			I		II		
			PY	G	PY	G	PYG
1	可溶物含量（g·m⁻²）≥	3 mm	2 100				—
		4 mm	2 900				—
		5 mm	3 500				
		试验现象	—	胎基不燃	—	胎基不燃	

序号	项 目		指 标				
			I		II		
			PY	G	PY	G	PYG
2	耐热性	℃	110		130		
		≤mm	2				
		试验现象	无流淌、滴落				
3	低温柔性（℃）		−7		−15		
			无裂缝				
4	不透水性 30 min		0.3 MPa	0.2 MPa	0.3 MPa		
5	拉力	最大峰拉力（N/50 mm）≥	500	350	800	500	900
		次高峰拉力（N/50 mm）≥	—	—	—	—	800
		试验现象	拉伸过程中，试件中部无沥青涂盖层开裂或与胎基分离现象				
6	延伸率	最大峰时延伸率（%）≥	25		40		—
		第二峰时延伸率（%）≥	—		—		15
7	人工气候加速老化	外观	无滑动、流淌、滴落				
		拉力保持率（%）≥	80				
		低温柔性（℃）	−2		−10		
			无裂缝				

10.2.2　高分子防水卷材

高分子防水卷材是以合成橡胶、合成树脂或两者的共混体为基料，加入适量的助剂和填充料等，经过特定工序制成的。高分子防水卷材具有拉伸强度高、断裂伸长率大、抗撕裂强度高、耐热性能好、低温柔性好、耐腐蚀、耐老化以及可以冷施工等一系列优异性能，是我国大力发展的新型高档防水卷材。

（1）高分子防水卷材的分类

高分子防水卷材可以分为均质片（卷材）、复合片（卷材）、自粘片（卷材）、异型片（卷材）和点（条）粘片（卷材）五种。

均质片（卷材）是以高分子合成材料为主要材料，各部位截面材质一致的防水片（卷）材。

复合片（卷材）是以高分子合成材料为主要材料，复合织物等为保护层或增强层，以改变其尺寸稳定性和力学特性，各部位截面结构一致的片（卷）材。

自粘片（卷材）是在高分子片材表面复合一层自粘材料和隔离保护层，以改善或提高其与基层的黏结性能，各部位截面结构一致的防水片材。

异型片（卷材）是以高分子合成材料为主要材料，经特殊工艺加工成表面为连续凸凹壳体或特定几何形状的防（排）水片材。

点粘片（卷材）是均质片材与织物等保护层多点（条）黏接在一起，黏接点（条）在规定区域内均匀分布，利用黏接点（条）的间距，使其具有切向排水功能的防水片材。

《高分子防水材料 第1部分 片材》（GB 18173.1—2012）规定，高分子防水卷材分类见表10-7。

表10-7 高分子防水材料片材的分类（GB 18173.1—2012）

分类		代号	主要原材料
均质片	硫化橡胶类	JL1	三元乙丙橡胶
		JL2	橡塑共混
		JL3	氯丁橡胶、氯磺化聚乙烯、氯化聚乙烯等
	非硫化橡胶类	JF1	三元乙丙橡胶
		JF2	橡塑共混
		JF3	氯化聚乙烯
	树脂类	JS1	聚氯乙烯等
		JS2	乙烯醋酸乙烯共聚物、聚乙烯等
		JS3	乙烯醋酸乙烯共聚物与改性沥青共混等
复合片	硫化橡胶类	FL	（三元乙丙、丁基、氯丁橡胶、氯磺化聚乙烯等）/织物
	非硫化橡胶类	FF	（氯化聚乙烯、三元乙丙、丁基、氯丁橡胶、氯磺化聚乙烯等）/织物
	树脂类	FS1	聚氯乙烯/织物
		FS2	（聚乙烯、乙烯醋酸乙烯共聚物等）/织物
自粘片	硫化橡胶类	ZJL1	三元乙丙/自黏料
		ZJL2	橡塑共混/自黏料
		ZJL3	（氯丁橡胶、氯磺化聚乙烯、氯化聚乙烯等）/自黏料
		ZFL	（三元乙丙、丁基、氯丁橡胶、氯磺化聚乙烯等）/织物/自黏料
	非硫化橡胶类	ZJF1	三元乙丙/自黏料
		ZJF2	橡塑共混/自黏料
		ZJF3	氯化聚乙烯/自黏料
		ZFF	（氯化聚乙烯、三元乙丙、丁基、氯丁橡胶、氯磺化聚乙烯等）/织物/自黏料
	树脂类	ZJS1	聚氯乙烯/自黏料
		ZJS2	（乙烯醋酸乙烯共聚物、聚乙烯等）/自黏料
		ZJS3	乙烯醋酸乙烯共聚物与改性沥青共混等/自黏料
		ZFS1	聚氯乙烯/织物/自黏料
		ZFS2	（聚乙烯、乙烯醋酸乙烯共聚物等）/织物/自黏料
异形片	树脂类（防排水保护板）	YS	高密度聚乙烯、改性聚丙烯、高抗冲聚苯乙烯等

分类		代号	主要原材料
点粘片	树脂类	DS1/TS1	聚氯乙烯/织物
		DS2/TS2	（乙烯醋酸乙烯共聚物、聚乙烯等）/织物
		DS3/TS3	（乙烯醋酸乙烯共聚物与改性沥青共混物等）/织物

（2）高分子防水卷材的规格

《高分子防水材料　第1部分　片材》（GB 18173.1—2012）规定，高分子防水卷材规格见表10-8。

表 10-8　高分子防水材料片材的规格尺寸（GB 18173.1—2012）

项目	厚度（mm）	宽度（m）	长度（m）
橡胶类	1.0，1.2，1.5，1.8，2.0	1.0，1.1，1.2	20 以上
树脂类	0.5 以上	1.0，1.2，1.5，2.0，2.5，3.0，4.0，6.0	

注：橡胶类片材在每卷 20 m 长度中允许有一处接头，且最小块长度不小于 3 m，并应加长 15 cm 备作搭接；树脂类片材在每卷至少 20 m 长度内不允许有接头；自粘片材及异型片型每卷 10 m 长度内不允许有接头。

（3）外观质量

①片材表面应平整，不能有影响使用性能的杂质、机械损伤、折痕及异常黏着等缺陷。

②在不影响使用的条件下，片材表面缺陷应符合下列规定：

a. 凹痕深度，橡胶类不得超过片材厚度的 20%；树脂类片材不得超过 5%；

b. 气泡深度，橡胶类不得超过片材厚度的 20%，每 1 m² 内气泡面积不得超过 7 mm²；树脂类片材不允许有气泡。

③异型片表面应边缘整齐、无裂纹、孔洞、粘连、气泡、疤痕及其他机械损伤缺陷。

（4）高分子防水卷材的物理性能

均质片的物理性能应符合表 10-9 的规定，复合片的物理性能应符合表 10-10 的规定。

表 10-9　均质片的物理性能（GB 18173.1—2012）

项　目		指　标								
		硫化橡胶类			非硫化橡胶类			树脂类		
		JL1	JL2	JL3	JF1	JF2	JF3	JS1	JS2	JS3
断裂拉伸强度（MPa）≥	常温（23 ℃）≥	7.5	6.0	6.0	4.0	3.0	5.0	10	16	14
	高温（60 ℃）≥	2.3	2.1	1.8	0.8	0.4	1.0	4	6	5
扯断伸长率（%）	常温（23 ℃）≥	450	400	300	400	200	200	200	550	500
	低温（-20 ℃）≥	200	200	170	200	100	100	—	350	300
撕裂强度（kN/m）≥		25	24	23	18	10	10	40	60	60
不透水性（30 min 无渗漏）（MPa）		0.3	0.2	0.3	0.2			0.3		
低温弯折温度（℃）≤		-40	-30	-30	-30	-20	-20	-20	-35	-35
加热伸缩量（mm）	延伸≤	2	2	2	2	4	4	2	2	2
	收缩≤	4	4	4	6	10	10	6	6	6

项　　目		指　标								
		硫化橡胶类			非硫化橡胶类			树脂类		
		JL1	JL2	JL3	JF1	JF2	JF3	JS1	JS2	JS3
热空气老化 （80 ℃，168 h）	断裂拉伸强度保持率 （%）≥	80	80	80	90	60	80	80	80	80
	拉断伸长率保持率 （%）≥	70								
耐碱性［饱和 Ca(OH)₂溶液， 23 ℃，168 h］	断裂拉伸强度保持率 （%）≥	80	80	80	80	70	70	80	80	80
	拉断伸长率保持率 （%）≥	80	80	80	90	80	70	80	90	90
臭氧老化 （40 ℃，168 h）	伸长率40%，500×10⁻⁸	无裂纹	—	—	无裂纹	—	—	—	—	—
	伸长率20%，200×10⁻⁸	—	无裂纹	—	—	—	—	—	—	—
	伸长率20%，100×10⁻⁸	—	—	无裂纹	—	无裂纹	无裂纹	—	—	—
人工气 候老化	断裂拉伸强度保持率 （%）≥	80	80	80	80	70	80	80	80	80
	拉断伸长率保持率 （%）≥	70								
黏结剥离强度 （片材与片材）	（N/mm） （标准试验条件）≥	1.5								
	浸水保持率 （23 ℃，168 h）（%）≥	70								

注：①人工气候老化和黏合剥离强度为推荐项目；
　　②非外露使用可以不考核臭氧老化、人工气候老化、加热伸缩量、60 ℃断裂拉伸强度性能。

表 10-10　复合片的物理性能（GB 18173.1—2012）

项　　目		指　标			
		硫化橡胶类	非硫化橡胶类	树脂类	
		FL	FF	FS1	FS2
断裂拉伸 强度（N/cm）	常温（23 ℃）≥	80	60	100	60
	高温（60 ℃）≥	30	20	40	30
扯断伸长率 （%）	常温（23 ℃）≥	300	250	150	400
	低温（−20 ℃）≥	150	50	—	300
撕裂强度（kN/m）≥		40	20	20	50
不透水性（0.3 MPa，30 min）		无渗漏			
低温弯折温度（℃）≤		−35	−20	−30	−20
加热伸缩量 （mm）	延伸≤	2	2	2	2
	收缩≤	4	4	2	4
热空气老化 （80 ℃，168 h）	断裂拉伸强度保持率（%）≥	80			
	拉断伸长率保持率（%）≥	70			

续表

项　目		指　标			
		硫化橡胶类	非硫化橡胶类	树脂类	
		FL	FF	FS1	FS2
耐碱性［饱和 Ca(OH)$_2$ 溶液，23 ℃，168 h］	断裂拉伸强度保持率（%）≥	80	60	80	80
	拉断伸长率保持率（%）≥	80	60	80	80
臭氧老化（40 ℃，168 h），200×10^{-8}，伸长率20%		无裂纹	无裂纹	—	—
人工气候老化	断裂拉伸强度保持率（%）≥	80	70	80	80
	拉断伸长率保持率（%）≥	70			
黏结剥离强度（片材与片材）	标准试验条件≥（N/mm）	1.5			
	浸水保持率（23 ℃，168 h）（%）≥	70			
复合强度（FS2 增强层与芯层）（N/cm）		—	—	—	0.8

注：①人工气候老化和黏合剥离强度为推荐项目；
　　②非外露使用可以不考核臭氧老化、人工气候老化、加热伸缩量、高温（60 ℃）断裂拉伸强度性能。

(5) 三元乙丙橡胶防水卷材

三元乙丙橡胶防水卷材是以乙烯、丙烯和少量双环戊二烯三种单体共聚合成的以三元乙丙橡胶为主体，掺入适量的丁基橡胶、硫化剂、促进剂、软化剂、补强剂和填充料等，经密炼、压延或挤出成型、硫化和分卷包装等工序而制成的一种高弹性的防水卷材。

三元乙丙橡胶防水卷材具有优良的耐候性、耐臭氧性和耐热性，还具有抗老化性好、质量轻、抗拉强度高、断裂伸长率大、低温柔韧性好及耐酸碱腐蚀等优点，使用寿命达20年以上。它可用于防水要求高、耐久年限长的各类防水工程。三元乙丙橡胶防水卷材的主要技术性能见表10-11。

表 10-11　三元乙丙橡胶防水卷材的主要技术性能

指 标 名 称	一 等 品	合 格 品
拉伸强度（MPa）≥	8.0	7.0
断裂伸长率（%）≥	450	450
撕裂强度（N/cm）≥	280	245
脆性温度（℃）≤	-45	-40
不透水性（MPa），保持 30 min	0.3	0.1

(6) 聚氯乙烯防水卷材

聚氯乙烯防水卷材是以聚氯乙烯为主要原料制成的防水卷材，聚氯乙烯防水卷材按产品的组成分为均质卷材（代号 H）、带纤维背衬卷材（代号 L）、织物内增强卷材（代号 P）、玻璃纤维内增强卷材（代号 G）、玻璃纤维内增强带纤维背衬卷材（代号 GL），材料性能见表10-12。

聚氯乙烯防水卷材长度规格为：15 m、20 m、25 m；宽度规格为1.00 m、2.00 m；厚度规格为：1.2 mm、1.5 mm、2.0 mm。其他规格可由供需双方商定。

标记按产品名称（代号 PVC 卷材）、外露或非外露使用、类型、厚度、长×宽和标准顺序标记。如长度 20 m、宽度 2 m、厚度 1.5 mm、L 类外露使用聚氯乙烯防水卷材标记为：PVC 卷材外露 L Ⅱ 1.5 mm/20 mm×2.00 m GB 12952—2011。

聚氯乙烯防水卷材具有抗拉强度高、断裂伸长率大、低温柔韧性好、使用寿命长及尺寸稳定性、耐热性、耐腐蚀性等较好的特性。它适用于新建和翻修工程的屋面防水，也适用于水池、堤坝等防水工程。

表 10-12　材料性能指标（GB 12952—2011）

序号	项　　目			指　　标				
				H	L	P	G	GL
1	中间胎基上面树脂层厚度/mm		≥	—		0.40		
2	拉伸性能	最大拉力/（N/cm）	≥	—	120	250	—	120
		拉伸强度/MPa	≥	10.0	—	—	10.0	—
		最大拉力时伸长率/%	≥	—	—	15		
		断裂伸长率/%	≥	200	150		200	100
3	热处理尺寸变化率/%		≤	2.0	1.0	0.5	0.1	0.1
4	低温弯折性			-25 ℃无裂纹				
5	不透水性			0.3 MPa，2 h 不透水				
6	抗冲击性能			0.5 kg·m，不渗水				
7	抗静态荷载*					25 kg，不渗水		
8	接缝剥离强度/（N/mm）		≥	4.0 或卷材破坏		3.0		
9	直角撕裂强度/（N/mm）		≥	50	—	—	50	—
10	梯形撕裂强度/N		≥	—	150	250	—	220
11	吸水率（70 ℃，168 h）/%	浸水后	≤	4.0				
		晾置后	≥	-0.40				
12	热老化（80 ℃）	时间/h		672				
		外观		无起泡、裂纹、分层、黏结和孔洞				
		最大拉力保持率/%	≥	—	85	85	—	85
		拉伸强度保持率/%	≥	85	—	—	85	—
		最大拉力时伸长率保持率/%	≥	—	—	80		
		断裂伸长率保持率/%	≥	60	80		80	80
		低温弯折性		-20 ℃无裂纹				
13	耐化学性	外观		无起泡、裂纹、分层、黏结和孔制				
		最大拉力保持率/%	≥	—	85	85	—	85
		拉伸强度保持率/%	≥	85	—	—	85	—
		最大拉力时伸长率保持率/%	≥	—	—	80		
		断裂伸长率保持率/%	≥	60	80		80	80
		低温弯折性		-20 ℃无裂纹				

序号	项　目		指　标				
			H	L	P	G	GL
14	人工气候加速老化	时间/h	1 500				
		外观	无起泡、裂纹、分层、黏结和孔洞				
		最大拉力保持率/% ≥	—	85	85	—	85
		拉伸强度保持率/% ≥	85	—	—	85	—
		最大拉力时伸长率保持率/% ≥	—	—	—	80	—
		断裂伸长率保持率/% ≥	80	80	—	80	80
		低温弯折性	−20 ℃无裂纹				

注：①抗静态荷载仅对用于压铺屋面的卷材要求；

　　②单层卷材屋面使用产品的人工气候加速老化时间为 2 500 h；

　　③非外露使用的卷材不要求测定人工气候加速老化。

（7）氯化聚乙烯-橡胶共混防水卷材

氯化聚乙烯-橡胶共混防水卷材是以氯化聚乙烯树脂和合成橡胶为主体，加入适量的硫化剂、促进剂、稳定剂、软化剂和填充料，经混炼、过滤、压延或挤出成型、硫化等工序制成的高弹性防水卷材。它不仅具有氯化聚乙烯所特有的高强度和优异的耐臭氧、耐老化性能，而且具有橡胶类材料所特有的高弹性、高延伸性和良好的低温柔性。氯化聚乙烯-橡胶共混防水卷材特别适用于寒冷地区或变形较大的建筑防水工程，也可用于有保护层的屋面、地下室、贮水池等防水工程。其主要技术性能见表 10-13。

表 10-13　氯化聚乙烯-橡胶共混防水卷材的主要技术性能

项　目	指　标	
	S 型	N 型
拉伸强度（MPa）≥	7.0	5.0
断裂伸长率（%）≥	400	250
直角形撕裂强度（kN/m）≥	24.5	20.0
脆性温度（℃）≤	−40	−20
不透水性（30 min）	0.3 MPa，不透水	0.2 MPa，不透水
臭氧老化（$500×10^{-8}$，168 h，40 ℃，静态）	伸长率40%，无裂纹	伸长率20%，无裂纹

10.3　防　水　涂　料

防水涂料是指常温下呈黏稠状态，涂布在结构物表面，经溶剂或水分挥发，或各组分间的化学反应，形成具有一定弹性的连续、坚韧的薄膜，使基层表面与水隔绝，起到防水和防潮作用的物质。它广泛应用于工业与民用建筑的屋面防水工程、地下混凝土工程的防潮防渗等。

防水涂料按成膜物质的主要成分分为沥青类防水涂料、高聚物改性沥青防水涂料和合成高分子防水涂料三类；按涂料的介质不同，可分为溶剂型、乳液型和反应型三类；按涂层厚度又可分为薄质防水涂料和厚质防水涂料两类。

10.3.1 沥青类防水涂料

（1）沥青胶

沥青胶又称玛琋脂，是在沥青中加入滑石粉、云母粉、石棉粉、粉煤灰等填充料加工而成。它分冷用和热用两种，分别称为冷沥青胶（冷玛琋脂）和热沥青胶（热玛琋脂），两者又都可以分为石油沥青胶及煤沥青胶两类。石油沥青胶适用于粘贴石油沥青类卷材，煤沥青胶适用于粘贴煤沥青类卷材。加入填充料是为了提高耐热性、增加韧性、降低低温脆性及减少沥青的用量，通常掺量为 10%～30%。

沥青胶的标号以耐热度表示，如"S—60"指石油沥青胶的耐热度为 60 ℃，"J—60"指煤沥青胶的耐热度为 60 ℃。

沥青胶的标号及适用范围见表 10-14。

表 10-14　沥青胶的标号（耐热度）及适用范围

沥青胶种类	标　号	适　用　范　围	
		屋面坡度（%）	历年室外极端最高温度（℃）
石油沥青胶	S—60	1～3	<38
	S—65		38～41
	S—70		41～45
	S—65	3～15	<38
	S—70		38～41
	S—75		41～45
	S—75	15～25	<38
	S—80		38～41
	S—85		41～45
煤沥青胶	J—55	1～3	<38
	J—60		38～41
	J—65		41～45
	J—60	3～10	<38
	J—65		38～41

注：①屋面坡度≤3%或油毡屋面上有整体保护层时，沥青胶标号可低于 5 号；
　②屋面坡度>25%或屋面受其他热源影响时，沥青胶标号应适当提高。

（2）冷底子油

冷底子油是用建筑石油沥青加入溶剂配制而成的一种沥青溶液。冷底子油黏度小，涂刷后能很快渗入混凝土、砂浆或木材等材料的毛细孔隙中，溶剂挥发后，沥青颗粒则留在基底的微孔中，与基底表面牢固结合，并使基底具有一定的憎水性，为粘贴同类防水卷材创造有利条件。若在冷底子油层上铺热沥青胶粘贴卷材时，可使防水层与基层粘贴牢固。冷底子油由于形成的涂膜较薄，一般不单独作为防水材料使用，往往仅作为某些防水材料的配套材料使用。

（3）水乳型沥青防水涂料

水乳型沥青防水涂料是指以水为介质，采用化学乳化剂或矿物乳化剂制得的沥青基防水涂料。

水乳型沥青防水涂料按物理力学性能分为 H 型和 L 型两种。水乳型沥青防水涂料按产品类型和标准号顺序标记。如 H 型水乳型沥青防水涂料标记为：水乳型沥青防水涂料 H JC/T 408—2005。

水乳型沥青防水涂料要求样品搅拌后均匀无色差、无凝胶、无结块，无明显沥青丝。其物理力学性能应满足表 10-15 的要求。

10.3.2　高聚物改性沥青防水涂料

高聚物改性沥青防水涂料是以高聚合物改性沥青为基料制成的水乳型或溶剂型防水涂料，其品种有再生橡胶改性沥青防水涂料、水乳型氯丁橡胶沥青防水涂料和丁基橡胶沥青防水涂料等。这类涂料由于用橡胶进行改性，所以在柔韧性、抗裂性、拉伸强度、耐高低温性能、使用寿命等方面比沥青基涂料都有很大改善，具有成膜快、强度高、耐候性和抗裂性好、难燃、无毒等优点，适用于Ⅱ级及以下防水等级的屋面、地面、地下室和卫生间等部位的防水工程。

表 10-15　水乳型沥青防水涂料物理力学性能（JC/T 408—2005）

项　　目		L 型	H 型
固体含量（%）		45	
耐热度（℃）		80±2	110±2
不透水性		0.10 MPa，30 min 无渗水	
黏结强度（MPa）		≥0.30	
表干时间（h）		≤8	
实干时间（h）		≤24	
低温柔度（℃）	标准条件	−15	0
	碱处理	−10	5
	热处理		
	紫外线处理		
断裂伸长率（%）≥	标准条件	600	
	碱处理		
	热处理		
	紫外线处理		

注：供需双方可以商定温度更低的低温柔度指标。

（1）氯丁橡胶沥青防水涂料

氯丁橡胶沥青防水涂料分为溶剂型和水乳型两种。溶剂型氯丁橡胶沥青防水涂料是氯丁橡胶和石油沥青溶于甲基苯或二甲苯而形成的一种混合胶体溶液，主要成膜物质是氯丁橡胶和石油沥青。溶剂型氯丁橡胶沥青防水涂料技术性能见表 10-16。

表 10-16　溶剂型氯丁橡胶沥青防水涂料技术性能

项　目	性能指标
外观	黑色黏稠液体
耐热性（85 ℃，5 h）	无变化
黏结力（MPa）	>0.25
低温柔韧性（-40 ℃，1 h，绕φ5 mm圆棒弯曲）	无裂纹
不透水性（动水压 0.2 MPa，3 h）	不透水
抗裂性（基层裂缝≤0.8 mm）	涂膜不裂

水乳型氯丁橡胶沥青防水涂料是以阳离子型氯丁胶乳与阳离子型石油沥青乳液混合，稳定分散在水中而制成的一种乳液型防水涂料，具有成膜快、强度高、耐候性好、抗裂性好、难燃、无毒等优点。水乳型氯丁橡胶沥青防水涂料技术性能见表 10-17。

表 10-17　水乳型氯丁橡胶沥青防水涂料技术性能

项　目		性能指标
外观		深棕色乳状液
黏度（Pa·s）		0.25
固体含量（%）		≥43
耐热性（80 ℃，5 h）		无变化
黏结力（MPa）		≥0.2
低温柔韧性		-15 ℃不断裂
不透水性（动水压 0.1~0.2 MPa，0.5 h）		不透水
耐碱性（在饱和 Ca(OH)$_2$ 溶液中浸 15 d）		表面无变化
抗裂性（基层裂缝宽度≤2 mm）		涂膜不裂
涂膜干燥时间（h）	表干	≤4
	实干	≤24

（2）水乳型再生橡胶防水涂料

水乳型再生橡胶防水涂料（简称 JG-2 防水冷胶料）是水乳型双组分（A 液、B 液）防水冷胶结料。A 液为乳化橡胶，B 液为阴离子型乳化沥青，两液分别包装，现场配制使用。涂料为黑色黏稠液体，无毒。水乳型再生橡胶防水涂料经涂刷或喷涂后形成具有弹性的防水薄膜，温度稳定性好，耐老化性及其他各项技术性能均优于纯沥青和玛琋脂；可以冷操作，加衬中碱玻璃布或无纺布作防水层，能提高抗裂性能。它适用于屋面、墙体、地面、地下室、冷库的防水防潮，也可用于嵌缝及防腐工程等。

10.3.3　高分子防水涂料

高分子防水涂料是以合成橡胶或合成树脂为主要成膜物质制成的单组分或多组分的防水涂料。它比沥青基防水涂料及改性沥青基防水涂料具有更好的弹性和塑性、耐久性及耐高低温性能。高分子防水涂料的品种有聚氨酯防水涂料、石油沥青聚氨酯防水涂料、硅橡胶防水涂料和丙烯酸酯防水涂料等。

（1）聚氨酯防水涂料

聚氨酯防水涂料按组分分为单组分（S）、多组分（M）两种；按基本性能分为Ⅰ型、Ⅱ型和

Ⅲ型；按是否曝露使用分为外露（E）和非外露（N）；按有害物质限量分为 A 类和 B 类。

聚氨酯防水涂料外观为均匀黏稠体，无凝胶、结块。聚氨酯防水涂料基本性能应符合表 10-18 的规定，可选功能应符合表 10-19 的规定。

表 10-18　聚氨酯防水涂料基本性能（GB 19250—2013）

序号	项　目		技术指标		
			Ⅰ	Ⅱ	Ⅲ
1	固体含量/% ≥	单组分	85.0		
		多组分	92.0		
2	表干时间/h ≤		12		
3	实干时间/h ≤		24		
4	流平性①		20 min 时，无明显齿痕		
5	拉伸强度/MPa ≥		2.00	6.00	2.0
6	断裂伸长率/% ≥		500	450	50
7	撕裂强度/（N/mm） ≥		15	30	0
8	低温弯折性		-35 ℃，无裂纹		
9	不透水性		0.3 MPa，120 min，不透水		
10	加热伸缩率/%		-4.0～+1.0		
11	黏结强度/MPa ≥		1.0		
12	吸水率/% ≤		5.0		
13	定伸时老化	加热老化	无裂纹及变形		
		人工气候老化②	无裂纹及变形		
14	热处理（80 ℃，168 h）	拉伸强度保持率/%	80～150		
		断裂伸长率/% ≥	450	400	100
		低温弯折性	-30 ℃，无裂纹		
15	碱处理[0.1% NaOH+饱和 Ca(OH)₂ 溶液，168 h]	拉伸强度保持率/%	80～150		
		断裂伸长率/% ≥	450	400	100
		低温弯折性	-30 ℃，无裂纹		
16	酸处理（2% H₂SO₄ 溶液，168 h）	拉伸强度保持率/%	80～150		
		断裂伸长率/% ≥	450	400	200
		低温弯折性	-30 ℃，无裂纹		
17	人工气候老化②（1 000 h）	拉伸强度保持率/%	80～150		
		断裂伸长率/% ≥	450	400	200
		低温弯折性	-30 ℃，无裂纹		
18	燃烧性能[b]		B_2-E（点火 15 s，燃烧 20 s，Fs≤150 mm，无燃烧滴落物引燃滤纸）		

注：①该项性能不适用于单组分和喷涂施工的产品。流平性时间也可根据工程要求和施工环境由供需双方商定并在订货合同与产品包装上明示；

　　②仅外露产品要求测定。

表 10-19　聚氨酯防水涂料可选性能（GB 19250—2013）

序号	项　　目		技术指标	应用的工程条件
1	硬度（邵 AM）	≥	60	上人屋面，停车场等外露通行部位
2	耐磨性（750 g，500 r）/mg	≤	50	上人屋面，停车场等外露通行部位
3	耐冲击性/kg·m	≥	1.0	上人屋面，停车场等外露通行部位
4	接缝动态变形能力/10 000 次		无裂纹	桥梁、桥面等动态变形部位

聚氨酯防水涂料涂膜有透明、彩色、黑色等颜色，防水、延伸及温度适应性能优异，施工简便，并具有耐磨、装饰、阻燃等性能，故在中、高级公用建筑的卫生间、水池等防水工程及地下室和有保护层的屋面防水工程中得到广泛应用。

（2）硅橡胶防水涂料

硅橡胶防水涂料是以硅橡胶乳液为基本材料，和其他合成高分子乳液，掺入无机填料和各种助剂配制而成的乳液型防水涂料。

硅橡胶防水涂料可形成抗渗性较好的防水膜；以水为分散介质，无毒、无味、不燃、安全性好；可在潮湿基层上施工，成膜速度快；耐候性好；涂膜无色透明，可配成各种颜色；具有优良的耐水性、延伸性、耐高低温性能，耐化学、微生物腐蚀性，可以冷施工。它适用于地下工程、输水和贮水构筑物的防水、防潮；厨房、厕所、卫生间及楼地面的防水；防水等级为Ⅲ、Ⅳ级的屋面防水，也可用作Ⅰ、Ⅱ级屋面多道防水设防中的一道防水层。其主要技术性能见表 10-20。

表 10-20　硅橡胶防水涂料主要技术性能

项　　目	性　　能
pH 值	8
固体含量	1 号：41.8%；2 号：66.0%
表干时间	<45 min
黏度（涂-4 杯）	1 号：1 min 08 s；2 号：3 min 54 s
抗渗性	迎水面 1.1～1.5 MPa，恒压一周无变化；背水面 0.3～0.5 MPa
抗裂性	4.5～6 mm（涂膜厚 0.4～0.5 mm）
延伸率	640%～1 000%
低温柔性	-30 ℃冰冻 10 d 后绕 ϕ3 mm 棒不裂
黏结强度	0.57 MPa
耐热	(100±1)℃，6 h 不起鼓、不脱落
耐老化	人工老化 168 h，不起鼓、不起皱、无脱落，延伸率仍达 530%

10.4　密　封　材　料

密封材料（又称嵌缝材料）是指能够承受接缝位移以达到气密、水密目的而嵌入建筑接缝中的材料。密封材料具有良好的黏结性、耐老化性和温度适应性，并具有一定的强度、弹塑性，能够长期经受被黏构件的收缩与振动而不破坏。

建筑密封材料分为预制密封材料（预先成型的，具有一定形状和尺寸的密封材料）和密封胶（也称密封膏，是指以非成型状态嵌入接缝中，通过与接缝表面黏结而密封接缝的材料）两种。常用的密封材料有以下几种：

10.4.1 建筑防水沥青嵌缝油膏

建筑防水沥青嵌缝油膏是以石油沥青为基料，加入改性材料、稀释剂、填料等配制而成的黑色膏状嵌缝材料。它具有黏结性好、延伸率高及良好的防水防潮性能。建筑防水沥青嵌缝油膏可用作预制大型屋面板四周及槽形板、空心板、端头、缝等处的嵌缝材料；可作屋面板、空心板和墙板的嵌缝密封材料以及混凝土跑道、车道、桥梁和各种构筑物伸缩缝、施工缝、沉降缝等处的嵌填材料。其性能应符合《建筑防水沥青嵌缝油膏》（JC/T 207—2011）的规定。

10.4.2 聚硫建筑密封胶

聚硫建筑密封胶（双组分）是以液态聚硫橡胶为基料，加入硫化剂、增塑剂、填充料等配制而成的均匀胶状体。

聚硫建筑密封胶按流动性分为非下垂型（N）和自流平型（L）两个类型；按位移能力分为25、20两个级别；按拉伸模量分为高模量（HM）和低模量（LM）两个次级别。

聚硫建筑密封胶产品按下列顺序标记：名称、类型、级别、次级别、标准号。如25级低模量非下垂型聚硫建筑密封胶的标记为：聚硫建筑密封胶 N25LMJC/T 483—2006。

聚硫建筑密封胶产品应为均匀胶状物、无结皮结块，组分间颜色应有明显差别。产品的颜色与供需双方商定的样品相比，不得有明显差异。

聚硫建筑密封胶的物理力学性能应符合表10-21的规定。

表10-21 聚硫建筑密封胶的物理力学性能（JC/T 483—2006）

序号	项目		技术指标		
			20HM	25LM	20LM
1	密度（g/cm³）		规定值±0.1		
2	流动性	下垂度（N型）（mm）	≤3		
		流平型（L型）	光滑平整		
3	表干时间（h）		≤24		
4	适用期（h）		≥3		
5	弹性恢复率（%）		≥70		
6	拉伸模量（MPa）	23℃	>0.4 或>0.6		≤0.4 或≤0.6
		-20℃			
7	定伸黏结性		无破坏		
8	浸水后定伸黏结性		无破坏		
9	冷拉-热压后黏结性		无破坏		
10	质量损失率（%）		≤5		

注：适用期允许采用供需双方商定的其他指标值。

聚硫建筑密封胶具有黏结力强、抗撕裂性、耐候性、耐水性、低温柔韧性良好、适应温度范围宽等优点。聚硫建筑密封胶适用于各类工业与民用建筑的防水密封，特别适用于长期浸泡在水中的工程、严寒地区的工程及受疲劳荷载作用的工程，施工性良好，价格适中，是一种应用非常广泛的密封材料。

10.4.3 硅酮建筑密封胶

硅酮建筑密封胶是以聚硅氧烷为主要成分，加入适量的硫化剂、硫化促进剂以及填料等在室温下固化的单组分密封胶。

硅酮建筑密封胶按固化机理分为 A 型-脱酸（酸性）和 B 型-脱酸（酸性）两类；按用途分为建筑接缝用（F 类）和镶装玻璃用（G 类）两类。硅酮建筑密封胶按位移能力分为25、20 两个级别；按拉伸模量分为高模量（HM）和低模量（LM）两个次级别。

硅酮建筑密封胶产品按下列顺序标记：名称、类型、类别、级别、次级别、标准号。如镶装玻璃用 25 级高模量酸性硅酮建筑密封胶标记为：硅酮建筑密封胶 A　G 25 HM GB/T 14683—2003。

硅酮建筑密封胶应为细腻、均匀膏状物，不应有气泡、结皮和凝胶。颜色与供需双方商定的样品相比，不得有明显差异。理化性能应符合表 10-22 的规定。

表 10-22　硅酮建筑密封胶的理化性能（GB/T 14683—2003）

序号	项　　目		技术指标			
			25HM	20HM	25LM	20LM
1	密度（g/cm³）		规定值±0.1			
2	下垂度（mm）	垂直	≤3			
		水平	无变形			
3	表干时间（h）		≤3			
4	挤出性（mL/min）		≥80			
5	弹性恢复率（%）		≥80			
6	拉伸模量（MPa）	23 ℃	>0.4 或 >0.6		≤0.4 和≤0.6	
		−20 ℃				
7	定伸黏结性		无破坏			
8	紫外线辐照后黏结性		无破坏			
9	冷拉-热压后黏结性		无破坏			
10	浸水后定伸黏结性		无破坏			
11	质量损失率（%）		≤10			

硅酮建筑密封胶具有优异的耐热性、耐寒性、耐候性和耐水性，耐拉压疲劳性强，与各种材料都有较好的黏结性能。其中，F 类适用于预制混凝土墙板、水泥板、大理石板的外墙接缝，混凝土和金属框架的黏结，卫生间和公路接缝的防水密封等；G 类适用于镶嵌玻璃和建筑门、窗的密封，不适用建筑幕墙和中空玻璃。

10.4.4 聚氨酯建筑密封胶

聚氨酯建筑密封胶是以氨基甲酸酯聚合物为主要成分的建筑密封胶。

聚氨酯建筑密封胶按包装形式分为单组分（Ⅰ）和多组分（Ⅱ）两个品种；按流动性分为非下垂型（N）和自流平型（L）两个类型；按位移能力分为20、25两个级别；按拉伸模量分为高模量（HM）和低模量（LM）两个次级别。

聚氨酯建筑密封胶产品按下列顺序标记：名称、品种、类型、级别、次级别、标准号。如25级低模量单组分非下垂型聚氨酯建筑密封胶标记为：聚氨酯建筑密封胶Ⅰ N 25 LM JC/T 482—2003。

聚氨酯建筑密封胶应为细腻、均匀膏状物或黏稠液，不应有气泡。多组分产品各组分的颜色间应有明显差异。产品的颜色与供需双方商定的样品相比，不得有明显差异。其物理力学性能应符合表10-23的规定。

聚氨酯建筑密封胶具有模量低、延伸率大、弹性高、黏结性好、耐低温、耐水、耐酸碱、抗疲劳、使用年限长等优点。它广泛用于屋面板、外墙板、混凝土建筑物沉降缝、伸缩缝的密封，阳台、窗框、卫生间等的防水密封以及排水管道、蓄水池、游泳池、道路桥梁等工程的接缝密封与渗漏修补。

表 10-23　聚氨酯建筑密封胶的物理力学性能（JC/T 482—2003）

序号	项　　目		技术指标		
			20HM	25LM	20LM
1	密度（g/cm³）		规定值±0.1		
2	流动性	下垂度（N型）（mm）	≤3		
		流平型（L型）	光滑平整		
3	表干时间（h）		≤24		
4	挤出性①（mL/min）		≥80		
5	适用期②（h）		≥1		
6	弹性恢复率（%）		≥70		
7	拉伸模量（MPa）	23 ℃	>0.4 或>0.6	≤0.4 和≤0.6	
		−20 ℃			
8	定伸黏结性		无破坏		
9	浸水后定伸黏结性		无破坏		
10	冷拉-热压后黏结性		无破坏		
11	质量损失率（%）		≤7		

注：①此项仅适用于单组分产品；
　　②此项仅适用于多组分产品，允许采用供需双方商定的其他指标值。

复习思考题

10.1　石油沥青主要有哪些技术性能指标？

10.2　石油沥青的牌号主要以什么指标来划分？这一指标表征石油沥青的什么性质？

10.3　在施工现场熬制沥青时应特别注意什么？并说明原因。

10.4　沥青防水卷材如何分类？主要品种、技术要求及各自特性如何？

10.5　沥青质防水材料主要有哪几类？各有什么品种？

10.6　高聚物沥青类防水材料主要有哪几类？各有什么品种？

绝热、吸声材料

1. 熟悉影响绝热材料性能的因素，了解常用的绝热材料品种及其应用；
2. 了解材料的吸声、隔声原理，了解常用的吸声、隔声材料。

11.1 绝 热 材 料

建筑中，将不易传热的材料，即对热流有显著阻抗性的材料或材料复合体称为绝热材料。绝热材料是保温、隔热材料的总称。绝热材料应具有较小的传导热量的能力，主要用于建筑物的墙壁、屋面保温，热力设备及管道的保温，制冷工程的隔热。绝热材料按其成分分为无机绝热材料和有机绝热材料两大类。

建筑工程中使用的绝热材料，一般要求其导热系数不宜大于 0.17 W/(m·K)，表观密度不大于 600 kg/m³，抗压强度不小于 0.3 MPa。在具体选用时，应结合建筑物的用途、围护结构的构造，考虑材料的耐久性、耐火性、耐侵蚀性等因素。

11.1.1 影响材料绝热性能的因素

1. 导热系数

当材料的两个相对侧面间出现温度差时，热量会从温度高的一面向温度低的一面传导。在冬天，由于室内气温高于室外，热量会从室内经围护结构向外传出，造成热损失。夏天，室外气温高于室内，热量经围护结构传至室内，使室温升高。为了保持室内温度，房屋的围护结构材料必须具有一定的绝热性能。

由材料的导热性得知，材料导热能力的大小用导热系数 λ 表示。导热系数是指单位厚度的材料，当两个相对侧面温差为 1 K 时，在单位时间内通过单位面积的热量。导热系数受材料的组成，孔隙率及孔隙特征，所处环境的湿度、温度及热流方向等的影响。

2. 影响材料导热系数的主要因素

（1）材料的组成

材料的导热系数受自身物质的化学组成和分子结构影响。化学组成和分子结构比较简单的物质比结构复杂的物质的导热系数大。一般情况下，金属导热系数较大，非金属次之，液体较小，气体最小。

（2）孔隙率和孔隙特征

固体物质的导热系数比空气的导热系数大得多。一般来说，材料的孔隙率越大，导热系数越小。材料的导热系数不仅与孔隙率有关，还与孔隙的大小、分布、形状及连通情况有关。

（3）湿度

材料受潮吸水导热系数会增大，若受冻结冰则导热系数会增加更多，这是由于水的导热系数比密闭空气的导热系数大 20 多倍，而冰的导热系数约为密闭空气导热系数的 100 倍，故绝热材料在使用时特别要注意防潮、防冻。

（4）温度

材料的导热系数随温度的升高而增大，这是由于温度升高，材料固体分子的热运动增强，同时材料孔隙中空气的导热和孔壁间的辐射作用也会有所增加。

（5）热流方向

对于各向异性材料，如木材等纤维质材料，当热流平行于纤维的方向时，热流受到的阻力小，导热系数大；当热流垂直于纤维方向时，热流受到的阻力大，导热系数就小。

11.1.2　常用的绝热材料

1. 无机绝热材料

（1）石棉及其制品

石棉是一种蕴藏在中性或酸性火成岩矿床中的非金属矿物，具有绝热、耐火、耐酸碱、耐热、隔声、不腐朽等优点。石棉按化学成分大致分为温石棉和角闪石石棉两类，其导热系数小于 0.069 W/(m·K)。石棉常制成石棉粉、石棉灰、石棉纸、石棉板等。

石棉在施工时会对人体皮肤造成刺激，为克服这一缺点，常用沥青、酚醛树脂作胶结料，制成各种规格的板、毡、管套等，应用于建筑物、各种热力管道、设备的保温、隔热。

石棉粉是将石棉矿石经机械加工、粉碎处理、除去杂质后所得的一种短纤维粉状石棉。石棉粉堆积密度不大于 600 kg/m³，导热系数小于 0.082 W/(m·K)，适用于各种热工设备及管道的保温、隔热。

石棉灰有碳酸钙石棉灰、碳酸镁石棉灰、硅藻土石棉灰三类。其中碳酸镁石棉灰性能最好，其导热系数为 0.046 W/(m·K)，堆积密度为 140 kg/m³，是一种优良的绝热材料。

石棉纸是由石棉纤维与黏结料制成，厚度为 0.3～1.0 mm，常用于结构防火和热表面绝热。

石棉板有石棉水泥板、石棉保温板等，应用于建筑物墙板、天棚、屋面的保温、隔热。

（2）矿渣棉及其制品

矿渣棉又称矿棉，是利用工业废料矿渣为主要原料，经熔化、高速离心法或喷吹法等工序制成的一种棉丝状绝热材料。一般在 0.02 MPa 压力下，其表观密度不大于 150 kg/m³，导热系数不大于 0.044 W/(m·K)。矿棉具有质轻、不燃、防蛀、价廉、耐腐蚀、化学稳定性强、吸声性能好等特点。它不仅是绝热材料，还可作为吸声、防震材料。

（3）岩棉及其制品

岩棉是以精选的玄武岩为主要原料，经高温熔融加工制成的人造无机纤维。岩棉及其制品（各种规格的板、毡带）具有质轻、不燃、化学稳定性好、绝热性能好等特点，其表观密度小于 150 kg/m³，导热系数不大于 0.04 W/(m·K)，多用于建筑物及直径较大的罐体、锅炉等的绝热。

（4）膨胀珍珠岩及其制品

膨胀珍珠岩以珍珠岩、墨曜岩或松脂岩矿石经破碎、筛分、预热，在高温下悬浮瞬间焙烧、体积骤然膨胀而成的一种白色或灰白色的松散颗粒状的材料。膨胀珍珠岩具有轻质、绝热、吸声、无毒、不燃烧、无臭味等特点，其堆积密度小于 250 kg/m³，导热系数不大于 0.065 W/(m·K)，最高使用温度 800 ℃，是一种高效能的绝热材料，在建筑工程中用途很广。

膨胀珍珠岩多数用作生产制品，主要有水泥膨胀珍珠岩制品、水玻璃膨胀珍珠岩制品、磷酸盐膨胀珍珠岩制品、沥青膨胀珍珠岩制品。这些制品广泛用于工业与民用建筑的围护结构、工业设备管道的保温、隔热。因为沥青膨胀珍珠岩制品具有绝热、防水双重效果，所以在屋面上应用较多。

（5）膨胀蛭石及其制品

蛭石是一种复杂的铁、镁含水铝酸盐矿物，是水铝云母类矿物中的一种矿石。由于在膨胀时很像水蛭（蚂蟥）蠕动，故名蛭石。蛭石经晾干、破碎、筛选、焙烧膨胀后，形成松散颗粒状材料。其堆积密度很小，在 80～200 kg/m³ 之间，导热系数为 0.05～0.07 W/(m·K)，最高使用温度 1 000 ℃～1 100 ℃，可用于填充墙壁、楼板和屋面保温。膨胀蛭石耐热、耐水，不易虫蛀、腐朽，耐碱不耐酸，不宜用于酸性侵蚀的地方。

膨胀蛭石制品主要有水泥膨胀蛭石制品、水玻璃膨胀蛭石制品。这两类制品可制成各种规格的砖、板、管套等，用于工业与民用建筑的围护结构和管道的保温、绝热。

（6）发泡黏土

将特定矿物组成的黏土（或页岩）加热到一定温度会产生部分高温液体和气体，由于气体受热体积膨胀，冷却后即得发泡黏土（或发泡页岩）轻质骨料。其堆积密度为 350 kg/m³，导热系数为 0.105 W/(m·K)，可用作填充材料和混凝土轻骨料。

2. 有机绝热材料

（1）软木板

软木板是用栓树或黄菠萝树皮等为原料加工制成的一种板状材料。它耐腐蚀、耐水，能阻燃不起火焰；并且因为软木中含有大量微孔，所以质轻，表观密度小于 260 kg/m³，导热系数小于 0.058 W/(m·K)，是一种优良的绝热、防震材料。软木板多用作天花板、隔墙板或护墙板。

（2）泡沫塑料

泡沫塑料是以各种树脂为基料，加入一定剂量的发泡剂、催化剂、稳定剂等辅助材料经加热发泡制成的一种新型轻质、保温、隔热、吸声、防震材料，常用于屋面、墙面绝热，冷库隔热。它的种类很多，均以所用树脂取名。泡沫塑料制品种类、技术性能见表 11-1。

表 11-1　泡沫塑料制品的种类及技术性能

名称	堆积密度（kg·m⁻³）	导热系数[W/(m·K)]	抗压强度（MPa）	抗拉强度（MPa）	吸水率（%）	耐热性（℃）
聚苯乙烯泡沫塑料	21～51	0.031～0.047	0.144～0.358	0.13～0.14	0.004～0.016	75
聚氯乙烯泡沫塑料	≤45	≤0.043	≥0.18	≥0.40	<0.2	80
聚氨酯泡沫塑料	30～40	0.037～0.055	≥0.12	≥0.244	—	—
酚醛泡沫塑料	≤15	0.028～0.041	0.015～0.025	—	—	—

（3）蜂窝板

蜂窝板是由两块较薄的面板牢固地黏结在一层较厚的蜂窝状心材两面而制成的板材，也称蜂窝夹层结构。蜂窝状心材通常是用浸渍过合成树脂（酚醛、聚酯树脂等）的牛皮纸、玻璃布或铝片，经加工黏合成六角形空腹的整块心材，心材的厚度可根据使用要求确定。常用的面板为浸渍过树脂的牛皮纸、玻璃布或不经浸渍的胶合板、纤维板、石膏板等。

11.2 吸声材料

吸声材料是指能在一定程度上吸收由空气传递的声波能量的材料。它广泛用于音乐厅、影剧院、大会堂、语音室等内部的地面、天棚、墙面等部位，能改善音质，获得良好的音响效果。

11.2.1 材料的吸声原理

声音源于物体的振动，它引起邻近空气的振动而形成声波，并在空气介质中向四周传播。声音在传播过程中，一部分声能由于距离的增大而扩散，一部分声能因空气分子的吸收而减弱。当声波传入材料表面时，声能一部分被反射，一部分穿透材料，其余部分则被材料吸收。这些被吸收的声能（包括穿透部分的声能）与入射声能之比，称为吸声系数 α，即

$$\alpha = \frac{E_1 + E_2}{E_0}$$

式中　α——材料的吸声系数；

E_1——材料吸收的声能；

E_2——穿透材料的声能；

E_0——入射的全部声能。

材料的吸声性能除与材料本身结构、厚度及材料的表面特征有关外，还与声音的入射方向和频率有关。为了全面反映材料的吸声性能，通常采用 125 Hz、250 Hz、500 Hz、1 000 Hz、2 000 Hz、4 000 Hz 六个频率的吸声系数表示材料的吸声性能。任何材料均能不同程度地吸收声音，通常把六个频率的平均吸声系数大于 0.2 的材料称为吸声材料。

11.2.2 多孔材料吸声原理

通常使用的吸声材料为多孔材料。多孔材料具有大量内外连通的微小孔隙。当声波沿着微孔进入材料内部时，引起孔隙中空气的振动，由于摩擦和空气阻滞力，一部分声能转化成热能；另外，孔隙中的空气由于压缩放热、膨胀吸热，与纤维、孔壁之间的热交换，也使部分声能被吸收。

影响材料吸声性能的主要因素有：

（1）材料的表观密度

对同一种多孔材料，表观密度增大时，对低频的吸声效果提高，对高频的吸声效果降低。

（2）材料的厚度

增加材料的厚度，可提高对低频的吸声效果，而对高频的吸收则没有明显影响。

（3）材料的孔隙特征

材料的孔隙愈多、愈细小，吸声效果愈好。互相连通的开放的孔隙越多，材料的吸声效果越好。当多孔材料表面涂刷油漆或材料受潮时，由于材料的孔隙大多被水分或涂料堵塞，吸声效果将会大大降低，因此多孔吸声材料应注意防潮。

（4）吸声材料设置的位置

悬吊在空中的吸声材料，可以控制室内的混响时间和降低噪声。多孔材料或饰物悬吊在空中时，其吸声效果比布置在墙面或顶棚上要好，而且使用和安置也比较方便。

11.2.3 建筑上常用的吸声材料

建筑上常用的吸声材料及安装方法见表11-2。

表 11-2　建筑上常用的吸声材料

名称	厚度（cm）	各种频率下的吸声系数						安装方法
		125 Hz	250 Hz	500 Hz	1 000 Hz	2 000 Hz	4 000 Hz	
1. 无机材料								
石膏板（有花纹）	—	0.03	0.05	0.06	0.09	0.04	0.06	贴实
水泥蛭石板	4.0	—	0.14	0.46	0.78	0.50	0.60	贴实
石膏砂浆（掺水泥、玻璃纤维）	2.2	0.24	0.12	0.09	0.30	0.32	0.83	墙面粉刷
水泥膨胀珍珠岩板	5.0	0.16	0.46	0.64	0.48	0.56	0.56	
水泥砂浆	1.7	0.21	0.16	0.25	0.40	0.42	0.48	
砖（清水墙面）		0.02	0.03	0.04	0.04	0.05	0.05	
2. 有机材料								
软木板	2.5	0.05	0.11	0.25	0.63	0.70	0.70	
木丝板	3.0	0.10	0.36	0.62	0.53	0.71	0.90	贴实，钉在木龙骨上，后面留 10 cm 或 5 cm 空气层
三夹板	0.3	0.21	0.73	0.21	0.19	0.08	0.12	
穿孔五夹板	0.5	0.01	0.25	0.55	0.30	0.16	0.19	
木花板	0.8	0.03	0.02	0.03	0.03	0.04	—	
木质纤维板	1.0	0.06	0.15	0.28	0.30	0.33	0.31	
3. 多孔材料								
泡沫玻璃	4.4	0.11	0.32	0.52	0.44	0.52	0.33	贴实
酚醛泡沫塑料	5.0	0.22	0.29	0.40	0.68	0.95	0.94	贴实
泡沫水泥（外粉刷）	2.0	0.18	0.05	0.22	0.48	0.22	0.32	紧靠粉刷
吸声蜂窝板	—	0.27	0.12	0.42	0.86	0.48	0.30	紧贴墙
泡沫塑料	1.0	0.03	0.06	0.12	0.41	0.85	0.67	
4. 纤维材料								
矿棉板	3.13	0.10	0.21	0.60	0.95	0.85	0.72	贴实
玻璃棉	5.0	0.06	0.08	0.18	0.44	0.72	0.82	贴实
酚醛玻璃纤维板	8.0	0.25	0.55	0.80	0.92	0.98	0.95	贴实
工业毛毡	3.0	0.10	0.28	0.55	0.60	0.60	0.56	紧靠墙面

11.2.4 隔声材料

隔声是指材料阻止声波透过的能力。隔声性能的好坏用透射系数来衡量。透射系数用透过材料的声能与材料的入射总声能的比值来表示，材料的透射系数越小，说明材料的隔声性能越好。

通常，声波在材料或结构中按照传播途径分为空气声（由于空气的振动）和固体声（由于固体的撞击或振动）两种。对于不同的声波传播途径的隔绝可采取不同的措施，选择适当的隔声材料或结构。对空气声的隔声而言，材料传声的大小主要取决于其单位面积的质量，质量越大越不易振动，隔声效果越好，故应选择密实、沉重的材料（如烧结普通砖、钢筋混凝土、钢板等）作为隔声材料。对于隔绝固体声最有效的措施是采用不连续的结构处理，即在墙壁和承重梁之间、房屋的框架和墙板之间加弹性衬垫，如毛毡、软木、橡皮等材料或楼板上加弹性地毯等。

复习思考题

11.1　什么是绝热材料？影响材料绝热性能的主要因素有哪些？

11.2　使用绝热材料时为什么要特别注意防潮？

11.3　常用的绝热材料有几类？试举出几种常用的绝热材料，并说明它们各自的特点。

11.4　什么是吸声材料？影响多孔吸声材料吸声效果的因素有哪些？

建筑塑料

教学目标

1. 了解建筑塑料的组成、性能及分类；
2. 掌握常用建筑塑料的品种、性能及应用；
3. 熟悉塑料黏结剂的组成、分类、常用品种及应用。

塑料是以合成树脂为主要成分，加入其他添加剂的材料。这种材料在高温和高压下具有流动性，可制成各种制品，并且在常温、常压下制品能保持形态不变。塑料具有不同于一般常用建筑材料的优异性能，因而在建筑上得到广泛应用。

12.1 塑料的组成、性能及分类

12.1.1 塑料的组成

合成树脂是单组分塑料。为了改善塑料的性能、降低成本，多数塑料（除合成树脂外）还含有各种填料及添加剂。

1. 合成树脂

合成树脂是有机高分子化合物，它是由低相对分子质量的有机化合物（又称单体）经加聚反应或缩聚反应而制得。高分子化合物结构不但复杂，而且相对分子质量大，一般在 1 000 以上，甚至达数万、数千万或更大。合成树脂在塑料中起胶结作用，通过它把其他成分牢牢胶结在一起，使其具有加工成型性能。

（1）加聚合成树脂

许多烯类及其衍生物单体在一定反应条件下，其中有一个不饱和键（如双键）断开，相互聚合成链状高分子物质。

加聚反应所得的高聚物一般为线性分子。建筑塑料常用的加聚合成树脂有聚氯乙烯（PVC）、聚乙烯（PE）、聚苯乙烯（PS）、聚丙烯（PP）、聚甲基丙烯酸甲酯（PMMA）等。

（2）缩聚合成树脂

在一定反应条件下，由两种或两种以上单体通过缩合反应形成高分子化合物。如缩聚酚醛树脂是由苯酚和甲醛两种单体缩聚而成。

缩聚反应所得的高聚物可以是线性的，可以是体型的（三度空间许多分子交联）。建筑塑料常用的缩聚树脂有酚醛树脂（PF）、脲醛树脂（DF）、环氧树脂（EP）及聚酯树脂等。

单组分塑料中合成树脂含量几乎达100%；在多组分塑料中，合成树脂含量为30%～

174

70%。

2. 填料

填料是塑料中另一重要成分。填料按其化学组成不同分有机填料（如木粉、棉布、纸屑）和无机填料（如石棉、云母、滑石粉、石墨、玻璃纤维）；按形状可分粉状和纤维状。填料不仅可以提高塑料的强度和硬度，增加化学稳定性，而且由于填料价格低于合成树脂，因而可以节约树脂，降低成本。一般填料掺量可达 40%～70%。

3. 添加剂

塑料中的添加剂用量虽然较少，但对改善塑料性能起着重要作用。

(1) 增塑剂

增塑剂能增加塑料的可塑性，减少脆性，使其便于加工，并能使制品具有柔软性。对增塑剂的要求是：能与合成树脂均匀混合在一起，并具有足够的耐光、耐大气、耐水性能。常用的增塑剂有邻苯二甲酸酯类、磷酸酯类、樟脑和二苯甲酮等。

(2) 稳定剂

稳定剂可以增强塑料的抗老化能力。稳定剂应能耐水、耐油、耐化学药品并与树脂相溶。常用的稳定剂有硬脂酸盐、铅化合物、环氧化合物。

(3) 润滑剂

塑料在加工成型时，加入润滑剂可以防止粘模，并使塑料制品光滑。

常用的润滑剂有油酸、硬脂酸、硬脂酸的钙盐和镁盐。塑料中润滑剂一般用量为 0.5%～1.5%。

(4) 着色剂

为使塑料具有各种颜色，可掺有机染料或无机染料。对着色剂的要求是：色泽鲜明、着色力强、分散性好、与塑料结合牢靠、不起化学反应、不变色。常用的颜料有酞菁蓝、甲苯胺红和苯胺黑等。

(5) 其他添加剂

为了满足塑料的某些特殊要求还需加入各种助剂。如加入异氰酸酯发泡剂，可制成泡沫塑料；加入适量的银、铜等金属微粒，可得导电塑料；在组分中加进一些磁铁末，可制成磁性塑料；加入阻燃剂三水合氧化铝可降低塑料制品的燃烧速度，并具有自熄性。

12.1.2 塑料的性能

塑料与传统建筑材料相比，具有很多特殊性能。

①优良的加工性能。塑料可以用各种方法加工成各种形状的制品，如板材、管材、中空异型材等。

②密度小、比强度高。塑料密度一般为 0.9～2.2 g/cm³，平均密度约为铝的 1/2，钢的 1/5，混凝土的 1/3，而比强度（单位质量的强度）却高于钢材和混凝土，这大大减轻了建筑物的自重，符合现代高层建筑的要求。

③耐化学腐蚀性能优良。一般塑料对酸、碱、盐等化学药品均有较好的耐腐蚀能力。

④电绝缘性好。一般塑料均不导电。

⑤耐水性、耐水蒸气性能好。塑料制品吸水性和透水蒸气性很低，故适用于防水、防潮、给排水管道等。

⑥装饰性、耐磨性好。掺入不同的颜料，可以得到各种不同鲜艳色泽的塑料制品，而且色泽可以说是永久的，表面还可以进行压花、印花处理。耐磨性优异，适合用作地面、墙面装饰材料。

此外，塑料还具有耐光性、隔声、隔热，有的塑料还具有弹性。

塑料的主要缺点是刚度差、易老化、易燃烧，膨胀系数比传统建筑材料高 3～4 倍，但这些缺点可以通过改性或改变配方而得到改善。

12.1.3 塑料的分类

塑料按合成树脂不同，可分为热塑性塑料和热固性塑料两类。

(1) 热塑性塑料

热塑性塑料加热呈现软化，逐渐熔融，冷却后又凝结硬化，这一过程能多次重复进行。因此热塑性塑料制品可以再生利用。常用的热塑性塑料由聚氯乙烯、聚苯乙烯、聚酰胺、聚丙烯等树脂制成。

(2) 热固性塑料

热固性塑料一经固化成型，受热也不会变软改变形状，所以只能塑制一次。属于热固性塑料的有酚醛树脂、环氧树脂、不饱和聚酯树脂、聚硅醚树脂等制成的塑料。

12.2　常用的建筑塑料

塑料在建筑上可用作装饰材料、绝热材料、吸声材料、防水材料、墙体材料、管道及卫生洁具等。

(1) 塑料管道

①硬聚氯乙烯（PVC-U）管。管径通常为 40～100 mm，内壁光滑、阻力小、不结垢、无毒、无污染、耐腐蚀、抗老化性能好、难燃，可采用橡胶圈柔性接口安装。通常用于给水管道（非饮用水）、排水管道、雨水管道等。

②氯化聚氯乙烯（PVC-C）管。高温机械强度高，适于受压场合；使用温度高达 90 ℃ 左右；寿命可达 50 年；阻燃、防火、导热性能低、管道热损小。管道内壁光滑、抗细菌的滋生性能优于铜、钢及其他塑料管道。热膨胀系数低，产品尺寸全（可做大口径管材），安装附件少、安装方便、费用低，连接方法为溶剂黏接、螺纹连接、法兰连接和焊条连接，但要注意使用的胶水有毒性。主要用于冷热水管、消防水管系统、工业管道系统等。

③无规共聚聚丙烯管（PP-R 管）。无毒，无害，不生锈，有高度的耐酸性和耐氯化物性，耐腐蚀性好，不会滋生细菌，无电化学腐蚀，保温性能好，膨胀力小，耐热性能好，工作压力不超过 0.6 MPa 时，长期工作水温为 70 ℃，短期使用水温可达 95 ℃，软化温度为 140 ℃，使用寿命长达 50 年以上。管材内壁光滑，不结垢，水流阻力小，采用热熔方式连接，牢固不漏，适合采用嵌墙和地坪面层内直埋暗敷方式，施工便捷，对环境无污染，绿色环保，配套齐全，价格适中。PP-R 管的缺点是规格少（外径 20～110 mm），抗紫外线能力差，在阳光长期照射下易老化；属可燃材料，不得用于消防给水系统；刚性和抗冲击性能比金属管道差；线膨胀系数较大，明敷或架空敷设所需支架较多，影响美观等。主要用于饮用

水管、冷热水管。

④丁烯管（PB管）。具有较高的强度，韧性好，无毒，长期工作水温为 90 ℃ 左右，最高使用温度可达 110 ℃；缺点是易燃，热膨胀系数大，价格高。主要用于饮用水、冷热水管。特别适用于薄壁小口径压力管道，如地板辐射采暖系统的盘管。

⑤交联聚乙烯管（PEX）管。无毒，卫生，透明，有折弯记忆性，不可热熔连接，热蠕动较小，低温抗脆性较差，原料较便宜，使用寿命可达 50 年。可输送冷、热水，饮用水及其他液体。主要用于地板辐射采暖系统的盘管。

⑥铝塑复合管。是指以焊接铝管或铝箔为中层，内外层均为聚乙烯材料（常温使用），或内外层均为高密度交联聚乙烯材料（冷热水使用），通过专用机械加工方法复合成一体的管材。铝塑复合管长期使用温度（冷热水管）为 80 ℃，短时最高温度为 95 ℃，安全无毒，耐腐蚀，不结垢，流量大，阻力小，寿命长，柔性好，弯曲后不反弹，安装简单，主要用于饮用水及冷、热水管。

⑦塑覆铜管。双层结构，内层为纯铜管，外层覆裹高密度聚乙烯或发泡高密度聚乙烯保温层。特性：无毒、抗菌卫生、不腐蚀、不结垢、水质好、流量大、强度高、刚性大、耐热、抗冻、耐久、长期作用温度范围宽（−70 ℃～100 ℃），比铜管保温性能好。可刚性连接亦可柔性连接，安全牢固，不渗漏。初装价格较高，但寿命长，不需维修。主要用作工业及生活饮用水以及冷、热水输送管道。

（2）塑料装饰板材

塑料装饰板材是指以树脂为浸渍材料或以树脂为基材，采用一定的生产工艺制成的具有装饰功能的普通或异形断面的板材。按结构和断面形式可分为平板、波形板、实体异形断面板、中空异形断面板、格子板、夹心板等。

①三聚氰胺层压板。是以厚纸为骨架，浸渍三聚氰胺热固性树脂，多层叠合经热压固化而成的薄型贴面材料，即由表层纸、装饰纸和底层纸构成。三聚氰胺层压板耐热性优良（100 ℃ 不软化、开裂、起泡），耐烫，耐燃，耐磨，耐污，耐湿，耐擦洗，耐酸、碱、油脂及酒精等溶剂的侵蚀，经久耐用；按表面的外观特性分为光型、柔光型、双面型、滞燃型；按用途分为平面板、平衡面板。常用于墙面、柱面、台面、家具、吊顶等饰面工程。

②铝塑复合板。是一种以 PVC 塑料作心板，正背两表面为铝合金薄板的复合材料，厚度为 3 mm、4 mm、6 mm、8 mm。铝塑复合板质量轻，坚固耐久，耐候性好，抗冲击性和抗凹陷性比铝合金强很多，可自由弯曲且弯后不反弹，可加工性较好，易保养，易维修，板材表面铝板经阳极氧化和着色处理后，色泽鲜艳。广泛用于建筑幕墙，室内外墙面、柱面、顶面的饰面处理。

（3）塑料壁纸

塑料壁纸是以纸为基材，以聚氯乙烯塑料为面层，经压延或涂布以及印刷、轧花、发泡等工艺制成的双层复合贴面材料。因其所用的树脂大多数为聚氯乙烯、所以也称聚氯乙烯壁纸。

塑料壁纸分为纸基壁纸、发泡壁纸和特种壁纸。

塑料壁纸有一定的伸缩性和耐裂强度，装饰效果好，性能优越，粘贴方便，使用寿命长，易维修保养，是目前国内外广泛使用的一种室内墙面装饰材料，也可用于顶棚、梁柱等处的贴面装饰。

（4）塑料地板

塑料地板是以高分子合成树脂为主要材料，加入其他辅助材料，经一定制作工艺制成的预制板块、卷材状或现场铺涂整体状的地面材料。

塑料地板按外形可分为块材地板和卷材地板；按组成和结构特点可分为单色地板、透底花纹地板、印花压花地板；按材质的软硬程度分为硬质地板、半硬质地板和软质地板；按采用的树脂类型可分为聚氯乙烯（PVC）地板、聚丙烯地板和聚乙烯-醋酸乙烯酯地板等，国内普通采用的是硬质 PVC 塑料地板和半硬质 PVC 塑料地板。

塑料地板种类花色繁多，装饰性良好，性能多变，适应面广，质轻，耐磨，脚感舒适，施工、维修、保养方便。

（5）塑钢门窗

塑钢门窗是以强化聚氯乙烯（UPVC）树脂为基料，以轻质碳酸钙做填料，掺以少量添加剂，经挤出法制成各种截面的异形材，并采用与其内腔紧密吻合的增强型钢做内衬，再根据门窗品种，选用不同截面的异形材组装而成。

塑钢门窗色泽鲜艳，不需油漆，耐腐蚀，抗老化，保温，防水，隔声，在 30 ℃～50 ℃的环境下不变色，不降低原有性能，防虫蛀，不助燃。适用于工业与民用建筑，是建筑门窗的换代产品。平开门窗的气密性、水密性等综合性能要比推拉门窗好。

（6）玻璃纤维增强塑料（GRP）

玻璃纤维增强塑料俗称玻璃钢，是以合成树脂为基体，以玻璃纤维或其制品为增强材料，经成型、固化而成的固体材料，按采用的合成树脂不同，可分为不饱和聚酯型、酚醛树脂型和环氧树脂型。

玻璃钢制品具有良好的透光性和装饰性，强度高，质量轻，是典型的轻质高强材料，成型工艺简单，可制成复杂的构件，具有良好的耐化学腐蚀性和电绝缘性，耐湿，防潮，功能可设计等优良特性。

玻璃钢制品主要应用于承载结构、围护结构、采光制品、门窗装饰材料、给排水工程材料、卫生洁具材料、采暖通风材料、高层楼房屋顶建筑、特殊建筑。

在建筑工程上玻璃钢制品目前应用最多的是玻璃钢波形瓦、窗柜、门、落水斗、落水管、隔墙、地面、装饰面板、活动房屋、通风与空调设备、冷却塔、道路灯具及路标、壁雕、工艺雕塑、整体欧式雕花吊顶棚、采光屋面、大型饮用水箱、防渗漏化粪池和污水处理池衬、卫生设备和各种家具等。随着建筑业的不断发展，玻璃钢在建筑上的应用也将会越来越普遍。

12.3　塑料黏结剂

12.3.1　塑料黏结剂的组成、分类

塑料黏结剂是一种有黏合性能的物质，它能将木材、玻璃、陶瓷、橡胶、塑料、织物、纸张、金属等材料紧密黏结在一起。

1. 塑料黏结剂的组成

(1) 黏料（即黏合物质）

它是黏结剂的基本组分。塑料黏结剂的主要性能是由黏料决定的。黏料包括热固性树脂（如酚醛树脂、脲醛树脂、环氧树脂、有机硅树脂等）和热塑性树脂（聚醋酸乙烯酯、聚乙烯醇缩醛类酯、聚苯乙烯等）。

(2) 硬化剂和催化剂

加硬化剂的目的是为了使线型高分子化合物与黏料交联成体型结构。加入催化剂可以加速高分子化合物的硬化过程。常用的硬化剂有胺类、酸酐类；催化剂有硫化剂、硫化促进剂。

(3) 填料

填料的加入可增加黏结剂的稠度，使黏度增大，并降低膨胀系数，减少收缩性，提高胶层的冲击韧性及其机械强度。常用的填料有石棉粉、石英粉、滑石粉、氧化铝粉、金属粉等。所用填料要求干燥，必须磨细通过 200 目筛孔，并经烘干后才能使用。

(4) 溶剂

在溶剂型黏结剂中，需用有机溶剂来溶解黏结剂，调节黏结剂的黏度以便施工。要求溶剂的挥发速度不能太快，否则胶层表面迅速干燥形成封闭表面，阻止胶层内溶剂挥发；也不能太慢，否则胶层内残留挥发分又影响胶结强度。常用的溶剂有二甲苯、丁醇、丙酮、酒精等。

(5) 其他外加剂

为满足某些特殊要求，在塑料黏结剂中还须加入某些外加剂，如增塑剂、防霉剂、防腐剂、稳定剂等，以使黏结剂增塑、防霉、防腐、稳定。

总之，塑料黏结剂成分复杂，根据使用要求的不同，黏结剂组分也不同，但黏料是各种黏结剂必不可少的组分。

2. 塑料黏结剂的分类

通常将塑料黏结剂分为结构黏结剂和非结构黏结剂两类。前者主要为热固性树脂，用于胶结受力或次受力结构；后者主要为热塑性树脂，用于胶结受力小的构件或用作定位。

12.3.2 常用的塑料黏结剂

(1) 聚乙烯醇缩甲醛黏结剂（107 胶）

聚乙烯醇缩甲醛黏结剂是以聚乙烯醇与甲醛在酸性介质中进行缩合反应而得到的一种透明的水溶性胶体，无臭、无味、无毒，具有良好的黏结性能，是一种应用最广泛的黏结剂。建筑工程中可以用作墙布、墙纸、玻璃、木材、水泥制品的黏结剂。用该黏结剂配制的聚合砂浆可用于贴瓷砖、马赛克等，且可提高黏结强度。

(2) 聚醋酸乙烯黏结剂（白乳胶）

白乳胶是由醋酸与乙炔合成醋酸乙烯，再经乳液聚合而制成的一种乳白色、具有酯类芳香的乳状液体。白乳胶的优点是配制方便、固化较快、黏结强度高、耐久性好、不易老化；其缺点是耐水性、耐热性差。建筑工程中广泛用于黏结墙纸、木材；与水泥混合配制的"乳液水泥"，用于黏结混凝土、玻璃及金属等。

（3）环氧树脂类黏结剂

环氧树脂类黏结剂具有黏结强度高、韧性好、耐热、耐酸碱、耐水及其他有机溶剂等优点。环氧树脂用不同的硬化剂、增塑剂、稀释剂、填料可以配制室温硬化环氧树脂黏结剂，如 SY-101 黏结剂；加热硬化环氧树脂黏结剂，如邻苯二甲酸酐–环氧树脂黏结剂；水下环氧树脂黏结剂，如 801–水下环氧固化剂。

在建筑工程中，环氧树脂黏结剂用于金属、塑料、混凝土、木材、陶瓷等多种材料的黏结。

（4）酚醛树脂类黏结剂

酚醛树脂是许多黏结剂的重要成分，它具有很高的黏附能力，但由于硬化后性能很脆，所以大多数情况下，用其他高分子化合物（如聚乙烯醇缩丁醛）改性后使用。酚醛树脂类黏结剂用于黏结各种金属、塑料及其他非金属材料。

（5）聚氨酯类黏结剂

聚氨酯类黏结剂对纸张、木材、玻璃、金属、塑料等具有良好的黏结力，主要用于黏结塑料、木材。

复习思考题

12.1 合成树脂有哪两种类型？各举一例。

12.2 塑料由哪些主要成分构成？各有何作用？

12.3 塑料有哪些性能？

12.4 什么是热塑性塑料和热固性塑料？

12.5 热塑性塑料和热固性塑料有哪些品种？在建筑工程中各有什么用途？

12.6 塑料黏结剂主要成分有哪些？各有什么作用？

12.7 常用的塑料黏结剂有哪些？

建筑装饰材料

📝 **教学目标**

1. 了解建筑装饰材料的基本功能和选用原则；
2. 熟悉各种建筑装饰材料的品种、性能及应用。

13.1 装饰材料的功能及选用

13.1.1 装饰材料的功能

建筑装饰材料一般是指主体结构工程完成后，进行室内外墙面、顶棚、地面和室内空间装饰装修所需要的材料。装饰材料不仅要装饰、保护主体工程，使其在使用环境下稳定、耐久、而且要满足建筑物绝热、防火、吸声、防潮等多方面的功能。因此，对装饰材料的基本要求是：具有装饰功能、保护功能及其他特殊功能。

(1) 装饰功能

建筑装饰材料的主要功能之一是装饰建筑物。一个建筑物的内外装饰是通过装饰材料的质感、线条和色彩表现的。

根据建筑物的特点以及对外观效果、室内美化和使用功能的要求，选用性质不同的装饰材料或对一种装饰材料采用不同的施工方法，就可使建筑物获得所需要的色彩、色调，从而满足所要求的装饰效果。如同样是丙烯酸合成树脂乳液、可作有光、平光和无光的装饰，也可作凹凸的、砂壁状和拉毛的装饰；同样是聚氯乙烯壁纸，可采用压花、印花、发泡等工艺，使壁纸产生不同的质感，用于室内墙面可产生不同的装饰效果。

(2) 保护功能

建筑物外墙结构材料直接受到风吹、日晒、雨淋、霜雪和冰雹的袭击，以及腐蚀性气体和微生物的作用，耐久性受到威胁；同样地，内墙材料在水汽、阳光、磨损等作用下也会损坏，金属材料会锈蚀，木材会腐朽。选用性能适当的装饰材料，能有效地保护建筑物主体，提高建筑物的耐久性，降低维修费用。如混凝土墙面采用面砖粘贴和涂料覆涂的方法能够保护墙面免受或减轻雨水、日光以及温度变化的破坏作用；各类地面涂料能够保护水泥砂浆地面，使其不被侵蚀和起灰。

(3) 其他特殊功能

装饰材料除了有装饰和保护功能外，还有改善室内使用条件（如光线、温度、湿度）、吸声、吸湿、隔音、防灰尘等功能。如现代建筑采用的热反射玻璃，不仅装饰建筑物，而且可以产生很好的"冷房效应"，从而节约大量的冷气消耗；内墙使用的石膏板能起到"呼吸"作用，可调节室内空气的相对湿度；木地板、塑料地板、化纤地毯、纯毛地毯不仅美观，而且给人温暖、舒适的感觉，还有防潮、隔音、吸声的效果。

13.1.2 装饰材料的选用

选用装饰材料的基本原则是：好的装饰效果、良好的使用功能、合理的耐久性和经济性。

要获得建筑物好的装饰效果，首先应考虑到设计的环境、气氛。选用的装饰材料要运用对美的鉴别力和敏感性去着力表现材料的色泽，并且合理配置、充分表现装饰材料的质感与和谐，以获得优美的环境和舒适的气氛。其次，好的装饰效果还需要充分考虑材料的色彩。色彩是构造人造环境的重要内容。合理而艺术地运用色彩去选择装饰材料，可以把建筑物外部点缀得丰富多彩、情趣盎然，可以让室内舒适、美观、整洁。

选择装饰材料还应考虑到功能的需要，并且要充分发挥材料的特性。如室内墙面装饰材料应具有良好的吸声、防火和耐洗刷性，外墙装饰材料必须具有足够的耐水性、耐污染性、自涤或耐洗刷性。

从经济角度考虑装饰材料的选择，应有一个总体观点，即不仅要考虑一次投资，还应考虑装饰材料的耐久性和维修费用。而且在关键性的问题上宁可加大投资，以延长使用年限，保证总体上的经济性。

13.2　建筑装饰陶瓷

陶瓷是用黏土及其他天然矿物原料，经配料、制坯、干燥、焙烧制成的。陶瓷制品又可分为陶、瓷、炻三类。陶的原料含杂质较多，烧结程度低，孔隙率较大（吸水率大于10%），断面粗糙无光，不透明，敲击时声音粗哑。瓷是由较纯的瓷土烧成的，坯体致密，烧结程度高，基本不吸水（吸水率小于1%），断面有一定的半透明性，敲击时声音清脆。炻是介于陶和瓷之间的制品，其孔隙率比陶小（吸水率小于10%），但烧结程度和密实度不及瓷，坯体大多带有灰、黄或红等颜色，断面不透明，但其热稳定性好，成本较瓷低。

陶、瓷通常又各分为精（细）、粗两类。建筑装饰陶瓷一般属于精陶、炻和粗瓷类的制品。建筑装饰陶瓷通常是指用于建筑物内外墙面、地面及卫生洁具的陶瓷材料和制品，另外还有在园林或仿古建筑中使用的琉璃制品。建筑装饰陶瓷具有强度高、耐久性好、耐腐蚀、耐磨、防水、防火、易清洗以及花色品种多、装饰性好等优点，因此在建筑装饰工程中得到了广泛的应用。

13.2.1 陶瓷砖

陶瓷砖是指由黏土和其他无机非金属原材料制成的用于覆盖墙面和地面的薄板制品。陶瓷砖在室温下通过挤压、干压或其他方法成型，干燥后，在满足性能要求的温度下烧制而成。

挤压砖是将可塑性坯料经过挤压机挤出后，再将所成型的泥条按砖的预定尺寸进行切割。干压砖是将混合好的粉料置于模具中于一定压力下压制成型。其他方法成型的砖是用挤压或干压以外方法成型的陶瓷砖。

根据国家标准《陶瓷砖》（GB 4100—2006）的规定，按照砖的吸水率 E 可将陶瓷砖分为三类：低吸水率砖（$E \leq 3\%$）、中吸水率砖（$3\% < E \leq 6\%$）、高吸水率砖（$E > 6\%$）。

瓷质砖为吸水率不超过 0.5% 的陶瓷砖；炻瓷砖为吸水率大于 0.5%，不超过 3% 的陶瓷砖；细炻砖为吸水率大于 3%，不超过 6% 的陶瓷砖；炻质砖为吸水率大于 6%，不超过 10% 的陶瓷砖；陶质砖为吸水率大于 10% 的陶瓷砖。

陶瓷砖按成型方法和吸水率分类见表 13-1。

表 13-1　陶瓷砖按成型方法和吸水率分类表（GB 4100—2006）

成型方法	I 类 （$E \leq 3\%$）	IIa 类 （$3\% < E \leq 6\%$）	IIIb 类 （$6\% < E \leq 10\%$）	III 类 （$E > 10\%$）
A（挤压）	A I 类	A IIa1 类	A IIb1 类	A III 类
		A IIa2 类	A IIb2 类	
B（干压）	B I a 类（$E \leq 0.5\%$）	B IIa 类	B IIb 类	B III 类
	B I b 类（$0.5\% < E \leq 3\%$）			
C（其他）	C I 类	C IIa 类	C IIb 类	C III 类

挤压陶瓷砖（$E \leq 3\%$ A I 类）的尺寸和表面质量见表 13-2，其物理性能、化学性能详见国家标准《陶瓷砖》（GB 4100—2006）。

表 13-2　挤压陶瓷砖的尺寸和表面质量（GB 4100—2006）

尺寸和表面质量		精细	普通
长度和宽度	每块砖（2 条或 4 条边）的平均尺寸相对于工作尺寸的允许偏差（%）	±1.0% 最大 ±2 mm	±2.0% 最大 ±4 mm
	每块砖（2 条或 4 条边）的平均尺寸相对于 10 块砖（20 条或 40 条边）平均尺寸的允许偏差（%）	±1.0%	±1.0% 最大 ±5 mm
	制造商选择工作尺寸应满足以下要求： ①模数砖名义尺寸连接宽度允许在 3~11 mm； ②非模数砖工作尺寸与名义尺寸之间的偏差不大于 ±3 mm		
厚度	①厚度由制造商确定； ②每块砖厚度的平均值相对于工作尺寸厚度的允许偏差（%）	±10%	±10%
边直度	相对于工作尺寸的最大允许偏差（%）	±0.5%	±0.6%
直角度	相对于工作尺寸的最大允许偏差（%）	±1.0%	±1.0%
表面平整度	①相对于由工作尺寸计算的对角线的中心弯曲度	±0.5%	±1.5%
	②相对于工作尺寸的边弯曲度	±0.5%	±1.5%
	③相对于由工作尺寸计算的对角线的翘曲度	±0.8%	±1.5%
表面质量		至少 95% 的砖主要区域无明显缺陷	

注：工作尺寸是按制造结果确定的尺寸，实际尺寸与其之间的偏差应在规定的范围之内。

各类陶瓷砖的尺寸、表面质量、物理性能和化学性能的技术要求应符合国家标准《陶瓷砖》（GB 4100—2006）附录 A～附录 L 的相应规定。

对于不同用途的陶瓷砖规定了不同的性能要求见表 13-3。

表 13-3 不同用途陶瓷砖的产品性能要求（GB 4100—2006）

性　能	地　砖		墙　砖	
尺寸和表面质量	室内	室外	室内	室外
长度和宽度	√	√	√	√
厚度	√	√	√	√
边直度	√	√	√	√
直角度	√	√	√	√
表面平整度	√	√	√	√
吸水率	√	√	√	√
破坏强度	√	√	√	√
断裂模数	√	√	√	√
无釉砖耐磨深度	√	√		
有釉砖表面耐磨性	√	√		
线性热膨胀	√	√	√	√
抗热震性	√	√	√	√
有釉砖抗釉裂性	√	√	√	√
抗冻性		√		√
摩擦系数	√	√		
物理性能	室内	室外	室内	室外
湿膨胀	√	√	√	√
小色差	√	√	√	√
抗冲击性	√	√		
抛光砖光泽度	√	√	√	√
化学性能	室内	室外	室内	室外
有釉砖耐污性	√	√	√	√
无釉砖耐污性	√	√	√	√
耐低浓度酸和耐化学腐蚀性	√	√	√	√
耐高浓度酸和耐化学腐蚀性	√	√	√	√
耐家庭化学试剂和游泳池盐类化学试剂	√	√	√	√
有釉砖铅和镉的溶出量	√	√	√	√

注：在订货时，尺寸、厚度、表面特征、颜色、有釉砖耐磨性级别及其他性能均应与相关方协商。

陶瓷砖按用途分为外墙砖、内墙砖、地砖等。目前，家庭装修常用的是釉面砖（内墙砖）和瓷质砖（地砖）。

釉面砖色彩图案丰富，防污能力强，主要用于卫生间、厨房的墙面和地面。

无釉砖主要包括瓷质砖、玻化砖、抛光砖等。这类砖的破坏强度和断裂模数较高，吸水率较低，耐磨性好。玻化砖和抛光砖是经较高温度烧制的瓷质砖，玻化砖是所有瓷质砖中最硬的一种。抛光砖是将玻化砖表面抛光成镜面，呈现出缤纷多彩的花色。但是，抛光后砖的闭口微气孔成为开口孔，所以耐污染性相对较弱。

13.2.2　其他陶瓷砖

（1）彩色釉面墙地砖

彩色釉面墙地砖简称彩釉砖，表面形状有正方形和长方形两种，单边长 100～400 mm，厚度一般为 8～12 mm。彩釉砖色彩图案丰富多样，表面可制成光滑的平面、压花的浮雕面、纹点面或其他釉饰面，具有材质坚固耐磨、易清洗、防水、耐腐蚀等优点，用于外墙面或地面装饰既可保持美观清洁，还可提高建筑物的耐久性。

（2）无釉陶瓷地砖

无釉陶瓷地砖简称无釉砖，是表面不施釉的耐磨炻质地面砖。它的表面分为无光和有光两种，后者一般为前者经抛光而成。

无釉砖一般以单色或加色斑点为多，表面可制成平面、浮雕面、沟条面（防滑面）等，具有坚固、耐磨、抗冻、易清洗等特点，适用于建筑物地面、庭院道路等处铺贴。

（3）劈离砖

劈离砖是我国近年来引进技术研制生产的一种新型陶瓷装饰制品，是将按一定配比的原料经粉碎、炼泥、真空挤压成型、干燥、烧结而成。成型时两块砖背对背同时挤出，烧成后才"劈离"成单块，故而得名劈离砖。劈离砖色彩多样，自然柔和，表面形式有细质的或粗质的，有上釉的，也有无釉。劈离砖坯体密实，强度高，其抗折强度大于 30 MPa，吸水率小于 6%，表面硬度大，耐磨防滑，耐腐抗冻，耐急冷急热。劈离砖背面凹槽纹与砂浆形成楔形结合，黏结牢固。

劈离砖的品种有平面砖、踏步砖、阴角砖、阳角砖、彩色釉面或表面压花等形式。平面砖又分长方形、双联条形、方形等。劈离砖广泛用于地面、外墙装饰。用作外墙砖，表面不反光、无亮点，装饰的建筑物外观质感好，浑厚、质朴、大方，有石材的效果。

（4）麻面砖

麻面砖是采用仿天然花岗石的色彩配料，压制成表面凹凸不平的麻面坯体经焙烧而成。麻面砖表面酷似人工修凿过的天然花岗石，自然粗犷，有白、黄、灰等多种色彩。麻面砖吸水率小于 1%，抗折强度大于 20 MPa。薄型砖适用于外墙饰面；厚型砖适用于广场、码头、停车场、人行道等铺设。麻面砖除正方形、长方形外，还有梯形和三角形的，可以拼贴成各种色彩和形状的地面图案，以增强地坪的艺术感。

（5）彩胎砖

彩胎砖是一种本色无釉瓷质饰面砖，它采用仿天然岩石的彩色颗粒土原料混合配料，压制成多彩坯体后，经高温一次烧成的陶瓷制品，彩胎砖富有天然花岗石的纹点，质地同花岗岩一样坚硬、耐久。有红、绿、黄、蓝、灰、棕等多种基色，多为浅色调，柔和，润泽，质朴高雅，主要规格有 200 mm×200 mm×8 mm～800 mm×800 mm×12 mm 等。

彩胎砖表面有平面和浮雕两种，平面的又分磨光和抛光两种。表面经抛光或高温瓷化处理的彩胎砖又称抛光砖或玻化砖。彩胎砖吸水率小于 1%，抗折强度大于 27 MPa，其耐磨性和防滑性好，特别适用于人流大的商场、剧院、宾馆、酒楼等公共场所地面的铺贴和室内墙面装修，效果甚佳。

（6）陶瓷锦砖

陶瓷锦砖俗称马赛克，是由各种颜色的多种几何形状的小瓷片（长边一般不大于50 mm）按照设计的图案反贴在一定规格的正方形牛皮纸上，每张（联）牛皮纸制品面积约为 0.093 m²，每 40 联装一箱，每箱可铺贴面积约 3.7 m²。

陶瓷锦砖分为无釉和有釉两种，目前国内产品多为无釉锦砖。无釉锦砖的吸水率不大于0.2%，有釉锦砖的吸水率应不大于 1.0%。按外观质量陶瓷锦砖分为优等品和合格品两个等级。

陶瓷锦砖薄而小，质地坚实、经久耐用、花色多样、耐酸碱腐蚀、耐摩擦、不渗水、抗冻、抗压强度高，易清洗、不滑、不易碎裂，广泛用于盥洗间、浴室、卫生间、化验室等处的地面装饰，也可用于建筑物的外墙饰面。

13.2.3 琉璃制品

琉璃制品是具有中华民族文化特色与风格的传统建筑装饰材料。

琉璃制品是以难熔黏土为主要原料，经制坯、干燥、素烧、施釉、釉烧而成。建筑琉璃制品有瓦类（板瓦、筒瓦、滴水、沟头等）、脊类（扣脊、正吻等）、饰件类（兽、博古、花窗栏杆等），还有琉璃桌、绣墩、花盆、花瓶等工艺品。琉璃制品主要用于建造纪念性仿古建筑以及园林建筑中的亭、台、楼、阁等。

琉璃制品表面色彩鲜艳、光亮夺目、质地坚密、造型古朴典雅、经久耐用，是我国特有的建筑艺术制品之一。

13.3 建 筑 玻 璃

玻璃是现代建筑工程中重要的装饰材料。它的用途除采光、透视、隔声、隔热外，还有艺术装饰作用。特种玻璃还兼有吸热、保温、耐辐射、防爆等特殊功能。

玻璃是由石英砂、纯碱、长石及石灰石等在 1 600 ℃ 左右高温熔融后经拉制或压制而成。若在玻璃中加入某些金属氧化物、化合物，或经特殊工艺处理后，又可制得具有某些特殊功能的特种玻璃。

玻璃的种类很多，按其化学成分有钠钙玻璃、铝镁玻璃、钾玻璃、硼硅玻璃、铅玻璃和石英玻璃等；根据功能和用途，建筑玻璃可分为平板玻璃、安全玻璃，声、光、热控制玻璃，饰面玻璃等。

13.3.1 平板玻璃

平板玻璃是建筑玻璃中用量最大的一种。习惯上将窗用玻璃、压花玻璃、磨砂玻璃、磨光玻璃、有色玻璃等统称为平板玻璃。

平板玻璃的生产方法有两种：一种是将玻璃液通过垂直引上或平拉、延压等方法而成，称为普通平板玻璃；另一种是将玻璃液漂浮在金属液（如锡液）面上，让其自由摊平，经牵引逐渐降温退火而成，称为浮法玻璃。浮法玻璃生产工艺先进，产量高，整个生产线可以实现自动化，玻璃表面特别平整、光滑，厚度非常均匀，其光学性能优于普通平板玻璃。

（1）平板玻璃的规格、性能、质量标准

普通平板玻璃按厚度分为 2 mm、3 mm、4 mm、5 mm 四类。供货时形状为矩形，尺寸一般不小于 600 mm×400 mm，最大尺寸可达 3 000 mm×2 400 mm。

浮法玻璃按厚度分为 3 mm、4 mm、5 mm、6 mm、8 mm、10 mm、12 mm、15 mm、19 mm、22 mm、25 mm，供货时尺寸一般不小于 1 000 mm×1 200 mm，不大于 2 500 mm×3 000 mm。

平板玻璃具有良好的透光性能、较高的化学稳定性和耐久性，透光率达 84%以上；软化温度为 650 ℃～700 ℃；导热系数为 0.73～0.82 W/(m·K)；膨胀系数为 8×10^{-6}～10×10^{-6}/K。平板玻璃按外观质量分为优等品、一等品、合格品三类，各项技术指标应符合《平板玻璃》（GB 11614—2009）的规定。

（2）各种平板玻璃的特点及用途

各种平板玻璃的特点及用途见表 13-4。

表 13-4　各种平板玻璃的特点和用途

品　　种		工艺过程	特　　点	用　　途
普通窗用玻璃		未经研磨加工	透明度好，板面平整	用于建筑门窗装配
磨砂玻璃		用机械喷砂和研磨方法将普通平板玻璃进行处理	表面粗糙，使光产生漫射，有透光不透视的特点	用于卫生间、浴室的门窗
压花玻璃		在玻璃硬化前用刻纹的滚筒在玻璃面压出花纹	折射光线不规则，透光不透视，既有使用功能又有装饰功能	用于宾馆、办公楼、会议室的门窗
彩色玻璃	透明彩色玻璃	在玻璃原料中加入金属氧化物而带色	耐腐蚀、抗冲刷、易清洗、装饰美观	用于建筑物内外墙面、门窗及对光波有特殊要求的采光部位
	不透明彩色玻璃	在一面喷以色釉，再经烘制而成		

（3）平板玻璃的保管

玻璃保管不当时易破碎和受潮发霉。透明玻璃一旦受潮发霉，轻者出现白斑、白毛或红绿光，影响外观质量和透光度；重者发生粘片而难分开。因此平板玻璃应轻放，堆垛时应将箱盖向上，不得歪斜与平放，不得受重压，并应按品种、规格、等级分别放在干燥、通风的库房里，与碱性或其他有害物质（如石灰、水泥、油脂、酒精等）分开。

13.3.2　安全玻璃

（1）钢化玻璃

钢化玻璃是安全玻璃的一种。生产工艺有两种：一种是将平板玻璃在钢化炉中加热到玻璃软化温度（约 650 ℃），然后迅速冷却，从而在玻璃表面形成预加压应力；另一种是将平板玻璃通过离子交换法处理而制得。

钢化玻璃弹性好，抗冲击强度高（是普通平板玻璃的 4～6 倍），抗弯强度高（是普通平板玻璃的 3 倍）。

钢化玻璃破坏时，碎片呈分散小颗粒状，无尖锐棱角，因此在使用中较其他玻璃安全，故称安全玻璃。钢化玻璃不能切割磨削，边角不能碰击。厂方按照用户要求的尺寸和形状加工好，再经钢化处理后供应。

钢化玻璃有平面钢化玻璃、曲面钢化玻璃两种。在建筑工程中，钢化玻璃主要用于高层建筑门窗、车间天窗及高温车间的防护玻璃。

（2）夹层玻璃

夹层玻璃是安全玻璃的一种，它是在两片或多片平板玻璃、钢化玻璃、磨光玻璃或其他玻璃之间嵌夹透明的塑料薄片，经热压黏合而成。衬片多用聚乙烯醇缩丁醛，聚氨酯等塑料胶片。

夹层玻璃有平面夹层玻璃和曲面夹层玻璃两种。这种玻璃受到剧烈震动或撞击破坏时，由于衬片的黏合作用，玻璃裂而不碎，具有防弹、防震、防爆性能，在建筑工程中用于高层建筑的门窗、工业厂房的门窗、水下工程或银行、储蓄所柜台橱窗等处。

（3）夹丝玻璃

夹丝玻璃也称防碎玻璃，它是以压延法生产的玻璃，当玻璃经过两个压延辊的间隙成型时，加入预先加热处理的金属丝或金属网，使之压于玻璃板中加工而成。其表面有压花的、平面的或彩色的。

夹丝玻璃强度大，不易破碎。即使破碎，碎片附着在金属丝网上，不易脱落，使用比较安全。夹丝玻璃受热炸裂后，仍能保持原形。当发生火灾时能起到隔绝火势的作用，故又称防火玻璃。

夹丝玻璃适用于有震动的工业厂房门窗、仓库的门窗、地下采光窗、防火门窗及其他要求安全、防盗、防震、防火之处。

13.3.3 声、光、热控制玻璃

（1）热反射玻璃

在无色透明的平板玻璃上镀一层金属（如金、银、铜、铝、镍、铬、铁等）或金属氧化物薄膜或有机物薄膜，使其具有较高的热反射性，又保持良好的透光性能，这种玻璃称热反射玻璃，亦称镀膜玻璃。热反射玻璃从颜色上分，有灰色、青铜色、茶色、金色、浅蓝、中蓝、深蓝等色。厚度有 3 mm、5 mm、6 mm、8 mm、10 mm 等。

镀膜的方法很多：一种是通过喷涂、真空蒸镀、阴极溅射等方法在玻璃表面涂以金属或金属氧化物薄膜；一种是采用电浮法或等离子交换法向玻璃表层渗入金属离子以置换玻璃表层原有离子而形成热反射膜。

热反射玻璃具有以下性能特点：

①对太阳辐射热有较高的热反射能力。普通玻璃热反射率为 7%～8%，热反射玻璃可达 20%～40%。

②具有单向透视的特性。热反射玻璃从光强一面向玻璃看去，玻璃犹如镜面，可将周围景物映射出来，却看不到室内景象，对建筑物起到遮蔽及帷幕作用。但从光弱一面看去，视线却能透过玻璃，对光强一面的景物一览无余。

由于热反射玻璃具有以上两个特点，在建筑工程中特别适用于高层建筑幕墙（玻璃幕墙）。

（2）中空玻璃

中空玻璃是以同尺寸两片或多片平板玻璃、镀膜玻璃、彩色玻璃、压花玻璃、钢化玻璃等，四周用高强、高气密性黏结剂将其与铝合金框或橡皮条、玻璃条胶结密封而成，是一种很有发展前途的新型节能建筑装饰材料。

中空玻璃两层之间留有一定空腔，因此具有优良的保温、隔热和降噪性能。若在玻璃空腔内充以各种漫射光材料或电介质等，则可获得更好的声控、光控和隔热效果。

中空玻璃主要用于高级住宅、饭店、宾馆、学校、医院、严寒地区及设有空调设施的建筑物玻璃窗。

13.3.4　饰面玻璃

饰面玻璃是用于建筑物表面装饰的玻璃制品的总称，包括板材和砖材，有玻璃马赛克、釉面玻璃、玻璃面砖、矿渣微晶玻璃砖等。用压延法或烧结法生产，可制成各种色彩和尺寸，可拼镶成各种图案，广泛用于建筑物内外墙装饰。

（1）釉面玻璃

釉面玻璃是在玻璃表面上冷敷一层彩色易溶性色釉，然后加热到彩釉熔融温度，使釉层与玻璃牢固黏合在一起，经退火或钢化等不同热处理方法制成。玻璃基体可用平板玻璃、磨光玻璃及玻璃砖等。

釉面玻璃有各种色彩和尺寸，主要规格为长度 150～1 000 mm，宽度 150～800 mm，厚度 5～6 mm。釉面玻璃耐化学腐蚀、耐磨，富有光泽，可用于建筑物内外墙贴面。

（2）玻璃锦砖

玻璃锦砖又称玻璃马赛克，是一种小规格的彩色饰面玻璃。一般边长尺寸为20～60 mm，厚度为4～6 mm，是具有各种平面几何形状和颜色的小块玻璃质镶嵌材料。一面光滑，另一面带有槽纹，以利于砂浆黏结，其质量标准应符合 GB 7697—1996 规定。

玻璃马赛克色泽柔和、朴实、典雅、表面光滑、不吸水、易洗涤，且化学稳定性、热稳定性好，表观密度小，易于施工，是一种十分美观的墙面装饰材料。玻璃马赛克应用于宾馆、医院、办公楼、住宅的卫生间、盥洗间、浴室的内墙面或者外部墙面装饰。

（3）空心玻璃砖

空心玻璃砖是把两块经模压成凹形的玻璃加热熔接成整体的空心砖，中间充以约2/3个大气压的干燥空气。

空心玻璃砖有单腔和双腔两种，双腔玻璃砖除保持良好的透光性能外，具有更好的隔热、隔声效果。空心玻璃砖可在内侧面做出各种花纹及图案。空心玻璃砖主要用无色玻璃生产，也可使用着色玻璃生产，还可以在空腔内侧涂饰透明着色材料。空心玻璃砖常见规格为190 mm×190 mm×80 mm～300 mm×300 mm×100 mm，外形有长方形和正方形两种。

空心玻璃砖透光不透视，抗压强度较高，保温、隔热、隔声、防火、装饰性能好，主要用于砌筑透光墙壁、非承重的内外隔墙、沐浴隔断、门厅、通道等处。

13.4　铝合金型材及制品

铝属于轻金属，密度为 2.7 g/cm^3，银白色。固态铝塑性很好，易加工成各种管材、板材、薄壁空腹型材。铝的抛光面对白光反射率达 80%，对紫外线、红外线也有较强的反射能力。

在铝中添加镁、锰、硅、铜、锌等元素组成铝合金，可使其机械强度大大提高，并保持质轻的优点。铝合金还可以进行阳极氧化和电解着色，使表面获得良好的装饰效果。

由于铝及铝合金具有以上优异性能，在建筑装饰工程中得到广泛应用。除门窗大量采用铝合金外，外墙贴面、外墙装饰、室内装饰、建筑回廊、城市大型隔音壁、亭阁等也大量采用铝合金制品。

13.4.1　铝合金型材

建筑铝合金型材的生产方法分为挤压和轧制两类，在国内外生产中绝大多数采用挤压方法。挤压法不仅可以生产断面形状较简单的管、棒、线等铝合金型材，而且可以生产断面变化、形状复杂的型材和管材，如阶段变化的断面型材、空心型材和变断面管材等。

经挤压成型的建筑铝合金型材表面存在着不同的污垢和缺陷，同时自然氧化膜薄而软，耐蚀性差，因此必须对其表面进行清洗和阳极氧化处理，以提高其表面硬度、耐磨性、耐蚀性。然后进行表面着色（自然着色、电解着色、化学着色三种方法），使铝合金型材获得多种美观大方的色泽。

建筑铝合金型材使用的合金主要是铝镁硅合金（LD_{30}、LD_{31}），它具有良好的耐蚀性能和机械加工性能，广泛用于加工各种门窗及建筑工程的内外装饰制品。

建筑铝合金型材的物理、机械性能，型号规格，质量标准必须符合《铝合金建筑型材　第一部分　基材》（GB/T 5237.1—2008）的规定。

13.4.2　铝合金制品

（1）铝合金门窗

铝合金门窗是采用经表面处理的铝合金型材加工制成的门窗构件。它具有质轻、密封性好、色调美观、耐腐蚀、使用维修方便、便于进行工业化生产等特点，因此，尽管造价比普通门窗高 3~4 倍，但由于长期维修费用低，性能好，特别是富有良好的装饰性，所以得到广泛应用。

铝合金门窗的种类按照结构与开闭方式的不同分为推拉门窗、平开门窗、固定窗、悬挂窗、回转窗、百叶窗，铝合金门还有地弹簧门、自动门、旋转门、卷闸门等。

随着铝合金门窗事业的迅速发展，我国也颁布了有关铝合金门窗的国家标准，目前现行标准为《铝合金门窗》（GB/T 8478—2008）。

（2）铝合金装饰板

铝合金装饰板属现代流行的建筑装饰材料。它具有质轻、耐久性好、施工方便、装饰华丽等优点，适用于公共建筑室内外装饰，颜色有本色、古铜色、金黄色、茶色等。

①铝合金花纹板。铝合金花纹板是采用防锈铝合金（LF_{21}）坯料，用特别的花纹轧辊轧制而成。它具有花纹图案美观大方、不易磨损、防滑性能好、防腐蚀性能强等优点。花纹板板材平整，裁剪尺寸准确，便于安装，广泛用于现代建筑物的墙面装饰及楼梯踏步板等。产品代号、规格、技术要求应符合《铝及铝合金花纹板》（GB 3618—2006）的规定。

②铝合金压型板。铝合金压型板是用防锈铝毛坯料轧制而成，板型有波纹型和瓦楞型。

它具有质轻、外形美观、耐久、耐腐蚀、容易安装等优点。通过表面处理，可以得到各种色彩的压型板。铝合金压型板主要用于屋面和墙面。

③铝合金冲孔平板。铝合金冲孔平板是铝合金平板经机械冲孔而成。它具有良好的防腐蚀、防火、防震、防水、吸音性能，光洁度高、轻便美观，是建筑工程中理想的吸声材料。

铝合金冲孔平板主要用于棉纺厂、各种控制室、电影院、剧场或电子计算机房的天棚及墙壁。

（3）其他铝合金装饰制品

①铝合金吊顶材料。铝合金吊顶材料有质轻、不锈蚀、美观、防火、安装方便等优点，适用于较高的室内吊顶。全套部件包括铝龙骨、铝平顶筋、铝天花板以及相应的配套吊挂件等。

②铝及铝合金箔。铝箔是纯铝或铝合金加工成的 6.3 μm～0.2 mm 的薄片制品。铝及铝合金箔不仅是优良的装饰材料，还具有防潮、绝热功能，因此，铝及铝合金箔以全新多功能的绝热材料和防潮材料广泛用于建筑工程中。

13.5　塑料壁纸和墙布

壁纸和墙布是使用广泛的室内墙面装饰材料。它图案多变、色泽丰富，通过压花、印花可以仿制出许多传统材料的外观，如仿木纹、仿石纹、仿锦缎、仿瓷砖等。目前，我国生产的主要品种有塑料壁纸、玻璃纤维贴墙布、无纺贴墙布、装饰墙布等。

13.5.1　塑料壁纸

塑料壁纸是我国发展最迅速、应用最广泛的壁纸。目前，我国生产的壁纸主要为聚氯乙烯（PVC）壁纸。塑料壁纸的生产工艺分压延法和涂布法两种。压延法是在 PVC 树脂中加入增塑剂、稳定剂、颜料、填料等经高速捏合、密炼、双辊混炼、四辊压延成薄膜，再与纸基热复合而成半成品。涂布法是将生产的糊状 PVC 树脂加入增塑剂、稳定剂、颜料和填料等配制成糊状树脂，用涂布机均匀涂布在纸基上，再经热烘塑化而成半成品。两种方法所得半成品再经印花、压花或发泡压花加工制成成品。

塑料壁纸分为普通壁纸、发泡壁纸、特种壁纸三类。塑料壁纸原材料便宜，具有耐腐蚀、难燃烧、可擦洗、装饰性好等优点，因此广泛用于民用住宅等建筑物的内墙、顶棚、梁柱等贴面装饰。

（1）普通塑料壁纸

普通塑料壁纸有单色压花、印花压花、有光印花、平花印花四种。壁纸品种多，适用面广，价格低，一般住宅、公共建筑的内墙装饰均用这类壁纸。

（2）发泡壁纸

发泡壁纸是在纸基上涂布掺有发泡剂的糊状 PVC 树脂后，印花再加热发泡而成。有高发泡印花、低发泡印花、发泡印花压花等品种。发泡壁纸表面有凹凸花纹，美观大方，图样逼真，有立体感，并有弹性，适用于室内墙裙，客厅和内走廊装饰。

（3）特种壁纸

特种壁纸有耐水壁纸、防火壁纸、彩色砂粒壁纸等品种。耐水壁纸基材不用纸，而用不怕水的玻璃纤维毡，适用于卫生间、浴室墙面装饰。防火壁纸基材则用具有耐火性能的石棉纸，并在树脂内加阻燃剂，用于防火要求较高的建筑木材面装饰。彩色砂粒壁纸则在基材上散布彩色石英砂，再喷涂黏结剂加工而成，一般用于门厅、柱头、走廊等局部装饰。

13.5.2 墙布

(1) 纺织纤维墙布 (无纺贴墙布)

纺织纤维墙布是采用天然纤维 (如棉、毛、麻、丝) 或涤、腈等合成纤维，经无纺成型、上树脂、印制彩色花纹而成的一种新型贴墙布。这种墙布色泽柔和典雅，立体感强，吸声效果好，擦洗不褪色，粘贴方便。特别是涤纶棉无纺贴墙布，除具有麻质无纺贴墙布的特点外，还具有质地细洁、光滑的优点，特别适用于高级宾馆、高级住宅的建筑物内墙装饰。

(2) 玻璃纤维墙布

玻璃纤维墙布是在中碱玻璃纤维布上涂以合成树脂，经加热塑化，印上彩色图案而成。所用合成树脂主要为乳液法聚氯乙烯或氯乙烯-乙烯乙酸共聚物。这种墙布防潮性好，可以刷洗，色泽鲜艳，不燃、无毒，粘贴方便。目前这种墙布已有几十个花色品种，适用于宾馆、会议室、餐厅、居民住宅的内墙装饰。

(3) 装饰墙布

装饰墙布是以纯棉布经预处理、印花、涂层制作而成。这种墙布强度大，无光、无毒、无味，且色泽美观，适用于宾馆、饭店、较高级民用住宅内墙装饰，也适用于基层为砂浆墙面、混凝土墙、白灰浆墙、石膏板、胶合板等的粘贴和浮挂。

13.6 装 饰 涂 料

涂敷于物体表面能与基体材料很好黏结并形成完整而坚韧的保护膜的物料称作涂料。装饰涂料是一种常见的建筑装饰材料，具有简便、经济且维修重涂方便等特点。涂装在材料表面，不仅可以使建筑物内外整洁美观，而且保护被涂覆的建筑材料，延长其使用寿命。我国建筑装饰涂料发展迅速，现品种已达 100 多种。

13.6.1 涂料的组成

各种涂料组分虽不相同，但基本上由主要成膜物质、次要成膜物质和辅助成膜物质组成。

(1) 主要成膜物质

主要成膜物质也称胶黏剂或固着剂，其作用是将其他成分黏结成一个整体，并能附着在被涂基层表面形成坚韧的保护膜。主要成膜物质应具有较高的化学稳定性，多属高分子化合物 (如树脂) 或成膜后能形成高分子化合物的有机物质 (如油料)。

常用的主要成膜物质见表 13-5。

由于合成树脂生产的装饰涂料具有良好的性能，涂膜光泽好，所以是目前应用最广、品种最多的涂料。

为了满足多方面要求，一种成膜物质往往与几种成膜物质混合使用，因此要求所采用的主要成膜物质之间要有良好的混溶性和在溶剂中有良好的溶解性。

表 13-5 常见的主要成膜物质

油料（植物油）			树　脂		
干性油	半干性油	不干性油	天然树脂	人造树脂	合成树脂
涂于物体表面能形成坚固的油膜（如桐油、亚麻油、苏子油、梓油）	干燥时间较长，形成的油膜软而发黏（如豆油、向日葵籽油、棉籽油）	在正常情况下不能自行干燥（如花生油、蓖麻油）	如松香、虫胶、沥青等	天然有机高分子化合物（如松香甘油酯、硝化纤维）	是由单体经聚合或缩聚而得（如聚氯乙烯、环氧树脂、酚醛树脂）

（2）次要成膜物质

次要成膜物质主要是指涂料中所用的颜料，它也是构成涂料的主要成分，但它不能离开主要成膜物质单独构成涂膜。在涂料中加入颜料，不仅能使涂膜具有各种颜色，增多涂料的品种，而且能增加涂膜强度，提高涂膜的耐久性和抵抗大气的老化作用。

颜料的品种很多。按其主要作用分为：

①着色颜料。主要作用是着色和遮盖物面。按它们在涂料中显示的色彩有红、黄、蓝、黑、白、金属光泽等。

②体质颜料。又称填充颜料，主要作用是增加涂膜的厚度和体质，提高涂膜的耐磨性。主要品种有滑石粉、硫酸钡、碳酸钙和碳酸钡。

③防锈颜料。主要作用是防止金属生锈。品种有红丹、锌铬黄、氧化铁红、铝粉等。

（3）辅助成膜物质

辅助成膜物质不能构成涂膜或不是涂膜的主体，但对涂料的成膜过程及涂膜的性能起一些辅助作用。主要包括溶剂和辅助材料两大类。

①溶剂。溶剂是挥发性液体，具有溶解、分散、乳化主要成膜物质和次要成膜物质的作用，可以降低涂料的黏稠度，提高其流动性，增强成膜物质向基层渗透的能力。在涂膜形成的过程中，少部分溶剂被基层吸收，大部分将挥发到空气中去，而不保留在涂膜中。

涂料所用的溶剂有两类：一类是有机溶剂，另一类是水。

常用的有机溶剂有松香水、酒精、200号溶剂汽油、苯、二甲苯、丙酮等。用有机溶剂作分散介质的涂料称为溶剂型涂料。

用水作为溶剂的涂料称为水性涂料或乳液型涂料。

②辅助材料。涂料中加入辅助材料主要是为了改善涂料的性能。根据辅助材料的功能可分为催干剂、增塑剂、固化剂、乳化剂、稳定剂、紫外线吸收剂等。辅助材料的用量很少，一般是百分之几到千分之几。

13.6.2　涂料的分类

涂料分类方法很多，常用的有：

按涂层使用的部位分为外墙涂料、内墙涂料、地面涂料、顶棚涂料。

按涂膜厚度分为薄涂料、厚涂料、砂粒状涂料（彩砂涂料）。

按主要成膜物质分为有机涂料、无机高分子涂料、有机无机复合涂料。

按涂料所使用的稀释剂分为以有机溶剂作为稀释剂的溶剂型涂料和以水作为稀释剂的水性涂料。

按涂料使用的功能分为防火涂料、防水涂料、防霉涂料、防结露涂料。

以上分类方法只是从某一角度出发来讨论的，而实际应用中往往是多方面的，因此各种分类方法常交织在一起。如薄涂料包括合成树脂乳液薄涂料、水溶性薄涂料、溶剂型薄涂料、无机薄涂料等。

13.6.3 装饰涂料的要求

装饰涂料产品均应符合相应标准规定的各项技术指标要求，应具有一定的黏度、细度、遮盖力、涂膜的附着力及储存稳定性。固化成膜后，还应具有一定强度、硬度、耐水、耐磨、耐老化等性能。一些特种涂料还应满足所要求的防锈、隔热、防火、防滑、防结露、防化学腐蚀等特殊性能要求。

13.6.4 常用的建筑装饰涂料

1. 外墙装饰涂料

外墙装饰涂料的主要功能是装饰和保护建筑物的外墙面。主要品种有：

(1) 合成树脂乳液外墙涂料

合成树脂乳液外墙涂料目前广泛使用苯乙烯-丙烯酸乳液作主要成膜物质，属薄型涂料。面漆按照要求分为优等品、一等品和合格品三个等级，具体要求见表13-6。底漆和中涂漆具体要求参见《合成树脂乳液外墙涂料》（GB/T 9755—2014）的规定。

表13-6 合成树脂乳液外墙涂料的技术要求

项目		指标		
		合格品	一等品	优等品
容器中状态		无硬块，搅拌后呈均匀状态		
施工性		刷涂二道无障碍		
低温稳定性		不变质		
涂膜外观		正常		
干燥时间（表干）/h	≤	2		
对比率（白色和浅色[①]）	≥	0.87	0.90	0.93
耐沾污性（白色和浅色[①]）/%	≤	20	15	15
耐洗刷性（2 000次）		漆膜未损坏		
耐碱性[②]（48 h）		无异常		
耐水性[②]（96 h）		无异常		
涂层耐温变性[②]（3次循环）		无异常		
透水性/mL	≤	1.4	1.0	0.6
耐人工气候老化性[②]		250 h不起泡、不剥落、无裂纹	400 h不起泡、不剥落、无裂纹	600 h不起泡、不剥落、无裂纹
粉化/级	≤	1	1	1
变色（白色和浅色[①]）/级	≤	2	2	2
变色（其他色）/级		商定	商定	商定

注：①浅色是指以白色涂料为主要成分，添加适量色浆后配制成的浅色涂料形成的涂膜所呈现的浅颜色，按GB/T 15608中规定明度值为6~9之间（三刺激值中的$Y_{D65} \geq 31.26$）。

②也可根据有关方商定测试与底漆配套后或与底漆和中涂漆配套后的性能。

（2）合成树脂乳液砂壁状建筑涂料

合成树脂乳液砂壁状建筑涂料（简称彩砂涂料）使用的合成树脂乳液常用苯乙烯-丙烯酸丁酯共聚乳液 BB-01 和 BB-02。

砂壁状建筑涂料按着色方式分为三类。A 类：采用人工烧结彩色砂粒和彩色石粉着色；B 类：采用天然彩色砂粒和彩色石粉着色；C 类：采用天然砂粒和石粉加颜料着色。

砂壁状建筑涂料通常采用喷涂方法施涂于建筑物的外墙形成粗面厚质涂层。其产品质量指标应符合《合成树脂乳液砂壁状建筑涂料》（JG/T 24—2000）的规定，见表 13-7。

表 13-7 砂壁状建筑涂料各项技术指标（JG/T 24—2000）

试验类别	项 目		技 术 指 标
涂料试验	在容器中的状态		经搅拌后呈均匀状态、无结块
	骨料沉降性（%）		<10
	储存稳定性	低温储存稳定性	3 次试验后，无硬块、凝聚及组成物的变化
		热储存稳定性	1 个月试验后，无硬块、凝聚及组成物的变化
涂层试验	干燥时间（h）		≤2
	颜色及外观		颜色及外观与样本相比，无明显差别
	耐水性		240 h 试验后，涂层无裂纹、起泡、剥落、软化物析出。与未浸泡部分相比，颜色、光泽允许有轻微变化
	耐碱性		240 h 试验后，涂层无裂纹、起泡、剥落、软化物析出。与未浸泡部分相比，颜色、光泽允许有轻微变化
	耐洗刷性		1 000 次洗刷试验后涂层无变化
	耐玷污率（%）		5 次玷污试验后，玷污率在 45 以下
	耐冻融循环性		10 次冻融循环试验后，涂层无裂纹、起泡、剥落。与未试验试板相比，颜色、光泽允许有轻微变化
	黏结强度（MPa）		>0.69
	人工加速耐候性		500 h 试验后，涂层无裂纹、起泡、粉化，变色小于 2 级

常用的外墙装饰涂料还有丙烯酸系、聚氨酯系、复层建筑涂料、外墙无机建筑涂料等。

2. 内墙装饰涂料

内墙装饰涂料的主要功能是用来装饰及保护室内墙面。要求涂料便于涂刷，涂层应质地平滑、色彩丰富，并具有良好的透气性、耐碱、耐水、耐污染等性能。

（1）合成树脂乳液内墙涂料

合成树脂乳液内墙涂料为薄型内墙装饰涂料，产品技术标准应符合《合成树脂乳液内墙涂料》（GB/T 9756—2009）的规定，见表 13-8。

（2）水溶性内墙涂料

水溶性内墙涂料是以水溶性化合物为基料（如聚乙烯醇），加一定量填料、颜料和助剂，经过研磨、分散后而制成的，可分为Ⅰ类和Ⅱ类两大类，Ⅰ类用于涂刷浴室、厨房的内墙，Ⅱ类用于涂刷建筑物的一般墙面。水溶性内墙涂料的各项技术指标应符合《水溶性内墙涂料》（JC/T 423—1991）的规定，见表 13-9。

表 13-8　合成树脂乳液内墙涂料技术要求（GB/T 9756—2009）

项　目	指标		
	优等品	一等品	合格品
在容器中的状态	无硬块，搅拌后呈均匀状态		
施工性	刷涂两道无障碍		
低温稳定性	不变质		
干燥时间（表干）（h）	≤2		
涂膜外观	正常		
对比率（白色和浅色）	≥0.95	≥0.93	≥0.90
耐碱性	24 h 无异常		
耐洗刷性（次）	≥5 000	≥1 000	≥300

表 13-9　水溶性内墙涂料技术指标（JC/T 423—1991）

项　目	技术指标	
	Ⅰ类	Ⅱ类
在容器中的状态	无结块、沉淀和絮凝	
黏度①（s）	30～75	
细度（μm）	≤100	
遮盖力（g/m²）	≤300	
白度②（%）	≥80	
涂膜外观	平整、色泽均匀	
附着力（%）	100	
耐水性	无脱落、起泡和皱皮	
耐干擦性（级）	—	≤1
耐洗刷性（次）	≥300	—

注：①GB 1723—1993 中涂—4 黏度计的测定结果的单位为 "s"；
　　②白度只适用于白色涂料。

常用的内墙装饰涂料还有聚乙烯醇系内墙涂料、聚醋酸乙烯乳液涂料、多彩和幻彩内墙涂料、纤维状涂料、仿瓷涂料等。

3. 地面涂料

地面涂料的主要功能是保护地面，使其清洁、美观。地面涂料应具有良好的耐碱、耐水、耐磨性能。常用的地面装饰涂料有过氧乙烯地面涂料、聚氨酯-丙烯酸酯地面涂料、丙烯酸硅树脂地面涂料、环氧树脂厚质地面涂料、聚氨酯地面涂料等。

复习思考题

13.1　装饰材料的主要功能有哪些？

13.2　如何选用建筑装饰材料？

13.3　彩釉外墙面砖、釉面砖常见的规格有哪几种？各有什么性能？

13.4　陶瓷锦砖的主要技术要求有哪些？有什么应用？

13.5　平板玻璃有几种生产方法？有哪些用途？

13.6　安全玻璃有哪几种？试述其性能及使用。

13.7　何谓热反射玻璃？它有什么特点和用途？

13.8　铝合金在建筑中有哪些应用？

13.9　塑料壁纸分为几种？各有哪些应用？

13.10　涂料由哪些成分构成？各成分在涂料中起什么作用？

13.11　对装饰涂料有什么要求？

13.12　常用的外墙装饰涂料有哪些？

13.13　常用的内墙装饰涂料有哪些？

建筑材料试验

建筑材料试验是本课程重要的实践性教学环节。通过试验，使学生熟悉主要建筑材料的技术要求，对常用材料的性能进行检验和评定，巩固和丰富理论知识；熟悉常用材料试验仪器的性能和操作方法，掌握基本的试验技术；培养严谨缜密的科学态度和分析问题、解决问题的能力。

在试验过程中，材料的取样、试件的制备、设备的性能、试验条件、操作程序以及数据的取舍和处理，都会影响试验的结果，必须严格按照国家现行的有关标准和规范进行。

要求学生做到以下几点：

①认真预习有关试验的目的、内容和操作程序。

②在老师的指导下独立、全面、规范地完成试验，并填好试验报告，做好记录。

③按要求处理数据，得出正确结论。

本教材列出的试验报告表格，可供学生直接填写使用或仅供参考。

根据国务院《建设工程质量管理条例》第三十一条做出的规定，建筑施工企业试验应逐步实行有见证取样和送检制度。即在建设单位或监理人员见证下，由施工人员在现场取样，送至有相应检测资质的实验室进行试验。见证取样和送检次数不得少于试验总次数的30%。主要材料试验内容及要求如下：

①钢筋。屈服强度、抗拉强度、伸长率和冷弯。有抗震设防要求的框架结构的纵向受力钢筋，抗拉强度实测值与屈服强度实测值之比不应小于1.25，屈服强度实测值与标准值之比不应大于1.30。

②水泥。抗压强度、抗折强度、安定性、凝结时间。钢筋混凝土结构、预应力混凝土结构中严禁使用含氯化物的水泥。同一生产厂家、同一等级、同一品种、同一批号且连续进场的水泥，袋装不超过200 t为一批，散装不超过500 t为一批检验。

③混凝土外加剂。检验报告中应有碱含量指标，预应力混凝土结构中严禁使用含氯化物的外加剂。混凝土结构中使用含氯化物的外加剂时，混凝土的氯化物总含量应符合规定。

④石子。筛分析、含泥量、泥块含量、含水率、吸水率及石子的非活性骨料检验。

⑤砂子。筛分析、泥块含量、含水率、吸水率及非活性骨料检验。

⑥建筑外墙金属窗、塑料窗。气密性、水密性、抗风压性能。

⑦装饰装修用人造木板及胶粘剂。甲醛含量。

⑧饰面板（砖）。室内用花岗石放射性，粘贴用水泥的凝结时间、安定性、抗压强度，外墙陶瓷面砖的吸水率及抗冻性能复验。

⑨混凝土小型空心砌块。同一部位工程使用的小砌块应持有同一厂家生产的合格证书和进场复试报告，小砌块在厂内的养护龄期及其后停放期总时间必须确保28 d。

⑩预拌混凝土。检查预拌混凝土合格证书及配套的水泥、砂子、石子、外加剂、掺合料原材复试报告和合格证、混凝土配合比单、混凝土试块强度报告。

试验一　水　泥　试　验

一、试验依据

《通用硅酸盐水泥》（GB 175—2007）；

《水泥取样方法》（GB 12573—2008）；

《水泥细度检验方法筛析法》（GB/T 1345—2005）；

《水泥标准稠度用水量、凝结时间、安定性检验方法》（GB/T 1346—2011）；

《水泥胶砂强度检验方法（ISO 法)》（GB/T 17671—1999）。

二、水泥试验一般规定

(一) 试验条件

①常规试验可采用自来水等饮用水；仲裁试验和重要试验须采用蒸馏水。

②实验室的温度应为（20±2）℃，相对湿度不低于50%；试件带模养护的湿气养护箱或雾室温度为（20±1）℃，相对湿度大于90%；试件养护池水温为（20±1）℃。

③检测前，水泥试样、标准砂、拌合水、仪器和用具的温度均应与实验室温度相同。实验室温度、相对湿度及养护池水温在工作期间每天至少记录一次。

(二) 水泥现场取样方法

①散装水泥按同一生产厂家、同一品种、同一强度等级、同一批号且连续进场的水泥为一批，总质量不超过 500 t，取样应有代表性，可连续取，也可从 20 个以上不同部位取等量样品，经混拌均匀后不得少于 12 kg。

②袋装水泥按同一生产厂家、同一品种、同一强度等级、同一批号且连续进场的水泥为一批，总质量不超过 200 t。取样应有代表性，可连续取，也可从 20 个以上不同部位的袋中取等量样品，经混拌均匀后不得少于 12 kg。

③取得的水泥试样应充分混合均匀，分成两等份。一份进行水泥各项性能指标试验；一份密封保存三个月，供作仲裁检验时使用。试验前应将水泥试样充分搅拌均匀，通过 0.9 mm 方孔筛，并记录筛余量。

三、水泥细度检验

水泥细度是通过 80 μm 筛对水泥试样进行筛析试验，用筛网上所得筛余物的质量占试样原始质量的百分数来表示水泥样品的细度。细度检验方法有负压筛法、水筛法和手工干筛法三种。

(一) 负压筛法

负压筛法是用负压筛析仪，通过负压源产生的恒定气流，在规定筛析时间内使试验筛内的水泥达到筛分。

1. 仪器

(1) 负压筛

负压筛由圆形筛框和筛网组成，筛网采用方孔边长 0.080 mm 的铜丝筛布。其结构尺寸如图 SY1-1 所示。负压筛应附有透明筛盖，筛盖与筛上口应有良好的密封性。筛网应紧绷在筛框上，筛网和筛框接触处用防水胶密封，防止水泥嵌入。

（2）负压筛析仪

负压筛析仪由筛座、负压筛、负压源及收尘器组成，其中筛座由转速为（30±2）r/min的喷气嘴、负压表、控制板、微电机及壳体等构成（见图 SY1-2）。筛析仪负压可调范围为4 000～6 000 Pa。喷气嘴上口平面与筛网之间距离为 2～8 mm。负压源和收尘器，由功率大于 600 W 的工业吸尘器和小型旋风收尘筒组成或用其他具有相应功能的设备组成。

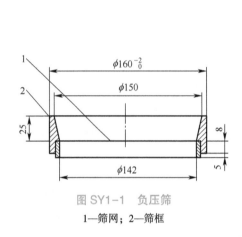

图 SY1-1　负压筛

1—筛网；2—筛框

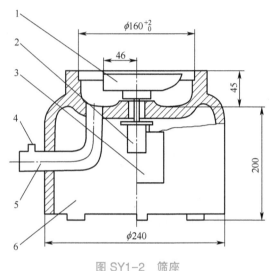

图 SY1-2　筛座

1—喷气嘴；2—微电机；3—控制板开口；
4—负压表接口；5—负压源及收尘器接口；6—壳体

2. 试验步骤

①筛析试验前，应把负压筛放在筛座上，盖上筛盖，接通电源，检查控制系统，调节负压至 4 000～6 000 Pa。

②称取试样 25 g，精确至 0.01 g，置于洁净的负压筛中，盖上筛盖，放在筛座上，开动筛析仪连续筛析 2 min，在此期间如有试样附着在筛盖上，可轻轻地敲击，使试样落下。筛毕，用天平称量筛余物。

③当工作负压小于 4 000 Pa 时，应清理吸尘器内水泥，使负压恢复正常。

（二）水筛法

将试验筛放在水筛座上，用规定压力的水流，在规定时间内使试验筛内的水泥达到筛分。

1. 仪器

（1）水筛

由圆形筛框和筛网组成，筛框有效直径 125 mm、高 80 mm，筛网采用方孔边长 0.08 mm的铜丝筛布，如图 SY1-3 所示。

（2）水筛架

用于支撑筛子并能带动筛子转动，转速约 50 r/min。

（3）喷头

直径 55 mm，面上均匀分布 90 个孔，孔径 0.5～0.7 mm。

2. 试验步骤

①筛析试验前，应检查水中无泥、砂、调整好水压及水筛架的位置，使其能正常运转。喷头底面和筛网之间距离为 35～75 mm（见图 SY1-4）。

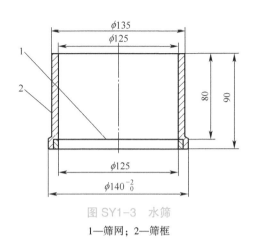

图 SY1-3 水筛

1—筛网；2—筛框

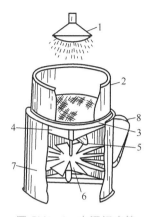

图 SY1-4 水泥细度筛

1—喷头；2—标准筛；3—旋转托架；4—集水斗；
5—出水口；6—叶轮；7—外筒；8—把手

②称取试样 50 g，精确至 0.01 g，置于洁净的水筛中，立即用淡水冲洗至大部分细粉通过后，放在水筛架上，用水压为（0.05±0.02）MPa 的喷头连续冲洗 3 min。筛毕，用少量水把筛余物冲至蒸发器中，等水泥颗粒全部沉淀后，小心倒出清水，烘干并用天平称量筛余物。

（三）手工干筛法

将试验筛放在底盘上，用手工按照规定的拍打速度和转动角度对水泥进行筛析试验。

1. 筛子

筛框有效直径 150 mm，高 50 mm，并附有筛盖。

2. 试验步骤

称取水泥试样 50 g，精确至 0.01 g，倒入筛内。用一只手执筛往复摇动，另一只手轻轻拍打，拍打速度每分钟约 120 次，每 40 次向同一方向转动 60°，使试样均匀分布在筛网上，直至每分钟通过的试样量不超过 0.05 g 为止。称量筛余物。

（四）试验结果

①水泥试样筛余百分数 F 按下式计算，精确至 0.1%：

$$F = \frac{R_\mathrm{t}}{W} \times 100\%$$

式中 F ——水泥试样的筛余百分数（%）；

  R_t ——水泥筛余物的质量（g）；

  W ——水泥试样的质量（g）。

②筛余结果的修正。

试验筛的筛网会在试验中磨损，因此筛析结果应进行修正。修正系数按下式计算：

$$C = \frac{F_\mathrm{S}}{F_\mathrm{t}}$$

式中 C ——试验筛修正系数；

F_{S}——标准样品的筛余标准值（%）；

F_{t}——标准样品在试验筛上的筛余值（%）。

③合格评定时，每个样品应称取两个试样分别筛析，取筛余平均值为筛析结果。若两次筛余结果绝对误差不大于 0.5%时（筛余值大于 0.5%时，可放至 1.0%）应再做一次试验，取两次相近结果的算术平均值作为最终结果。

④负压筛析法、水筛法和手工筛析法测定的结果发生争议时，以负压筛析法为准。

四、水泥标准稠度用水量的测定

水泥标准稠度净浆对标准试杆（或试锥）的沉入具有一定阻力，通过试验不同含水量水泥净浆的穿透性，以确定水泥标准稠度净浆中所需加入的水量。标准稠度用水量的测定有两种方法：标准法和代用法。

（一）标准法

1. 仪器

（1）净浆搅拌机

净浆搅拌机主要由搅拌锅、搅拌叶片、传动机构和控制系统组成（见图 SY1-5 和图 SY1-6）。搅拌叶片在搅拌锅内作旋转方向相反的公转和自转，并可在竖直方向调节。搅拌锅可以升降，传动结构保证搅拌叶片按规定的方向和速度运转，控制系统具有按程序自动控制与手动控制两种功能。搅拌叶片转速：公转时，慢速（62±5）r/min，快速（125±10）r/min；自转时，慢速（140±5）r/min，快速（285±10）r/min。

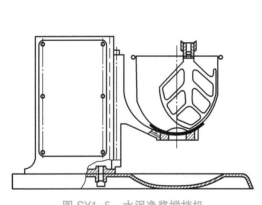

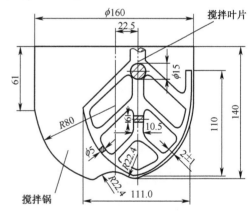

图 SY1-5　水泥净浆搅拌机　　　　　　图 SY1-6　搅拌锅与搅拌叶片示意图

（2）标准法维卡仪

如图 SY1-7 所示，标准稠度测定采用试杆［见图 SY1-7（c）］，其有效长度为（50±1）mm，由直径为 φ（10±0.05）mm 的圆柱形耐腐蚀金属制成。测定凝结时间时取下试杆，用试针［见图 SY1-7（d）和图 SY1-7（e）］代替试杆。试针由钢制成，初凝针是有效长度为（50±1）mm、直径为 φ（1.13±0.05）mm 的圆柱体；终凝针是有效长度为（30±1）mm、直径为 φ（1.13±0.05）mm 的圆柱体。滑动部分的总质量为（300±1）g。与试杆、试针联结的滑动杆表面应光滑，能靠重力自由下落，不得有紧涩和摇动现象。

盛装水泥浆的试模［见图 SY1-7（a）］应由耐腐蚀的、有足够硬度的金属制成。试模为深（40±0.2）mm、顶内径（65±0.5）mm、底内径（75±0.5）mm 的截顶圆锥体。每个试模应配备一个边长或直径约 100 mm、厚度 4～5 mm 的平板玻璃底板或金属底板。

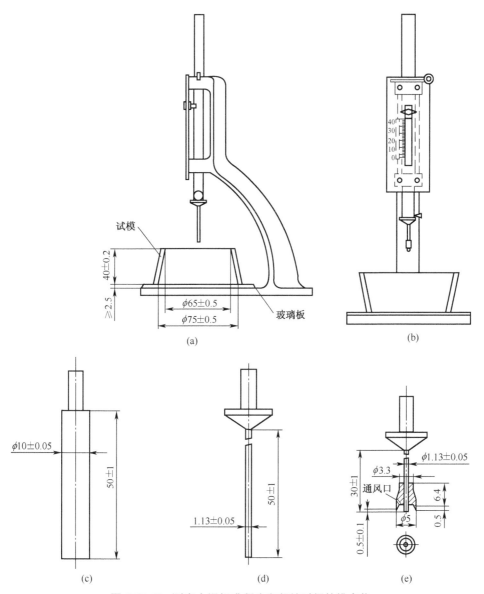

图 SY1-7 测定水泥标准稠度和凝结时间的维卡仪

（a）测初凝时间时用试模正位侧视图；（b）终凝时间测定时把模子翻过来的正视图；
（c）标准稠度试杆；（d）初凝针；（e）终凝针

2. 试验步骤

试验前必须做到：维卡仪的金属棒能自由滑动，调整至试杆接触玻璃板时指针对准零；水泥净浆搅拌机运行正常。

（1）水泥净浆的拌制

将搅拌锅和搅拌叶片先用湿布擦拭，将拌合水倒入搅拌锅内，然后在 5～10 s 内小心将称好的 500 g 水泥加入水中，防止水和水泥溅出；拌和时，先将锅放在搅拌机的锅座上，升至搅拌位置，启动搅拌机，低速搅拌 120 s，停 15 s，同时将叶片和锅壁上的水泥浆刮入锅中间，接着高速搅拌 120 s 停机。

（2）标准稠度用水量的测定

拌和完毕，立即取适量水泥净浆一次装入已置于玻璃板上的圆模内，浆体超过试模上端，用宽约 25 mm 的直边刀轻轻拍打超出试模部分的浆体 5 次以排除浆体中的孔隙，然后在试模上表面约 1/3 处，略倾斜于试模分别向外轻轻锯掉多余净浆，再从试模边沿轻抹顶部一次，使净浆表面光滑，在锯掉多余净浆和抹平的操作过程中，注意不要压实净浆；抹平后迅速放到维卡仪上，并将其中心定在试杆下，降低试杆直至与水泥净浆表面接触，拧紧螺丝，然后突然放松，让试杆自由沉入净浆中。在试杆停止沉入或释放试杆 30 s 时记录试杆距底板之间的距离。提起试杆后，立即擦净。整个操作应在搅拌后 1.5 min 内完成。

3. 试验结果

以试杆沉入净浆并距底板（6±1）mm 的水泥净浆作为标准稠度净浆。水泥的标准稠度用水量 P（%）按水泥质量的百分比计，按下式计算：

$$P = \frac{m_1}{m_2} \times 100\%$$

式中　m_1——水泥净浆达到标准稠度时的拌和用水量（g）；

　　　m_2——水泥质量（g）。

（二）代用法

1. 仪器

（1）净浆搅拌机

同标准法，如图 SY1-5 和图 SY1-6 所示。

（2）代用法维卡仪

如图 SY1-8 所示，包括测试架、试锥和试模，滑动部分总质量为（300±2）g。

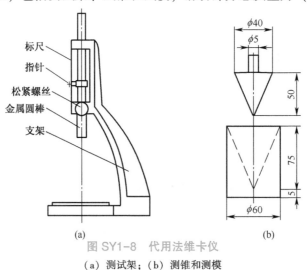

图 SY1-8　代用法维卡仪

（a）测试架；（b）测锥和测模

2. 试验步骤

①试验前检查代用法维卡仪的金属棒应能自由滑动，搅拌机运转正常。将试锥降至锥模顶面位置时，指针应对准标尺零点。

②水泥净浆的拌和同"标准法"。标准稠度用水量的测定有调整水量法和固定水量法两种，可选用任一种测定，如有争议时以调整水量法为准。

③固定水量法：拌和用水量为 142.5 mL；拌和结束后，立即将拌和好的净浆装入锥模，用宽约 25 mm 的直边刀在浆体表面轻轻插捣 5 次，再轻振 5 次，刮去多余净浆；抹平后放到试锥下面的固定位置上，调整金属棒使锥尖接触净浆并固定松紧螺丝 1～2 s，然后突然放松，让试锥垂直自由地沉入水泥净浆中。在试锥停止下沉或释放试锥 30 s 时，记录试锥下沉深度（S）。整个操作应在搅拌后 1.5 min 内完成。

④调整水量法：拌和用水量按经验找水。拌和结束后，立即将拌和好的净浆装入锥模，用小刀插捣、振动数次，刮去多余净浆；抹平后放到试锥下面的固定位置上，调整金属棒使锥尖接触净浆并固定松紧螺丝 1～2 s，然后突然放松，让试锥垂直自由地沉入水泥净浆中。在试锥停止沉入或释放试杆 30 s 时，记录试锥距底板之间的距离，整个操作应在搅拌后 1.5 min 内完成。

3. 试验结果

①用调整水量法时，将试锥下沉深度 S 为（30±1）mm 时的净浆作为标准稠度净浆，下沉深度 S 大于或小于（30±1）mm 时应减少或增加水量，重新测定，直至 S 为（30±1）mm 时为止。标准稠度用水量 P（%）按下式计算：

$$P = \frac{m_1}{m_2} \times 100\%$$

式中　m_1——水泥净浆达到标准稠度时的拌和用水量（g）；

　　　m_2——水泥质量（g）。

②用不变水量法时，根据测得的下沉深度 S（mm），计算标准稠度用水量 P（%）。

$$P = 33.4 - 0.185S$$

式中　S——试锥的下沉深度（mm）。

如试锥下沉深度小于 13 mm 时，应改用调整水量法测定。

五、水泥净浆凝结时间试验

凝结时间是以试针沉入水泥标准稠度净浆至一定深度所需的时间表示。

（一）仪器

（1）标准法维卡仪

如图 SY1-7 所示，测定凝结时间时取下试杆，用试针代替试杆。

（2）净浆搅拌机

如图 SY1-5 和图 SY1-6 所示。

（3）湿气养护箱

温度为（20±1）℃，相对湿度大于 90%。

（二）试验步骤

①调整标准法维卡仪的试针：接触玻璃板时指针对准零点。

②采用标准稠度的净浆一次装满试模，振动数次刮平，立即放入湿气养护箱中。记录水泥全部加入水中的时间作为凝结时间的起始时间。

③初凝时间的测定：试件在湿气养护箱中养护至加水后 30 min 时进行第一次测定。测定时，从湿气养护箱中取出试模放到试针下，降低试针与水泥净浆表面接触，拧紧螺丝 1～2 s 后，突然放松，试针垂直自由地沉入水泥净浆。观察试针停止下沉或释放试针 30 s 时指

针的读数。当试针沉至距底板（4±1）mm 时，为水泥达到初凝状态。

④终凝时间的测定：为了准确观测试针沉入的状况，在终凝针上安装了一个环形附件［见图 SY1-7（e）］。在完成初凝时间测定后，立即将试模连同浆体以平移的方式从玻璃板取下，翻转 180°，直径大端向上、小端向下放在玻璃板上，再放入湿气养护箱中继续养护，临近终凝时每隔 15 min 测定一次，当试针沉入试体 0.5 mm，即环形附件开始不能在试体上留下痕迹时，为水泥达到终凝状态。

测定时应注意，在最初测定操作时应轻轻扶持金属柱，使其徐徐下降，以防试针撞弯，但结果以自由下落为准；在整个测试过程中试针沉入的位置至少要距试模内壁 10 mm，每次测定不能让试针落入原针孔，每次测试完毕须将试针擦净，并将试模放回湿气养护箱内。整个测试过程要防止试模受振。

（三）试验结果

①由水泥全部加入水时起，至试针沉至距底板（4±1）mm（即初凝状态）时，所需时间为初凝时间，至试针沉入试体 0.5 mm（即终凝状态）时，所需时间为终凝时间。

②初凝时间和终凝时间都用小时（h）和分钟（min）来表示。

六、体积安定性试验

安定性试验可以用试饼法（代用法），也可以用雷氏法（标准法），有争议时以雷氏法为准。试饼法是通过观察水泥净浆试饼沸煮后的外形变化来检验水泥的体积安定性；雷氏法是通过测定水泥净浆在雷氏夹中沸煮后的膨胀值来检验水泥的体积安定性。

（一）主要仪器

（1）水泥净浆搅拌机

同标准稠度试验。

（2）沸煮箱

有效容积为 410 mm×240 mm×310 mm，箱的内层由不易锈蚀的金属材料制成，能在（30±5）min 内将箱内水由室温升至沸腾，并在不需要补充水的情况下保持沸腾状态 3 h 以上。

（3）雷氏夹

由铜质材料制成，形状和尺寸见图 SY1-9。当一根指针的根部先悬挂在一根金属丝或尼龙丝上，另一根指针的根部再挂上 300 g 重的砝码时，两根指针针尖的距离增加应在（17.5±2.5）mm 范围内，如图 SY1-10 所示。

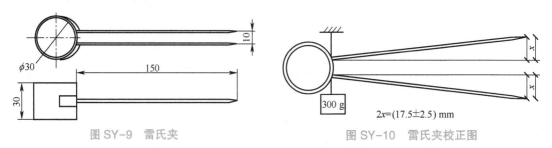

图 SY-9　雷氏夹　　　　　　　　图 SY-10　雷氏夹校正图

（4）雷氏夹膨胀测定仪

形状和尺寸如图 SY1-11 所示，标尺最小刻度为 0.5 mm。

（二）试验步骤

①称取水泥试样 500 g，按标准稠度用水量制成标准稠度净浆。

②采用试饼法时，将制好的净浆取出一部分，分成二等份，使之呈球形，分别放在两个预先涂过油的玻璃板上，轻轻振动玻璃板并用湿布擦过的小刀由边缘向中央抹动，做成直径 70~80 mm，中心厚约 10 mm，边缘渐薄，表面光滑的试饼，接着将试饼放入湿气养护箱中养护（24±2）h。

③采用雷氏法时，将雷氏夹放在已涂过油的玻璃板上，把制好的净浆一次装满雷氏夹模内，装模时一只手轻轻扶持试模，另一只手用宽约 25 mm 的直边刀在浆体表面轻轻插捣 3 次，然后抹平，盖上稍涂油的玻璃板，然后将雷氏夹放入湿气养护箱中养护（24±2）h。

④将养护好的试饼或雷氏夹试件放入沸煮箱水中的篦板上，但雷氏夹放入之前应先测量两指针尖端之间的距离 A（mm），精确至 0.5 mm，两根指针朝上。然后在（30±5）min 内加热至沸腾，并恒沸 3 h±5 min。沸煮结束，放掉沸煮箱中的水，打开箱盖，冷却至室温后取出试饼或雷氏夹试件，并再次测量雷氏夹两指针尖端间的距离 C（mm），精确至 0.5 mm。

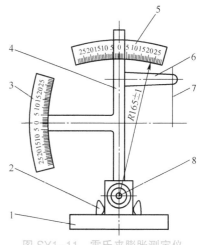

图 SY1-11　雷氏夹膨胀测定仪

1—底座；2—模子座；3—测弹性标尺；
4—立柱；5—测膨胀值标尺；6—悬臂；
7—悬丝；8—弹簧顶钮

（三）试验结果

①若为试饼，目测未发现裂缝，用直尺检查也没有弯曲，表明安定性合格，否则为不合格。如两个试饼判别结果相矛盾时，为安定性不合格。

②若为雷氏夹，计算两次测量指针尖端之间距离的差值（$C-A$）。当两个试件沸煮后增加的距离（$C-A$）的平均值不大于 5.0 mm 时，表明安定性合格；当两个试件沸煮后增加距离（$C-A$）的平均值大于 5.0 mm 时，应用同一样品立即重做一次试验，再如此，则认为该水泥安定性不合格。

七、水泥胶砂强度试验（ISO 法）

（一）实验室条件及适用范围

①试件成型实验室的温度应保持在（20±2）℃，相对湿度应不低于 50%；试件带模养护的养护箱或雾室温度保持在（20±1）℃，相对湿度不低于 90%；试件养护池水温应在（20±1）℃范围内。

②本方法适用于硅酸盐水泥、普通硅酸盐水泥、矿渣硅酸盐水泥、粉煤灰硅酸盐水泥、复合硅酸盐水泥及石灰石硅酸盐水泥的抗折与抗压强度的检验。其他水泥采用本方法时，必须研究本方法规定的适用性。

（二）材料

①当试验水泥从取样至试验保持 24 h 以上时，应把它储存在基本装满和气密的容器里，这个容器应不与水泥反应。

②标准砂应符合《水泥胶砂强度检验方法（ISO 法）》（GB/T 17671—1999）用砂要求。

（三）主要仪器

（1）胶砂搅拌机

胶砂搅拌机属行星式，主要由搅拌锅、搅拌叶片、传动机构和控制系统组成（见图 SY1-12）。叶片与锅壁之间的最小间隙为（3±1）mm。搅拌叶片工作时，自转的同时沿锅周边公转，自转方向为顺时针，公转方向为逆时针。搅拌锅可以升降，传动机构保证搅拌叶片按规定的方向和速度运转，控制系统具有按程序自动控制与手动控制两种功能。搅拌叶片自转和公转各设低速、高速两挡（见表SY1-1）。

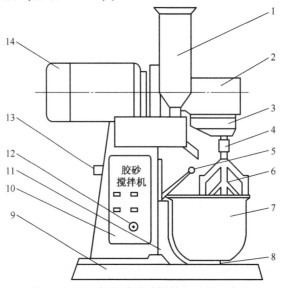

图 SY1-12　行星式胶砂搅拌机结构示意图

1—砂斗；2—减速箱；3—行星机构；4—叶片紧固螺母；5—升降柄；6—叶片；7—锅；8—锅座；
9—机座；10—立柱；11—升降机构；12—面板自动、手动切换开关；13—接口；14—立式双速电机

表 SY1-1　搅拌叶片的转速

速度　　　转别	低速（r/min）	高速（r/min）
自　转	140±5	285±10
公　转	62±5	125±10

（2）胶砂振实台

胶砂试体成型振实台由底座、臂杆、台盘、凸头、同步电机和模套组成。台盘上有锁紧试模装置，振动频率：60次/[（60±1）s]，振幅：（15±3）mm（见图SY1-13）。

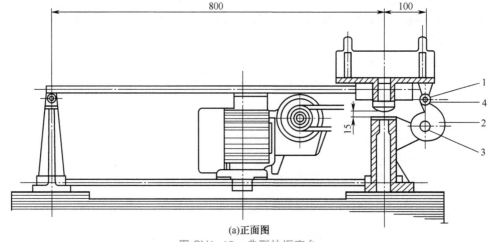

(a)正面图

图 SY1-13　典型的振实台

1—凸头；2—凸轮；3—制动器；4—随动轮

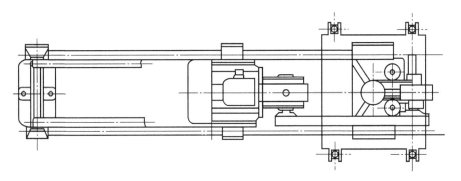

(b)剖面图

图 SY1-13 典型的振实台（续）

试模为可装卸的三联模，由隔板、端板、底板组成（见图 SY1-14），组装后内壁各接触面应互相垂直，模槽内腔尺寸为 40 mm×40 mm×160 mm。

为了控制料层厚度和刮平胶砂，应备有图 SY1-15 所示的两个播料器和一金属刮平尺。

（3）抗折试验机

常用杠杆比值为 1：50 的双杠杆抗折试验机（见图 SY1-16）。抗折夹具的加荷与支撑圆柱直径均为（10±0.1）mm，两个支撑圆柱中心距为（100±0.2）mm。

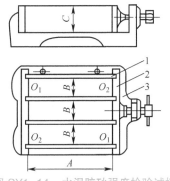

图 SY1-14 水泥胶砂强度检验试模
1—隔板；2—端板；3—底板

（4）抗压试验机和抗压夹具

①抗压试验机。以 20～30 t 为宜，在较大的 4/5 里程范围内使用时记录的荷载应有±1% 的精度，并具有（2 400±200）N/s 速率的加荷能力。

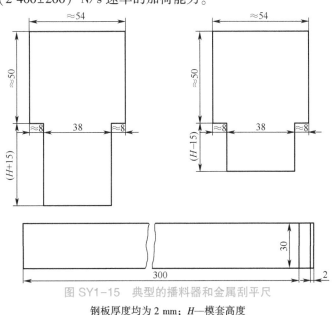

图 SY1-15 典型的播料器和金属刮平尺

钢板厚度均为 2 mm；H—模套高度

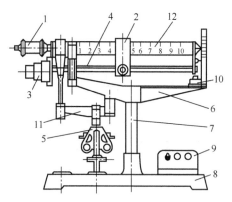

图 SY1-16 电动抗折试验机

1—平衡锤；2—流动砝码；3—电动机；4—传动丝杠；5—抗折夹具；6—机架；
7—立柱；8—底座；9—电器控制箱；10—启动开关；11—下杠杆；12—上杠杆

②抗压夹具。由硬质钢材制成，受压面积为40 mm×40 mm，加压面必须平整（见图SY1-17）。

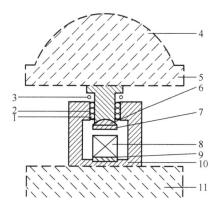

图 SY1-17 抗压强度试验夹具

1—滚珠轴承；2—滑块；3—复位弹簧；4—压力机球座；5—压力机上压板；
6—夹具球座；7—夹具上压板；8—试体；9—底板；10—夹具下垫板；11—压力机下垫板

（四）试验步骤

1. 胶砂的质量配合比

水泥：标准砂：水 ＝ 1：3：0.5。用天平称取水泥450 g，量筒量水225 mL，取一袋标准砂（1 350 g）按先粗后细顺序倒入胶砂搅拌机的加砂筒。

2. 搅拌（自动控制）

把水加入锅里，再加入水泥，把锅放在固定架上，上升至固定位置。

然后立即开动机器，低速搅拌30 s后，在第二个30 s开始的同时均匀地加入砂子，然后再高速搅拌30 s。

停拌90 s，在第一个15 s内用一胶皮刮具将叶片和锅壁上的胶砂刮入锅中间。高速下继续搅拌60 s，完成后将搅拌锅取下。搅拌步骤见表SY1-2。

表 SY1-2 搅拌步骤

低速30 s	低速30 s加砂	高速30 s	停90 s（前15 s用胶皮刮叶片和锅壁上的胶砂）	高速60 s	共240 s

3. 成型

胶砂制备后立即进行成型。将空试模和模套固定在振实台上，用一个适当的勺子直接从搅拌锅里将胶砂分两层装入试模，装第一层时，每个槽里约放 300 g 胶砂，用大播料器垂直架在模套顶部沿每个模槽来回一次将料层播平，接着振实 60 次。再装入第二层胶砂，用小播料器播平，再振实 60 次。移走模套，从振实台上取下试模，用金属直尺以近似 90°的角度架在试模顶的一端，然后沿试模长度方向以横向锯割动作慢慢向另一端移动，一次将超过部分的胶砂刮去，并用同一直尺以近乎水平的角度将试体表面抹平。

4. 试体的养护

将试模放入雾室或湿气养护箱的水平架子上养护，湿空气应能与试模周边接触，不应将试模放在其他试模上，一直养护到规定的脱模时间取出脱模；脱模前用防水墨汁或颜料对试体进行编号和做其他标记（两个龄期以上的试体，在编号时应将同一试模中的三条试体分在两个以上龄期内）；脱模应非常小心，可用塑料锤或橡皮榔头或专门的脱模器，对于24 h 龄期的，应在破型试验前 20 min 内脱模，对于 24 h 以上龄期的，应在 20～24 h 之间脱模；将做好标记的试体水平或垂直放在（20±1）℃水中养护，水平放置时刮平面应朝上，养护期间试体之间间隔或试体上表面的水深不得小于 5 mm。

（五）强度测定

①各龄期的试体，必须在规定时间 72 h±45 min、28 d±8 h 内进行强度测定。

②抗折强度测定。

取出试体，擦干水分和砂粒，调整抗折仪呈平衡状态。放入试体调整夹具使杠杆在试体折断时接近平衡位置。开动仪器以（50±10）N/s 速度均匀加荷至试体折断，记录破坏荷载 F_f。

③抗压强度测定。

抗折强度测定后的两个断块立即进行抗压试验。将试体放入抗压夹具内固定位置，开动机器以（2 400±200）N/s 的速度加荷至试体破坏，记录破坏荷载 F_c。

④进行抗折和抗压强度试验时，均应使试体的侧面受力。

（六）试验结果

1. 计算抗折强度 f_m（精确至 0.1 MPa）

$$f_m = \frac{3PL}{2bh^2} \quad (\text{MPa})$$

式中　P——折断时施加于棱柱体中部的荷载（N）；

　　　L——支撑圆柱中心距（100 mm）；

　b，h——棱柱体正方形截面的边长（40 mm）。

以一组 3 个棱柱体抗折结果的平均值作为试验结果。当 3 个强度值中有超出平均值 ±10%时，应剔除后再取平均值作为抗折强度试验结果。

2. 计算抗压强度 f（精确至 0.1 MPa）

$$f = \frac{P}{A} \quad (\text{MPa})$$

式中　P——破坏时最大荷载（N）；

A——试体受压面积（40 mm×40 mm）。

以一组 3 个棱柱体上得到的 6 个抗压强度测定值的算术平均值作为试验结果。如 6 个测定值中有 1 个超出平均值的±10%，就应剔除这个结果，而以剩下 5 个的平均数作为结果。如果 5 个测定值中再有超过它们平均数±10%的，则此组结果作废。

八、试验报告

试验报告见表 SY1-3。

表 SY1-3　试验报告

水泥试验报告				编号	
				试验编号	
				委托编号	
工程名称				试样编号	
委托单位				试验委托人	
品种及强度等级		出厂编号及日期		厂别牌号	
代表数量（t）		来样日期		试验日期	

试验结果	一、细度	80 μm 方孔筛余量			%
		比表面积			m²/kg
	二、标准稠度用水量（%）				
	三、凝结时间	初凝	h min	终凝	h min
	四、安定性	雷氏法	mm	试饼法	
	五、其他				
	六、强度（MPa）				

	抗折强度				抗压强度			
	3 d		28 d		3 d		28 d	
	单块值	平均值	单块值	平均值	单块值	平均值	单块值	平均值

结论：

批准		审核		试验	
试验单位					
报告日期					

思 考 题

1. 检验水泥细度的目的是什么？

2. 什么是水泥安定性？国标规定用什么方法检验水泥安定性？加水煮沸有什么作用？

3. 安定性不合格的表现如何？安定性不合格的水泥应如何处理？

4. 测定水泥胶砂强度为什么要使用标准砂并与水泥有一定比例？试件应进行什么样的养护？

5. 水泥胶砂抗压与抗折试验的加荷速度、强度计算方法和计算的精确度各有何要求？

试验二　普通混凝土用骨料试验

一、试验依据

《建设用砂》（GB/T 14684—2011）；

《建设用卵石、碎石》（GB/T 14685—2011）。

二、细骨料取样方法规定及试样处理

（一）取样方法

①在料堆上取样时，取样部位应均匀分布。取样前，先将取样部位表层铲除，然后从不同部位抽取大致等量的砂 8 份，组成一组样品；从皮带运输机上取样时，应用接料器在皮带运输机尾的出料处定时抽取 4 份为一组样品；从火车、汽车、货船上取样时，从不同部位和深度抽取大致相等的砂 8 份为一组样品。

②供货单位应提供产品合格证或质量检验报告。购货单位可按出厂检验的批量和抽样方法进行取样：即按同分类、规格、适用等级及日产量每 400 m³（600 t）为一批，不足 400 m³（600 t）亦为一批；日产量超过 2 000 t，按 1 000 t 为一批，不足 1 000 t 亦为一批。

（二）试样数量

单项试验的最少取样数量应符合表 SY2-1 的规定。做几项试验时，如确能保证试样经一项试验后不致影响另一项试验的结果时，可用同一试样进行几项不同的试验。

表 SY2-1　砂单项试验取样数量

序号	试验项目	最少取样数量（kg）	序号	试验项目		最少取样数量（kg）
1	颗粒级配	4.4	8	硫化物与硫酸盐含量		0.6
2	含泥量	4.4	9	氯化物与硫酸盐含量		4.4
3	石粉含量	6.0	10	坚固性	天然砂	8.0
4	泥块含量	20.0			人工砂	20.0
5	云母含量	0.6	11	表观密度		2.6
6	轻物质含量	3.2	12	堆积密度		5.0
7	有机物含量	2.0	13	碱集料反应		20.0

（三）试样处理

（1）分料器法

将样品在潮湿状态下拌和均匀，然后通过分料器，取接料斗中的其中一份再次通过分料器。重复上述过程，直到把样品缩分到试验所需量为止。

（2）人工四分法

将所取样品置于平板上，在潮湿状态下拌和均匀，并堆成厚度约为 20 mm 的圆饼，然后沿互相垂直的两条直径把圆饼分成大致相等的 4 份，取其中对角线的两份重新拌匀，再堆成圆饼。重复上述过程，直到把样品缩分到试验所需量为止。

（3）堆积密度及人工砂坚固性检验

所用试样可不经缩分，在拌匀后直接进行试验。

三、粗骨料取样方法规定及试样处理

（一）取样方法

（1）在料堆上取样时，取样部位应均匀分布

取样前先将取样部位表层铲除，然后从不同部位抽取大致等量的石子 16 份，组成一组样品；从皮带运输机上取样时，应用接料器在皮带运输机尾的出料处定时抽取大致等量的石子 8 份，组成一组样品；从火车、汽车、货船上取样时，从不同部位和深度抽取大致相等的石子 16 份为一组样品。

（2）供货单位应提供产品合格证或质量检验报告

购货单位可按出厂检验的批量和抽样方法进行取样：即按同分类、规格、适用等级及日产量每 400 m³（600 t）为一批，不足 400 m³（600 t）亦为一批；日产量超过 2 000 t，按 1 000 t 为一批，不足 1 000 t 亦为一批。

（二）试样数量

单项试验的最少取样数量应符合表 SY2-2 的规定。做几项试验时，如确能保证试样经一项试验后不致影响另一项试验的结果时，可用同一试样进行几项不同的试验。

表 SY2-2　石子单项试验取样数量

序号	试验项目	不同最大粒径下的最少取样量（kg）							
		9.5 mm	16.0 mm	19.0 mm	26.5 mm	31.5 mm	37.5 mm	63.0 mm	75.0 mm
1	颗粒级配	9.5	16.0	19.0	25.0	31.5	37.5	63.0	870.0
2	含泥量	8.0	8.0	24.0	24.0	40.0	40.0	80.0	50.0
3	泥块含量	8.0	8.0	24.0	24.0	40.0	40.0	80.0	80.0
4	针片状颗粒含量	1.2	4.0	8.0	12.0	20.0	40.0	40.0	40.0
5	有机物含量	按试验要求的粒级和数量取样							
6	硫酸盐和硫化物含量								
7	坚固性								
8	岩石抗压强度	随机选取完整石块锯切或钻取成试验用样品							
9	压碎指标值	按试验要求的粒级和数量取样							
10	表观密度	8.0	8.0	8.0	8.0	12.0	16.0	24.0	24.0
11	堆积密度与空隙率	40.0	40.0	40.0	40.0	80.0	80.0	120.0	120.0
12	碱集料反应	20.0	20.0	20.0	20.0	20.0	20.0	20.0	20.0

（三）试样处理

将所取样品置于平板上，在自然状态下拌和均匀，并堆成锥体，然后沿互相垂直的两条

直径把锥体分成大致相等的4份，取其中对角线的两份重新拌匀，再堆成锥体。重复上述过程，直到把样品缩分到试验所需为止。

堆积密度所用试样可不经缩分，在拌匀后直接进行试验。

四、砂的表观密度试验

（一）主要仪器

①天平：称量1 kg，感量1.0 g。

②容量瓶：容积为500 mL。

③鼓风烘箱：能使温度控制在（105±5）℃。

④干燥器、搪瓷盘、滴管、毛刷管。

（二）试样制备

将缩分至660 g左右的试样在烘箱中于（105±5）℃下烘干至恒重，放在干燥器中冷却至室温后，分为大致相等的两份备用。

（三）试验步骤

①称取试样300 g（m_0），精确至1 g。将试样装入容量瓶，注入冷开水至接近500 mL的刻度处，用手旋转摇动容量瓶，使砂样充分摇动，排除气泡，塞紧瓶盖。

②静置24 h，然后用滴管小心加水至容量瓶500 mL刻度处，塞紧瓶塞，擦干瓶外水分，称出其质量m_1，精确至1 g。

③倒出瓶内水和试样，洗净容量瓶，再向容量瓶内注水（应与上次水温相差不超过2 ℃，水温应为15 ℃～20 ℃）至500 mL刻度处，塞紧瓶塞，擦干瓶外水分，称出其质量m_2，精确至1 g。

（四）试验结果

砂的表观密度ρ_0按下式计算，精确至10 kg/m³：

$$\rho_0 = \left(\frac{m_0}{m_0 + m_2 - m_1} \right) \times \rho_水$$

式中　$\rho_水$——水的密度，$\rho_水 = 1\,000$ kg/m³；

　　　m_0——烘干试样的质量（g）；

　　　m_1——试样、水及容量瓶的总质量（g）；

　　　m_2——水及容量瓶的总质量（g）。

表观密度取两次试验结果的算术平均值，精确至10 kg/m³；如两次试验结果之差大于20 kg/m³，须重新试验。

五、砂的堆积密度与空隙率的测定

（一）主要仪器

①鼓风烘箱：能使温度控制在（105±5）℃。

②天平：称量10 kg，感量1 g。

③容量筒：圆柱形金属筒，内径108 mm，净高109 mm，壁厚2 mm，筒底厚约5 mm，

容积为 1 L。

④方孔筛：筛孔边长为 4.75 mm 的筛一只。

⑤垫棒：直径 10 mm、长 500 mm 的圆钢。

⑥直尺、漏斗或拌勺、搪瓷盘、毛刷等。

(二) 试样制备

按规定的取样方法取样，用搪瓷盘装取试样约 3 L，放在烘箱中于 (105±5)℃下烘干至恒质量，待冷却至室温后，筛除大于 4.75 mm 的颗粒，分为大致相等的两份备用。

(三) 试验步骤

1. 松散堆积密度的测定

取试样一份，用漏斗或料勺将试样从容量筒中心上方 50 mm 处徐徐倒入，让试样自由落下，当容量筒上部试样呈锥体，且容量筒四周溢满时，即停止加料。然后用直尺沿筒口中心线向两边刮平 (试验过程应防止触动容量筒)，称出试样和容量筒总质量，精确至 1 g。

2. 紧密堆积密度的测定

取另一份试样，分两次装入容量筒内。装完一层后，在筒底垫放一根 ϕ10 mm 钢筋，将筒按住，左右交替颠击地面各 25 下。再装第二层，把垫着的钢筋转 90°，同法颠击。加料至试样超出容器口，用钢尺沿容器口中心线向两个相反方向刮平，称得容器和材料总质量，精确至 1 g。

(四) 结果计算与评定

①松散堆积密度和紧密堆积密度 ρ_0' 均按下式计算 (精确至 10 kg/m³)：

$$\rho_0' = \frac{m_2 - m_1}{V_0'}$$

式中 m_2——容器和试样总质量 (kg)；

m_1——容器质量 (kg)；

V_0'——容器的容积 (m³)。

②空隙率按下式计算 (精确至 1%)：

$$P = \left(1 - \frac{\rho_0'}{\rho_0}\right) \times 100\%$$

堆积密度取两次试验结果的算术平均值，精确至 10 kg/m³。空隙率取两次试验结果的算术平均值，精确至 1%。

六、砂的含水率试验

(一) 仪器设备

①鼓风烘箱：能使温度控制在 (105±5)℃。

②天平：称量 1 000 g，感量 0.1 g。

③浅盘、烧杯等。

(二) 试验步骤

①将自然潮湿状态下的试样用四分法缩分至约 1 100 g，拌匀后分为大致相等的两份备用。

②称取一份试样的质量为 m_1，精确至 0.1 g。将试样倒入已知质量的烧杯中，放在烘箱中于（105±5）℃下烘干至恒质量。待冷却至室温后，再称出其质量 m_2，精确至 0.1 g。

（三）试验结果

砂的含水率 $W_含$ 按下式计算，精确至 0.1%：

$$W_含 = \frac{m_1 - m_2}{m_2} \times 100\%$$

式中　m_1——烘干前试样的质量（g）；

　　　m_2——烘干后试样的质量（g）。

以两次测定结果的算术平均值作为试验结果，精确至 0.1%。两次测定结果之差大于 0.2% 时，须重新试验。

七、砂的筛分析试验

（一）主要仪器

①方孔筛：筛孔边长为 150 μm、300 μm、600 μm、1.18 mm、2.36 mm、4.75 mm 及 9.50 mm 的筛各一只，并附有筛底和筛盖。

②天平：称量 1 000 g，感量 1 g。

③鼓风烘箱：能使温度控制在（105±5）℃。

④摇筛机、浅盘和硬、软毛刷等。

（二）试样制备

按缩分法将试样缩分至约 1 100 g，放在烘箱中于（105±5）℃下烘干至恒质量，待冷却至室温后，筛除大于 9.50 mm 的颗粒（并计算出其筛余百分率）分为大致相等的两份备用。

（三）试验步骤

①称取试样 500 g，精确至 1 g。将试样倒入按孔径大小从上到下（大孔在上，小孔在下）组合的套筛（附筛底）上，然后进行筛分。

②将套筛置于摇筛机上，摇 10 min 后取下套筛，按筛孔大小顺序再逐个用手筛，筛至每分钟通过量小于试样总量的 0.1% 为止。通过的试样并入下一号筛中，并和下一号筛中的试样一起过筛，这样顺序进行，直至各号筛全部筛完为止。

③称出各号筛的筛余量，精确至 1 g。试样在各号筛上的筛余量不得超过按下式计算出的量，超过时应按下列方法之一处理。

$$G = \frac{Ad^{1/2}}{200}$$

式中　G——在一个筛上的筛余量（g）；

　　　A——筛面面积（mm²）；

　　　d——筛孔尺寸（mm）。

a. 将该粒级试样分成少于按上式计算出的量，分别筛分，并以筛余量之和作为该号筛的筛余量。

b. 将该粒级及以下各粒级的筛余混合均匀，称出其质量，精确至 1 g。再用四分法缩分为大致相等的两份，取其中一份，称出其质量，精确至 1 g，继续筛分。计算该粒级及以下各粒级的分计筛余量时应根据缩分比例进行修正。

（四）结果计算与评定

①计算分计筛余百分率：分计筛余百分率为各号筛的筛余量与试样总量之比，计算精确至 0.1%。

②计算累计筛余百分率：累计筛余百分率为该号筛的分计筛余百分率加上该号筛以上各筛的分计筛余百分率之和，计算精确至 0.1%。筛分后，如每号筛的筛余量与筛底的剩余量之和同原试样质量之差超过 1% 时，需重新试验。

③根据各筛的累计筛余百分率，评定颗粒级配。

④砂的细度模数 M_x 按下式计算，精确至 0.01：

$$M_x = \frac{(A_2 + A_3 + A_4 + A_5 + A_6) - 5A_1}{100 - A_1}$$

式中　A_1、A_2、A_3、A_4、A_5、A_6——4.75 mm、2.36 mm、1.18 mm、600 μm、300 μm、150 μm 筛的累计筛余百分率，代入公式计算时，A_i 不带百分号。

⑤累计筛余百分率取两次试验结果的算术平均值，精确至 1%。细度模数取两次试验结果的算术平均值，精确至 0.1；如两次试验的细度模数之差超过 0.20 时，需重新试验。

八、砂含泥量的测定

（一）主要仪器

①鼓风烘箱：能使温度控制在（105±5）℃。

②天平：称量 1 000 g，感量 0.1 g。

③方孔筛：孔径 75 μm 及 1.18 mm 的筛各一只。

④容器：要求淘洗试样时，保持试样不溅出。

⑤搪瓷盘、毛刷。

（二）试验方法

称取 500 g 干试样，将试样倒入淘洗容器中，注入清水，经过充分搅拌后，浸泡 2 h，用手在水中淘洗试样，使尘屑、淤泥和黏土与砂粒分离，把浑水缓缓倒入 1.18 mm 及 75 μm 的套筛上，滤去小于 75 μm 的颗粒。经过两次清洗，充分洗掉小于 75 μm 的颗粒，直到目测水清澈为止，将清洁的砂倒入搪瓷盘中，放入烘箱下烘干到恒重，等冷却后称出其质量，精确到 0.1 g。

（三）结果计算与评定

含泥量按下式计算：

$$Q_a = \frac{G_0 - G_1}{G_0} \times 100\%$$

式中　Q_a——含泥量（%）；

　　　G_0——试验前烘干试样的质量（g）；

　　　G_1——试验后烘干试样的质量（g）。

含泥量取两个试样的试验结果算术平均值作为测定值。

九、砂中泥块含量

仪器设备同含泥量测定。其中，试验筛换成筛孔边长为 600 μm 及 1.18 mm 的筛各一只。

（一）试样制备

按规定的取样方法取样，并将试样缩分至约 5 000 g，放在烘箱中于（105±5）℃下烘干到恒重，待冷却至室温后，筛除小于 1.18 mm 的颗粒，分为大致相等的两份备用。

（二）试验方法

称取试样 200 g，精确至 0.1 g。将试样倒入淘洗容器中，注入清水，经充分搅拌均匀，浸泡 24 h。然后用手在水中碾碎泥块，把试样放在 600 μm 筛上，用水淘洗，直到目测容器内的水清澈为止。保留下来的试样从筛中取出，装入浅盘，放入烘箱中烘干至恒重，待冷却到室温后，称出其质量，精确到 0.1 g。

（三）结果计算与评定

泥块含量按下式计算：

$$Q_b = \frac{G_1 - G_2}{G_1} \times 100\%$$

式中　Q_b——泥块含量（%）；

　　　G_1——1.18 mm 筛筛余试样的质量（g）；

　　　G_2——试验后烘干试样的质量（g）。

泥块含量取两次试验结果的算术平均值，精确至 0.1%。

十、碎石或卵石表观密度的测定

本方法不宜用于测定最大粒径大于 37.5 mm 的碎石或卵石的表观密度。

1. 主要仪器

①鼓风烘箱：能使温度控制在（105±5）℃。

②天平：称量 2 kg，感量 1 g。

③广口瓶：容积为 1 000 mL，磨口，带玻璃片。

④方孔筛：筛孔边长为 4.75 mm 的筛一只。

⑤温度计、搪瓷盘、毛巾、刷子等。

2. 试样制备

按规定取样并缩分至略大于表 SY2-3 所规定的数量，风干后筛除小于 4.75 mm 的颗粒，刷洗干净后，分为大致相等的两份备用。

表 SY2-3　表观密度试验所需试样数量

最大粒径（mm）	<26.5	31.5	37.5	63.0	75.0
最小试样质量（kg）	2.0	3.0	4.0	6.0	6.0

3. 试验步骤

①将试样浸水饱和，然后装入广口瓶中。装试样时，广口瓶应倾斜放置，注入饮用水，用玻璃片覆盖瓶口，用上下左右摇晃的方法排除气泡。

②气泡排尽后，向瓶中添加饮用水直至水面凸出瓶口边缘。然后用玻璃片沿瓶口迅速滑行，使其紧贴瓶口水面。擦干瓶外水分后，称取试样、水、瓶和玻璃片的总质量 m_1，精确至 1 g。

③将瓶中试样倒入浅盘中，放在烘箱中于（105±5）℃下烘干至恒重。取出来放在带盖

的容器中，冷却至室温后称其质量 m_0，精确至 1 g。

④将瓶洗净，重新注入饮用水，用玻璃片紧贴瓶口水面，擦干瓶外水分后称其质量 m_2，精确至 1 g。

注：试验时各项称量可以在 15 ℃~25 ℃ 范围内进行，但从试样加水静止的 2 h 起至试验结束，其温度变化不应超过 2 ℃。

4. 试验结果

表观密度 ρ_0 应按下式计算，精确至 10 kg/m³：

$$\rho_0 = \left(\frac{m_0}{m_0 + m_2 - m_1} - \alpha_t \right) \times \rho_{水}$$

式中　m_0——试样的干燥质量（g）；

$\quad\quad m_1$——试样、水、瓶和玻璃片总质量（g）；

$\quad\quad m_2$——水、瓶和玻璃片总质量（g）；

$\quad\quad \rho_{水}$——水的密度，$\rho_{水} = 1\,000$ kg/m³；

$\quad\quad \alpha_t$——考虑称量的水温对表观密度的影响修正系数，见表 SY2-4。

表 SY2-4　不同水温下碎石或卵石的表观密度温度修正系数

水温（℃）	15	16	17	18	19	20	21	22	23	24	25
α_t	0.002	0.003	0.003	0.004	0.004	0.005	0.005	0.006	0.006	0.007	0.008

以两次测定结果的算术平均值作为测定值，精确至 10 kg/m³。两次结果之差应小于 20 kg/m³，否则重新取样进行试验。对颗粒材质不均匀的试样，如两次测定结果之差超过 20 kg/m³，可取四次测定结果的算术平均值作为测定值。

十一、碎石或卵石的堆积密度试验

（一）仪器设备

①台秤：称量 10 kg，感量 10 g。

②磅秤：称量 50 kg 或 100 kg，感量 50 g。

③容量筒：容量筒规格见表 SY2-5。

④垫棒：直径 16 mm、长 600 mm 的圆钢。

⑤直尺、小铲等。

表 SY2-5　容量筒的规格要求

最大粒径（mm）	容量筒容积（L）	容量筒规格		
		内径（mm）	净高（mm）	壁厚（mm）
9.5、16.0、19.0、26.5	10	208	294	2
31.5、37.5	20	294	294	3
53.0、63.0、75.0	30	360	294	4

（二）试样制备

按规定的取样方法取样，烘干或风干后，拌匀分为大致相等的两份备用。

（三）试验步骤

1. 松散堆积密度

取试样一份，用小铲将试样从容量筒口中心上方 50 mm 处徐徐倒入，让试样自由落下，当容量筒上部试样呈锥体，且容量筒四周溢满时，即停止加料。除去凸出容量筒口表面的颗粒，并以合适的颗粒填入凹陷部分，使表面稍凸起部分和凹陷部分的体积大致相等（试验过程应防止触动容量筒），称取试样和容量筒的总质量 m_1，精确至 10 g。

2. 紧密堆积密度

取试样一份分三层装入容量筒。装完第一层后，在筒底垫放一根直径为 16 mm 的圆钢，将筒按住，左右交替颠击地面各 25 次，再装入第二层，第二层装满后用同样方法颠实（但筒底所垫圆钢的方向与第一层时的方向垂直），然后装入第三层，如上述方法颠实。再加试样直至超过筒口，用钢尺沿筒口边缘刮去高出的试样，并用合适的颗粒填平凹处，使表面稍凸起部分与凹陷部分的体积大致相等。称取试样和容量筒的总质量 m_1，精确至 10 g。

（四）试验结果

松散堆积密度或紧密堆积密度 ρ'_0 按下式计算，精确至 10 kg/m³：

$$\rho'_0 = \frac{m_1 - m_2}{V'_0}$$

式中　m_1——容量筒和试样的总质量（g）；

　　　m_2——容量筒质量（g）；

　　　V'_0——容量筒的容积（L）。

堆积密度取两次试验结果的算术平均值，精确至 10 kg/m³。

十二、石子的含水率试验

（一）仪器设备

①鼓风烘箱：能使温度控制在（105±5）℃。

②天平：称量 10 kg，感量 1 g。

③小铲、搪瓷盘、毛巾、刷子等。

（二）试验步骤

①按规定方法取样，并将试样缩分至约 4.0 kg，拌匀后分为大致相等的两份备用。

②称取一份试样质量 m_1，精确至 1 g，放在烘箱中于（105±5）℃下烘干至恒质量，待冷却至室温后，称出其质量 m_2，精确至 1 g。

（三）试验结果

含水率 $W_含$ 按下式计算，精确至 0.1%：

$$W_含 = \frac{m_1 - m_2}{m_2} \times 100\%$$

式中　m_1——烘干前试样的质量（g）；

　　　m_2——烘干后试样的质量（g）。

以两次测定结果的算术平均值作为试验结果，精确至 0.1%。

十三、碎石或卵石的筛分析试验

（一）仪器设备

①鼓风烘箱：能使温度控制在（105±5）℃。

②台秤：称量 10 kg，感量 1 g。

③方孔筛：孔径为 2.36 mm、4.75 mm、9.50 mm、16.0 mm、19.0 mm、26.5 mm、31.5 mm、37.5 mm、53.0 mm、63.0 mm、75.0 mm 及 90 mm 的筛各一只，并附有筛底和筛盖（方孔筛的筛框内径为 300 mm）。

④摇筛机、搪瓷盘、毛刷等。

（二）试样制备

按缩分法将试样缩分至略大于表 SY2-6 规定的数量，烘干或风干后备用。

表 SY2-6　颗粒级配试验所需试样数量

最大粒径（mm）	9.5	16.0	19.0	26.5	31.5	37.5	63.0	75.0
最少试样质量（kg）	1.9	3.2	3.8	5.0	6.3	7.5	12.6	16.0

（三）试验步骤

①称取按表 SY2-6 规定数量的试样一份，精确到 1 g。将试样倒入按孔径大小从上到下组合的套筛（附筛底）上，然后进行筛分。

②将套筛置于摇筛机上，摇 10 min；取下套筛，按筛孔大小顺序逐个用手筛，筛至每分钟通过量小于试样总量的 0.1%为止。通过的颗粒并入下一号筛中，并和下一号筛中的试样一起过筛，这样顺序进行，直至各号筛全部筛完为止。

（注：当筛余颗粒的粒径大于 19.0 mm 时，在筛分过程中，允许用手指拨动颗粒。）

③称出各号筛的筛余量，精确至 1 g。

（四）结果计算与评定

①计算分计筛余百分率：分计筛余百分率为各号筛的筛余量与试样总质量之比，计算精确至 0.1%。

②计算累计筛余百分率：累计筛余百分率为该号筛的分计筛余百分率加上该号筛以上各筛的分计筛余百分率之和，计算精确至 1%。筛分后，如每号筛的筛余量与筛底的剩余量之和同原试样质量之差超过 1%时，须重新试验。

③根据各号筛的累计筛余百分率，评定该试样的颗粒级配。

十四、石子针片状颗粒含量

（一）仪器设备

①针状规准仪与片状规准仪。

②台秤：称量 10 kg，感量 1 g。

③方孔筛：筛孔边长为 4.75 mm、9.5 mm、16.0 mm、19.0 mm、26.5 mm、31.5 mm、37.5 mm 的筛各一只。

（二）试验步骤

①按规定的取样方法取样，并将试样缩分至略大于表 SY2-7 规定的数量，烘干或风干后备用。

②称取按表 SY2-7 规定数量的试样一份，精确至 1 g，然后按表 SY2-8 规定进行筛分。

表 SY2-7　针片状颗粒含量试验所需试样数量

最大粒径（mm）	9.5	16.0	19.0	26.5	31.5	37.5	63.0	75.0
最少试样质量（kg）	0.3	1.0	2.0	3.0	5.0	10.0	10.0	10.0

表 SY2-8　针片状颗粒含量试验的粒级划分及其相应的规准仪孔宽或间距（mm）

石子粒径	4.75～9.5	9.5～16.0	16.0～19.0	19.0～26.5	26.5～31.5	31.5～37.5
片状规准仪相对应孔宽	2.8	5.1	7.0	9.1	11.6	13.8
针状规准仪相对应间距	17.1	30.6	42.2	54.6	69.6	82.8

③按表 SY2-8 规定的粒级分别用规准仪逐粒检验，凡颗粒长度大于针状规准仪上相应间距者，为针状颗粒；颗粒厚度小于片状规准仪上相应孔宽者，为片状颗粒。称出其质量，精确至 1 g。

④石子粒径大于 37.5 mm 的碎石或卵石可用卡尺检验针片状颗粒。

⑤称出由各粒级排出的针状颗粒和片状颗粒的总质量。

（三）结果计算

针片状颗粒含量按下式计算，精确至 1%。

$$Q_c = \frac{G_2}{G_1} \times 100\%$$

式中　Q_c——针片状颗粒含量（%）；

G_2——试样的质量（g）；

G_1——试样中所含针片状颗粒的总质量（g）。

十五、石子含泥量测定

（一）仪器设备

①鼓风烘箱：能使温度控制在（105±5）℃。

②天平：称量 10 kg，感量 1 g。

③方孔筛：筛孔边长 75 μm 及 1.18 mm 的筛各一只。

④容器：要求淘洗试样时，保证试样不溅出。

⑤搪瓷盘、毛刷。

（二）试验步骤

①将按规定方法抽取的试样缩分至略大于表 SY2-9 规定的数量，放在烘箱中于（105±5）℃下烘干至恒重，待冷却至室温后，分为大致相等的两份备用。

表 SY2-9　含泥量、泥块含量试验所需试样数量

最大粒径（mm）	9.5	16.0	19.0	26.5	31.5	37.5	63.0	75.0
最少试样质量（kg）	2.0	2.0	6.0	6.0	10.09	10.0	20.0	20.0

②称取规定数量的试样，将试样放入淘洗容器中，注入清水经充分搅拌均匀，浸泡 2 h。然后用手在水中淘洗试样，使尘屑、淤泥和黏土与石子颗粒分离，把浑水缓缓倒入 1.18 mm 及 75 μm 的套筛上，滤去小于 75 μm 的颗粒。

③重复一次操作，直到目测容器内的水清澈为止。用水淋洗剩余在筛上的细粒，并将 75 μm 筛放在水中，充分洗掉小于 75 μm 的颗粒。

④将两只筛上的筛余的颗粒和清洗容器中已经洗净的试样一并倒入搪瓷盘中，置于烘箱中烘干至恒重，待冷却到室温后，称出其质量，精确到 1 g。

（三）结果计算与评定

含泥量按下式计算：

$$Q_a = \frac{G_1 - G_2}{G_1} \times 100\%$$

式中　Q_a——含泥量（%）；

　　　G_1——试验前烘干试样的质量（g）；

　　　G_2——试验后烘干试样的质量（g）。

含泥量取两个试样的试验结果算术平均值作为测定值，精确至 0.1%。

十六、石子泥块含量测定

试验所用仪器设备同含泥量试验。其中，试验筛换成筛孔边长为 2.36 mm 及 4.75 mm 的筛各一只。

（一）试样制备

将按规定方法抽取的试样缩分至略大于表 SY2-9 规定的数量，放在烘干箱中于（105±5）℃下烘干至恒量，待冷却至室温后，筛除小于 4.75 mm 的颗粒，分为大致相等的两份备用。

（二）试验方法

称取规定数量的试样一份，精确至 1 g。将试样倒入淘洗容器中，注入清水，使水面高出试样表面，24 h 后将水放出。然后用手在水中碾碎泥块，把试样放在 2.36 mm 筛上，用水淘洗，直到目测容器内的水清澈为止。保留下来的试样从筛中取出，装入搪瓷盘，放入烘箱中烘干至恒量，待冷却到室温后，称出其质量，精确到 1 g。

（三）结果计算与评定

泥块含量按下式计算：

$$Q_b = \frac{G_1 - G_2}{G_2} \times 100\%$$

式中　Q_b——泥块含量（%）；

　　　G_1——4.75 mm 筛筛余质量（g）；

　　　G_2——试验后烘干试样的质量（g）。

泥块含量取两次试验结果的算术平均值，精确至 0.1%。

十七、压碎指标值

（一）仪器设备

①压力试验机：量程 300 kN，示值相对误差 2%。

②台秤：称量 5 kg，感量 5 g。

③天平：称量 1 kg，感量 1 g。

④受压试模。

⑤方孔筛：筛孔边长为 2.36 mm、9.5 mm 及 19.0 mm 的筛各一只。

（二）试验步骤

①按规定的方法取样，风干后筛除大于 19.0 mm 及小于 9.5 mm 的颗粒，并去除针片状

颗粒，分为大致相等的三等份备用。

②称取试样 3 000 g，精确至 1 g。将试样分两层装入圆模内，每装完一层试样后，在底盘下面垫放一直径为 10 mm 的圆钢筋，将筒按住，左右交替颠击地面各 25 次，两层颠实后，平整模内试样表面，盖上压头。

③把装有试样的模子置于压力机上，开动压力机，按 1 kN/s 速度均匀加荷至 200 kN 并稳荷 5 s，然后卸荷。取下压头，倒出试样，用筛孔边长 2.36 mm 的筛筛除被压碎的细粒，称出留在筛上的试样质量，精确至 1 g。

（三）结果计算与评定

$$Q_c = \frac{G_1 - G_2}{G_1} \times 100\%$$

式中　Q_c——压碎指标值（%）；

G_1——试样的质量（g）；

G_2——压碎后筛余的试样的质量（g）。

压碎指标值取三次试验结果的算术平均值，精确至 1%。

十八、结果判定

（一）细骨料检验结果判定

颗粒级配、含泥量和泥块含量、石粉含量、有害物质含量、坚固性中若有一项性能指标不符合标准要求时，则应从同一批产品中加倍取样，对不符合标准要求的项目进行复验。复验后，该指标符合标准要求时，可判定该类产品合格；仍然不符合标准要求时，则该批产品判为不合格。

（二）粗骨料检验结果判定

颗粒级配、含泥量和泥块含量、针片状颗粒含量、有害物质含量、坚固性、强度中若有一项性能指标不符合标准要求时，则应从同一批产品中加倍取样，对不符合标准要求的项目进行复验。复验后，该指标符合标准要求时，可判定该类产品合格；仍然不符合标准要求时，则该批产品判为不合格。

十九、试验报告

试验报告见表 SY2-10 和表 SY2-11。

表 SY2-10　建设用砂检验报告

生产单位		代表数量（m³）	
规格型号		使用部位	
检验项目	检验结果	检验项目	检验结果
表观密度（kg/m³）		有机物含量（%）	
松散堆积密度（kg/m³）		云母含量（%）	
紧密堆积密度（kg/m³）		轻物质含量（%）	
含泥量（%）		泥块含量（%）	
氯化物含量（%）		硫酸盐、硫化物含量（%）	

生产单位		代表数量（m³）				
空隙率（%）		碱活性				
含水率（%）		坚固性				
吸水率（%）						
砂类别						

颗粒级配

	筛孔边长（mm）		9.50	4.75	2.36	1.18	0.60	0.30	0.15
标准要求	颗粒级配区	1区	0	10～0	35～5	65～35	85～71	95～80	100～90
		2区	0	10～0	25～0	50～10	70～41	92～70	100～90
		3区	0	10～0	15～0	25～0	40～16	85～55	100～90
检验结果	1#筛余量（g）								
	2#筛余量（g）								
	1#分计筛余（%）								
	2#分计筛余（%）								
	1#累计筛余（%）								
	2#累计筛余（%）								
	平均累计筛余（%）								
	1#细度模数			平均细度模数			级配区		
	2#细度模数								
检验依据									
备注									

表 SY2-11　建设用卵石（碎石）检验报告

生产单位		代表数量（m³）	
规格型号		使用部位	
检验项目	检验结果	检验项目	检验结果
表观密度（kg/m³）		有机物含量（%）	
松散堆积密度（kg/m³）		吸水率（%）	
紧密堆积密度（kg/m³）		含水率（%）	
含泥量（%）		坚固性	
泥块含量（%）		岩石强度（MPa）	
空隙率（%）		SO₃含量（%）	
针片状颗粒含量（%）		碱活性	
压碎指标（%）			
石类别			

颗粒级配

级配情况	公称尺寸（mm）	累计筛余（按质量计，%）											
		筛孔边长（mm）											
		2.36	4.75	9.50	16.0	19.0	26.5	31.5	37.5	53.0	63.0	75.0	90.0
标准要求 连续粒级	5~10	95~100	80~100	0~15	0								
	5~16	95~100	85~100	30~60	0~10	0							
	5~20	95~100	90~100	40~80	—	0~10	0						
	5~25	95~100	90~100	—	30~70		0~5	0					
	5~31.5	95~100	90~100	70~90	—	15~45	—	0~5	0				
	5~40	—	95~100	70~90	—	30~60	—	—	0~5	0			
单粒级	10~20		95~100	85~100		0~15	0						
	16~31.5		95~100		85~100			0~10	0				
	20~40			95~100		80~100			0~10	0			
	31.5~63				95~100			75~100	45~75		0~10	0	
	40~80					95~100			70~100		30~60	0~10	0
检验结果	筛余量（g）												
	分计筛余（%）												
	累计筛余（%）												
颗粒级配评定													
检验依据													
备注													

筛孔边长与石子公称尺寸之间的对应关系见表 SY2-12。

表 SY2-12　筛孔边长与石子公称尺寸之间的对应关系　　　　　　　单位：mm

石子公称尺寸	筛孔边长	石子公称尺寸	筛孔边长
2.50	2.36	31.50	31.50
5.00	4.75	40.00	37.50
10.00	9.50	50.00	53.00
16.00	16.00	63.00	63.00
20.00	19.00	80.00	75.00
25.00	26.50	100.00	90.00

思　考　题

1. 砂、石子的空隙率小是否说明质量好？

2. 为什么石子要进行砂石的级配试验？若用级配不符合要求的砂、石子配制混凝土有何缺点？

3. 如果石子的级配不合格应该如何处理？

试验三　普通混凝土性能试验

一、试验依据

《普通混凝土拌合物性能试验方法标准》（GB/T 50080—2002）；

《普通混凝土力学性能试验方法标准》（GB/T 50081—2002）。

二、混凝土拌合物试样制备

（一）主要仪器

①搅拌机：容量为 75～100 L，转速为 18～22 r/min。

②磅秤：称量 50 kg，感量 50 g。

③天平：称量 5 kg，感量 1 g。

④量筒：容积分别为 200 mL、1 000 mL。

⑤拌板：尺寸约 1.5 m×2 m。

⑥拌铲、盛料盘、抹布等。

（二）材料制备

①在实验室制备混凝土拌合物时，拌和时实验室的温度应保持在（20±5）℃，所用材料的温度应与实验室温度保持一致。

（注：需要模拟施工条件下所用的混凝土时，所用原材料的温度宜与施工现场保持一致）

②拌和混凝土的材料用量应以质量计。称量精度：骨料为±1%，水、水泥、掺合料、外加剂均为±0.5%。

③从试样制备完毕到开始做混凝土拌合物各项性能试验（不包括成型试件）不宜超过 5 min。

（三）拌和方法

1. 人工拌和法

①按配合比称取各材料用量。

②将拌板和拌铲用湿布润湿后，将砂倒在拌板上，然后倒入水泥，用铲自拌板一端翻拌至另一端，如此重复至充分混合，颜色均匀，再加上石子，翻拌至混合均匀为止。

③将干混合物堆成堆，中间做一凹槽，将称量好的水倒一半左右在槽中，仔细翻拌，并不使水流出，然后徐徐倒入剩余的水，继续翻拌，每翻拌一次，用铲在拌合物上铲切一次，直至拌和均匀为止。

④拌和时力求动作敏捷，拌和时间从加水算起，应大致控制在以下范围：

拌合物体积为 30 L 以下时 4～5 min；

拌合物体积为 30～50 L 时 5～9 min；

拌合物体积为 51～75 L 时 9～12 min。

⑤混凝土拌和完毕后，应立即进行各项试验。

2. 机械搅拌法

①按所定配合比称取各材料用量。

②用按配合比称量的水泥、水和砂组成的砂浆及少量石子在搅拌机中预拌一次，使水泥砂浆黏附搅拌机的筒壁，并刮去多余砂浆，其目的是避免正式拌和时影响拌合物的配合比。

③开动搅拌机，向搅拌机内依次加入石子、砂和水泥，搅拌均匀，再将水徐徐加入，全部加料时间不超过 2 min，加完水后再继续搅拌 2 min。

④将拌合物自搅拌机内卸出，在拌板上再经人工拌和 1~2 min，然后立即进行拌合物各项试验。

三、普通混凝土拌合物和易性试验

（一）坍落度与坍落扩展度法

坍落度与坍落扩展度法适用于骨料最大粒径不大于 40 mm、坍落度值不小于 10 mm 的混凝土拌合物的和易性测定。

1. 主要仪器

①坍落度筒：由薄钢板或其他金属制成，形状和尺寸如图 SY3-1 所示，两侧焊把手，近下端两侧焊脚踏板。

②捣棒、小铲、钢尺等。

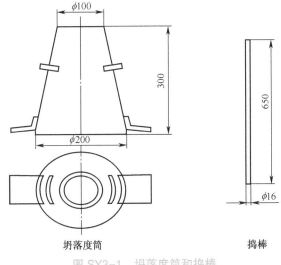

坍落度筒　　　　　　　　　　捣棒

图 SY3-1　坍落度筒和捣棒

2. 试验步骤

①湿润坍落度筒及底板，在坍落度筒内壁和底板上应无明水。底板应放置在坚实的水平面上，并把筒放在底板中心。用脚踩住两边的脚踏板，使坍落度筒在装料时保持固定的位置。

②把按要求取得或制备的混凝土试样用小铲分三层均匀地装入筒内，使捣实后每层高度为筒高的 1/3 左右。每层用捣棒插捣 25 次，插捣应沿螺旋方向由外向中心进行，各次插捣应在截面上均匀分布。插捣筒边混凝土时，捣棒可以稍稍倾斜。插捣底层时，捣棒应贯穿整个深度，插捣第二层和顶层时，捣棒应插透本层至下一层的表面；浇灌顶层时，混凝土应灌

到高出筒口。插捣过程中，如混凝土沉落到低于筒口，则应随时添加。顶层插捣完后，刮去多余的混凝土，并用抹刀抹平。

③清除筒边底板上的混凝土后，垂直平稳地提起坍落度筒。坍落度筒的提离过程应在 5～10 s内完成。

从开始装料到提坍落度筒的整个过程应不间断地进行，并应在 150 s 内完成。

④提起坍落度筒后，测量筒高与坍落后混凝土试体最高点之间的高度差，即为该混凝土拌合物的坍落度值。

坍落度筒提离后，如混凝土发生崩坍或一边剪坏现象，则应重新取样另行测定。如第二次试验仍出现上述现象，则表示该混凝土和易性不好，应予记录备查。

⑤当混凝土拌合物的坍落度大于 220 mm 时，用钢尺测量混凝土扩展后最终的最大直径和最小直径，在这两个直径之差小于 50 mm 的条件下，用其算术平均值作为坍落扩展度值；否则，此次试验无效。

3. 试验结果评定

(1) 坍落度小于或等于 220 mm 时，混凝土拌合物和易性的评定

①稠度：以坍落度值表示，测量精确至 1 mm，结果表达修约至 5 mm。

②黏聚性：测定坍落度值后，用捣棒在已坍落的混凝土锥体侧面轻轻敲打，如锥体逐渐下沉，表示黏聚性良好；如锥体倒塌、部分崩裂或出现离析现象，则表示黏聚性不好。

③保水性：提起坍落度筒后如底部有较多稀浆析出，锥体部分的混凝土也因失浆而骨料外露，表明保水性不好；如无稀浆或仅有少量稀浆自底部析出，则表明保水性良好。

(2) 坍落度大于 220 mm 时，混凝土拌合物和易性的评定

①稠度：以坍落扩展度值表示，测量精确至 1 mm，结果表达修约至 5 mm。

②抗离析性：提起坍落度筒后，如果混凝土拌合物在扩展的过程中，始终保持其匀质性，不论是扩展的中心还是边缘，粗骨料的分布都是均匀的，也无浆体从边缘析出，表明混凝土拌合物抗离析性良好；如果发现粗骨料在中央集堆或边缘有水泥浆析出，则表明混凝土拌合物抗离析性不好。

(二) 维勃稠度法

本方法适用于骨料最大粒径不大于 40 mm，维勃稠度在 5～30 s 之间的混凝土拌合物的稠度测定。

1. 主要仪器

①维勃稠度仪：如图 SY3-2 所示。

②捣棒、小铲、秒表（精度 0.5 s）等。

2. 试验步骤

①把维勃稠度仪放置在坚实的水平面上，用湿布把容器、坍落度筒、喂料斗内壁及其他用具润湿。

②将喂料斗提到坍落度筒上方扣紧，校正容器位置，使其中心与喂料中心重合，然后拧紧固定螺丝。

③将混凝土拌合物试样用小铲分三层经喂料斗均匀地装入坍落度筒内，装料及插捣的方法同坍落度与坍落扩展度试验。

④把喂料斗转离，垂直地提起坍落度筒，此时应注意不使混凝土试件产生横向扭动。

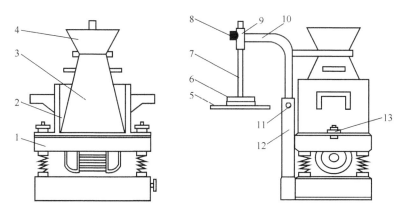

图 SY3-2　维勃稠度仪

1—振动台；2—容器；3—坍落度筒；4—喂料斗；5—透明圆盘；6—荷重；7—测杆；
8—测杆螺丝；9—套筒；10—旋转架；11—定位螺丝；12—支柱；13—固定螺丝

⑤把透明圆盘转到混凝土圆台体顶面，放松测杆螺丝，降下圆盘，使其轻轻接触到混凝土顶面。拧紧定位螺丝，并检查测杆螺丝是否已完全放松。

⑥开启振动台，同时用秒表计时，当振动到透明圆盘的底面被水泥浆布满的瞬间停止计时，并关闭振动台。

3. 试验结果

由秒表读出的时间即为该混凝土拌合物的维勃稠度值，精确到 1 s。如维勃稠度值小于5 s 或大于 30 s，则此种混凝土所具有的稠度已超出本仪器的适用范围。

（注：坍落度不大于 50 mm 或干硬性混凝土和维勃稠度大于 30 s 的特干硬性混凝土拌合物的稠度可采用增实因数法来测定。）

四、混凝土拌合物凝结时间试验

本试验是通过对混凝土拌合物中筛出的砂浆进行贯入阻力的测定来确定混凝土凝结时间的，也适用于砂浆或灌注料浆凝结时间的测定。

（一）主要仪器

①贯入阻力仪：应由加荷装置、测针、砂浆试样筒和标准筛组成，可以是手动的，也可以是自动的。贯入阻力仪应符合下列要求：

a. 加荷装置：最大测量值应不小于 1 00 N，精度为 ±10 N。

b. 测针：长为 100 mm，承压面积有 100 mm²、50 mm² 和 20 mm² 三种，在距贯入端25 mm 处刻有一圈标记。

c. 砂浆试样筒：上口径为 160 mm、下口径为 150 mm、净高为 150 mm 的刚性不透水的金属圆筒，并配有盖子。

d. 标准筛：筛孔为 5 mm 的符合现行国家标准《试验筛　金属丝编织网、穿孔板和电成型薄板　筛孔的基本尺寸》（GB/T 6005—2008）规定的金属圆孔筛。

②振动台、捣棒、秒表等。

（二）试验步骤

①从现场取得或实验室制备的混凝土拌合物试样中，用 5 mm 标准筛筛出砂浆，每次应

筛净，然后将其拌和均匀。

②将砂浆一次分别装入 3 个试样筒中并振实或捣实，做 3 个试样。坍落度不大于 70 mm 的混凝土宜用振动台振实砂浆；坍落度大于 70 mm 的混凝土宜用捣棒人工捣实。用振动台振实砂浆时，振动应持续到表面出浆为止，不得过振；用捣棒人工捣实时，应沿螺旋方向由外向中心均匀插捣 25 次，然后用橡皮锤轻轻敲打筒壁，直至插捣孔消失为止。振实或插捣后，砂浆表面应低于砂浆试样筒口约 10 mm；砂浆试样筒应立即加盖。

③3 个砂浆试样制备完毕，编号后置于温度为（20±2）℃的环境中或施工现场同条件下待试。在以后的整个测试过程中，环境温度应始终保持（20±2）℃；施工现场同条件测试时，应与施工现场条件保持一致。在整个测试过程中，除在进行贯入试验外，试样筒应始终加盖。

④凝结时间测定从水泥与水接触瞬间开始计时。根据混凝土拌合物的性能，确定测针首次试验时间。在一般情况下，基准混凝土在成型后 2～3 h、掺早强剂的混凝土在 1～2 h、掺缓凝剂的混凝土在 4～6 h 后开始用测针测试，以后每隔 0.5 h 测试一次，在临近初、终凝时可增加测定次数。

⑤在每次测试前 2 min，将一片 20 mm 厚的垫块垫入筒底一侧使其倾斜，用吸管吸去表面的泌水，吸水后平稳地复原。

⑥测试时将砂浆试样筒置于贯入阻力仪上，测针端部与砂浆表面接触，然后在（10±2）s 内均匀地使测针贯入砂浆（25±2）mm 深，记录贯入压力 P，精确至 10 N；记录测试时间，精确至 1 min；记录环境温度，精确至 0.5 ℃。

⑦贯入阻力测试在 0.2～28 MPa 之间应至少进行 6 次，直到贯入阻力大于 28 MPa 为止。

⑧各测点的间距应大于测针直径的 2 倍且不小于 15 mm，测点与试样筒壁的距离应不小于 25 mm。

⑨在测试过程中应根据砂浆凝结状况，适时更换测针，更换测针宜按表 SY3-1 选用。

表 SY3-1　测针选用规定表

贯入阻力（MPa）	0.2～3.5	3.5～20	20～28
测针面积（mm²）	100	50	20

（三）试验结果

①贯入阻力 f_{PR} 应按下式计算，精确至 0.1 MPa：

$$f_{PR} = \frac{P}{A}$$

式中　P——贯入压力（N）；

　　　A——测针面积（mm²）。

②凝结时间宜通过线性回归方法确定，如图 SY3-3 所示。将贯入阻力 f_{PR} 和时间 t 分别取自然对数 $\ln f_{PR}$ 和 $\ln t$，然后把 $\ln f_{PR}$ 当做自变量，$\ln t$ 当做因变量，作线性回归得到回归方程式：

$$\ln t = A + B\ln f_{PR}$$

式中　t——时间（min）；

　　　f_{PR}——贯入阻力（MPa）；

A、B——线性回归系数。

根据上式求得当贯入阻力为 3.5 MPa 时初凝时间 t_s，贯入阻力为 28 MPa 时终凝时间 t_e：

$$t_s = e^{A+B\ln 3.5}$$

$$t_e = e^{A+B\ln 28}$$

式中　t_s——初凝时间（min）；

　　　t_e——终凝时间（min）；

　　　A——线性回归系数。

凝结时间也可用绘图拟合方法确定，如图 SY3-4，所示。以贯入阻力为纵坐标，经过的时间为横坐标（精确至 1 min），绘制出贯入阻力与时间之间的关系曲线，以 3.5 MPa 和 28 MPa 画两条平行于横坐标的直线，分别与曲线相交的两个交点的横坐标即为混凝土拌合物的初凝时间和终凝时间。

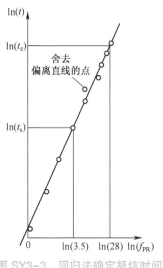

图 SY3-3　回归法确定凝结时间

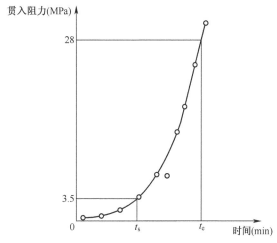

图 SY3-4　绘图法确定凝结时间

③用 3 个试验结果的初凝和终凝时间的算术平均值作为此次试验的初凝和终凝时间。如果 3 个测值的最大值或最小值中有一个与中间值之差超过中间值的 10%，则以中间值为试验结果；如果最大值和最小值与中间值之差均超过中间值的 10% 时，则此次试验无效。

凝结时间用 t（min）表示，并修约至 5 min。

五、混凝土拌合物表观密度试验

本方法适用于测定混凝土拌合物捣实后的单位体积质量，即表观密度。

（一）主要仪器

①容量筒：金属制成的圆筒，两旁装有提手。上缘及内壁应光滑平整，顶面与底面应平行，并与圆柱体的轴垂直。

对骨料最大粒径不大于 40 mm 的拌合物采用容积为 5 L 的容量筒，其内径与内高均为（186±2）mm，筒壁厚为 3 mm；骨料最大粒径大于 40 mm 时，容量筒的内径与内高均应大于骨料最大粒径的 4 倍。

②台秤：称量 50 kg，感量 50 g。

③振动台、捣棒。

（二）试验步骤

①用湿布把容量筒内外擦干净，称出筒的质量 m_1，精确至 50 g。

②混凝土拌合物的装料及捣实方法应根据拌合物的稠度而定。坍落度不大于 70 mm 的混凝土，用振动台振实为宜；坍落度大于 70 mm 的混凝土用捣棒捣实为宜。

采用振动台振实时，应一次将混凝土拌合物灌到高出容量筒口。装料时可用捣棒稍加插捣。振动过程中如混凝土沉落到低于筒口，则应随时添加混凝土，振动直至表面出浆为止。

采用捣棒捣实时，应根据容量筒的大小决定分层与插捣次数。用 5 L 容量筒时，混凝土拌合物应分两层装入，每层插捣 25 次。用大于 5 L 的容量筒时，每层混凝土的高度不应大于 100 mm，每层插捣次数应按每 10 000 mm² 截面不小于 12 次计算。各次插捣应由边缘向中心均匀地插捣，插捣底层时捣棒应贯穿整个深度，以后插捣每层时，捣棒应插透本层至下一层的表面。每一层插捣完后用橡皮锤轻轻沿容器外壁敲打 5～10 次，进行振实，直至拌合物表面插捣孔消失并不见大气泡为止。

③用刮尺将筒口多余的混凝土拌合物刮去，表面如有凹陷应予填平。将容量筒外壁擦净，称出混凝土试样与容量筒总质量 m_2，精确至 50 g。

（三）试验结果

混凝土拌合物表观密度 ρ_{0h} 按下式计算，精确至 10 kg/m³：

$$\rho_{0h} = \frac{m_2 - m_1}{V_0} \times 1\,000$$

式中　m_1——容量筒质量（kg）；

　　　m_2——容量筒及试样总质量（kg）；

　　　V_0——容量筒容积（L）。

六、普通混凝土立方体抗压强度试验

（一）主要仪器

①压力试验机：应符合《液压式万能试验机》（GB/T 3159—2008）和《试验机通用技术要求》（GB/T 2611—2007）的规定。测量精度为 ±1%，其量程应能使试件的预期破坏荷载值大于全量程的 20%，且小于全量程的 80%。试验机应具有加荷速度指示装置或加荷速度控制装置，并应能均匀、连续地加荷；上、下压板之间可各垫以钢垫板，钢垫板的承压面均应机械加工。

②振动台、捣棒、小铁铲、金属直尺、镘刀等。

（二）混凝土试件的制作与养护

1. 混凝土试件的尺寸和形状

混凝土试件的尺寸应根据混凝土中骨料的最大粒径按表 SY3-2 选定。其中边长为 150 mm 的立方体试件是标准试件；边长为 100 mm 和 200 mm 的立方体试件是非标准试件；在特殊情况下，可采用 ϕ150 mm×300 mm 的圆柱体标准试件或 ϕ100 mm×200 mm 和 ϕ200 mm×400 mm 圆柱体非标准试件。

表 SY3-2 混凝土试件尺寸选用表

试件尺寸（mm）	骨料最大粒径（mm）	
	立方体抗压强度试验	劈裂抗拉强度试验
100×100×100	31.5	20
150×150×150	40	40
200×200×200	63	—

2. 试件的制作

①成型前应检查试模尺寸；试模内表面应涂一薄层矿物油或其他不与混凝土发生反应的脱模剂。

②试件成型方法根据混凝土拌合物的稠度而定。坍落度不大于 70 mm 的混凝土宜采用振动台振实成型；坍落度大于 70 mm 的混凝土宜采用捣棒人工捣实成型。

采用振动台成型时，将混凝土拌合物一次装入试模，装料时应用抹刀沿各试模壁插捣，并使混凝土拌合物高出试模口；振动时试模不得有任何跳动，振动应持续到混凝土表面出浆为止，不得过振。

人工插捣成型时，将混凝土拌合物分两层装入试模，每层插捣次数在每 10 000 mm² 截面积内不得少于 12 次；插捣应按螺旋方向从边缘向中心均匀进行。在插捣底层混凝土时，捣棒应达到试模底部；插捣上层时，捣棒应贯穿上层后插入下层 20～30 mm；插捣时捣棒应保持垂直，不得倾斜。然后用抹刀沿试模内壁插拔数次。插捣后用橡皮锤轻轻敲击试模四周，直至插捣棒留下的空洞消失为止。

③刮除试模上口多余的混凝土，待混凝土临近初凝时，用抹刀抹平。

3. 试件的养护

①试件成型后应立即用不透水的薄膜覆盖表面，以防止水分蒸发。

②根据试验目的不同，试件可采用标准养护或与构件同条件养护。确定混凝土特征值、强度等级或进行材料性能研究时应采用标准养护；检验现浇混凝土工程或预制构件中混凝土强度时应采用同条件养护。

③采用标准养护的试件，应在温度为（20±5）℃的环境中静置一昼夜至两昼夜，然后编号、拆模。拆模后应立即放入温度为（20±2）℃，相对湿度为 95% 以上的标准养护室中养护，或在温度为（20±2）℃的不流动的 Ca（OH）₂ 饱和溶液中养护。标准养护室内的试件应放在支架上，彼此间隔 10～20 mm，试件表面应保持潮湿，并不得被水直接冲淋。

④同条件养护试件的拆模时间可与实际构件的拆模时间相同，拆模后，试件仍需保持同条件养护。

⑤标准养护龄期为 28 d（从搅拌加水开始计时）。

（三）抗压强度测定

①试件自养护地点取出后应及时进行试验，以免试件内部的温度发生显著变化。将试件擦拭干净，检查其外观，测量尺寸（精确至 1 mm），并据此计算试件的承压面积 A（mm²）。如实测尺寸与公称尺寸之差不超过 1 mm，可按公称尺寸计算。

②将试件安放在试验机的下压板或钢垫板上，试件的承压面应与成型时的顶面垂直。试件的中心应与试验机下压板中心对准。开动试验机，当上压板与试件或钢垫板接近时，调整

球座，使接触均衡。

③加荷应连续而均匀，加荷速度为：混凝土强度等级小于 C30 时，取 0.3～0.5 MPa/s；混凝土强度等级大于或等于 C30 且小于 C60 时，取 0.5～0.8 MPa/s；混凝土强度等级大于或等于 C60 时，取 0.8～1.0 MPa/s。当试件接近破坏而开始迅速变形时，应停止调整试验机油门，直至试件破坏，然后记录破坏荷载 F（N）。

（四）试验结果

①混凝土立方体抗压强度 f_{cu} 按下式计算，精确至 0.1 MPa：

$$f_{cu} = \frac{F}{A}$$

式中　F——试件破坏荷载（N）；

　　　A——试件承压面积（mm^2）。

②以 3 个试件抗压强度测定值的算术平均值作为该组试件的抗压强度值。3 个测定值中的最大值或最小值中如有一个与中间值的差值超过中间值的 15% 时，则取中间值作为该组试件的抗压强度值；如最大值和最小值与中间值的差值均超过中间值的 15% 时，则该组试件的试验结果无效。

混凝土抗压强度以 150 mm×150 mm×150 mm 立方体试件的抗压强度为标准值。混凝土强度等级小于 C60 时，用非标准试件测得的强度值均应乘以尺寸换算系数，其值为：对 200 mm×200 mm×200 mm 试件为 1.05，对 100 mm×100 mm×100 mm 试件为 0.95。当混凝土强度等级大于或等于 C60 时，宜采用标准试件；采用非标准试件时，尺寸换算系数应由试验确定。

七、混凝土立方体抗压强度试验报告

混凝土立方体抗压强度试验报告见表 SY3-3。

表 SY3-3　混凝土立方体试块抗压强度试验报告

组号	设计强度等级	工程结构部位	成型日期 月	成型日期 日	检验日期 月	检验日期 日	龄期（d）	试件尺寸（mm）长	试件尺寸（mm）宽	试件尺寸（mm）高	受压面积（mm²）	养护条件	破坏荷载（kN）	抗压强度（MPa）单块	抗压强度（MPa）取值	取值描述	换算系数	折合标准立方体强度（MPa）	达到设计强度（MPa）

检验依据

备　注

思 考 题

1. 通过混凝土试件的抗压强度试验后，检查是否达到原设计的强度等级要求，并试述影响混凝土强度的主要因素。

2. 混凝土拌合物的和易性包括哪几方面的性能？如何测试判断？

3. 进行混凝土配合比设计时，应满足哪些基本要求？

4. 混凝土试验中为什么规定试件尺寸大小、养护条件（温度、湿度、龄期）及加荷速度？

试验四　回弹法检测混凝土抗压强度

采用混凝土回弹仪检测结构或构件的混凝土抗压强度具有仪器简单、操作方便、经济迅速，在测试中不破坏被测构件，且有相当的测试精度等特点，被广泛地应用在混凝土结构或构件检测中。

一、试验依据

《回弹法检测混凝土抗压强度技术规程》（JGJ/T 23—2011）。

二、回弹法的基本原理

回弹值的大小主要取决于与冲击能量有关的回弹能量，而回弹能量取决于被测混凝土的弹塑性性能。混凝土的强度愈低，则塑性变形愈大，消耗于产生塑性变形的功也越大，弹击锤所获得的回弹功就愈小，回弹距离相应也愈小，从而回弹值就愈小，反之亦然。以回弹值（弹回的距离与冲击前弹击锤至弹击杆的距离之比，按百分数计算）作为混凝土抗压强度相关的指标之一，来推定混凝土的抗压强度。

三、主要仪器

采用示值系统为指针直读式的混凝土回弹仪，应符合下列标准状态的要求：

①水平弹击时，弹击锤脱钩的瞬间，回弹仪的标准能量为 2.207 J。

②弹击锤与弹击杆碰撞的瞬间，弹击拉簧应处于自由状态，此时弹击锤起跳点应相应于指针指示刻度尺上"0"处。

③在洛氏硬度 HRC 为 60±2 的钢砧上，回弹仪的测定值应为 80±2。

④数字式回弹仪应带有指针直读示值系统；数字显示的回弹值与指针直读示值相差不应超过 1。

四、检测技术

（一）检测方法

结构或构件混凝土强度检测可采用下列两种方式，其适用范围及结构或构件数量应符合下列规定：

①单个检测：适用于单个结构或构件的检测。

②批量检测：适用于在相同的生产工艺条件下，混凝土强度等级相同，原材料、配合比、成型工艺、养护条件基本一致且龄期相近的同类结构或构件。按批进行检测的构件，抽检数量不得少于同批构件总数的 30%，且构件数量不得少于 10 件。抽检构件时，应随机抽取并使所选构件具有代表性。

③回弹仪使用时的环境温度应为-4 ℃～40 ℃。

（二）测区规定

①每一结构或构件测区数不应少于 10 个，当受检构件数量大于 30 个且不需提供单个构件推定强度或某一方向尺寸小于 4.5 m 且另一方向尺寸小于 0.3 m 的构件，其测区数量可适当减少，但不应少于 5 个；

②相邻两测区的间距应控制在 2 m 以内，测区离构件端部或施工缝边缘的距离不宜大于 0.5 m，且不宜小于 0.2 m；

③测区宜选在使回弹仪处于水平方向检测混凝土浇筑侧面，当不能满足这一要求时，也可按非水平方向，以构件的混凝土浇筑侧面、表面或底面为检测面，但需对回弹值进行修正；

④测区宜选在构件的两个对称可测面上，也可选在一个可测面上，且应均匀分布，在构件的重要部位及薄弱部位必须布置测区，并应避开预埋件；

⑤测区的面积不宜大于 0.04 m²；

⑥检测面应为混凝土原浆面，并应清洁、平整，不应有疏松层、浮浆、油垢、涂层以及蜂窝、麻面；

⑦对弹击时产生颤动的薄壁、小型构件应进行固定。

（三）测点的规定

①测点宜在测区范围内均匀分布，相邻两测点的净距不宜小于 20 mm。

②测点距外露钢筋、预埋件的距离不宜小于 30 mm；测点不应在气孔或外露石子上，同一测点只应弹击一次。

③每一测区应记取 16 个回弹值，每一测点的回弹值读数估读至 1。

（四）碳化深度值测定

①回弹值测量完毕后，应在有代表性的位置上测量碳化深度值，测点不应少于构件测区数的 30%，取其平均值为该构件每测区的碳化深度值。当碳化深度值极差大于 2.0 mm 时，应在每一测区测量碳化深度值。

②碳化深度值测量，可采用适当的工具在测区表面形成直径约 15 mm 的孔洞，其深度应大于混凝土的碳化深度。用深度测量工具测量已碳化与未碳化混凝土交界面到混凝土表面的垂直距离，测量不应少于 3 次，每次读数应精确至 0.25 mm。应取三次测量的平均值作为检测结果，并应精确至 0.5 mm。

五、回弹值计算

①计算测区平均回弹值，应从该测区的 16 个回弹值中剔除 3 个最大值和 3 个最小值，余下的 10 个回弹值取平均值。

②当回弹仪呈非水平方向检测混凝土浇筑侧面或呈水平方向检测混凝土浇筑顶面（或底面）时，应进行修正。

③当检测时回弹仪为非水平方向且测试面为非混凝土的浇筑侧面时，应先对回弹值进行角度修正，再对修正后的值进行浇筑面修正。

六、混凝土强度计算

（一）测强曲线

结构或构件第 i 个测区混凝土强度换算值 $f_{cu,i}^c$，可根据所求得的平均回弹值 R_m 及平均碳化深度值 d_m，采用以下三类测强曲线计算：

①统一测强曲线：由全国有代表性的材料、成型养护工艺配制的混凝土试件，通过试验所建立的曲线。

②地区测强曲线：由本地区常用的材料、成型养护工艺配制的混凝土试件，通过试验所建立的曲线。

③专用测强曲线：由与结构或构件混凝土相同的材料、成型养护工艺配制的混凝土试件，通过试验所建立的曲线。

（二）混凝土强度的计算

①结构或构件的测区混凝土强度平均值可根据各测区的混凝土强度换算值计算。当测区数为 10 个及以上时，应计算强度标准差。平均值及标准差应按下列公式计算：

$$m_{f_{cu}^c} = \frac{\sum_{i=1}^{n} f_{cu,i}^c}{n}$$

$$s_{f_{cu}^c} = \sqrt{\frac{\sum_{i=1}^{n} (f_{cu,i}^c)^2 - n(m_{f_{cu}^c})^2}{n-1}}$$

式中　$m_{f_{cu}^c}$——结构或构件测区混凝土强度换算值的平均值，精确至 0.1 MPa；

　　　$s_{f_{cu}^c}$——结构或构件测区混凝土强度换算值的标准差，精确至 0.01 MPa；

　　　n——对于单个检测的构件，取一个构件的测区数，对批量检测的构件，取被抽检构件测区数之和。

②结构或构件的混凝土强度推定值 $f_{cu,e}$ 应按下列公式确定：

a. 当该结构或构件测区数少于 10 个时

$$f_{cu,e} = f_{cu,min}^c \text{MPa}$$

式中　$f_{cu,min}^c$——构件中最小的测区混凝土强度换算值。

b. 当该结构或构件的测区强度值中出现小于 10.0 MPa 时

$$f_{cu,e} < 10.0 \text{ MPa}$$

c. 当该结构或构件测区数不少于 10 个或按批量检测时，应按下列公式计算

$$f_{cu,e} = mf_{cu}^c - 1.645s_{f_{cu}^c}$$

注：结构或构件的混凝土强度推定值是指相应于强度换算值总体分布中保证率不低于 95% 的结构或构件中的混凝土抗压强度值。

③对按批量检测的构件，当该批构件混凝土强度标准差出现下列情况之一时，则该批构件应全部按单个构件检测。

a. 当该批构件混凝土强度平均值小于 25 MPa 时，$s_{f_{cu}} > 4.5$ MPa；

b. 当该批构件混凝土强度平均值不小于 25 MPa 且不大于 60 MPa 时，$s_{f_{cu}} > 5.5$ MPa。

七、试验报告

试验报告见表 SY4-1。

表 SY4-1　回弹法检测混凝土抗压强度试验报告

结构部位及构件名称	设计等级	施工日期 检测龄期（d）	回弹值（N）			测区数	混凝土抗压强度换算值			现龄期混凝土强度推定值 $f_{cu,e}$（MPa）
			各测区平均回弹值 R_m	最小测区回弹值	碳化深度		平均值 m_{f_m}（MPa）	标准差 $s_{f_{cu}}$（MPa）	最小值 $f_{f_{m,min}}$ MPa	

回弹仪生产厂：　　　型号：　　　出厂编号：　　　检定证号：

检验说明

思　考　题

1. 回弹法的基本原理是什么？影响回弹值的主要因素是什么？
2. 影响回弹法检测混凝土强度的因素有哪些？
3. 测强曲线有几类？分别依据什么建立的？各自适用的范围是什么？
4. 简述回弹法检测混凝土强度的步骤。

试验五　建筑砂浆试验

一、试验依据

《建筑砂浆基本性能试验方法标准》（JGJ/T 70—2009）。

二、砂浆稠度和分层度的测定

（一）主要仪器

①砂浆稠度测定仪：由支架、底座、带滑杆圆锥体、刻度盘及圆锥形金属筒组成，形状和结构见图 SY5-1。

②砂浆分层度筒：由上、下两层金属圆筒及左右两根连接螺栓组成。圆筒内径为 150 mm，上节高度为 200 mm，下节带底净高为 100 mm。上、下层连接处需加宽到 3～5 mm，并设有橡胶垫圈，如图 SY5-2 所示。

③捣棒、拌铲、抹刀等。

（二）试验步骤

①将按配合比称好的水泥、砂和混合料拌和均匀，然后逐次加水，和易性凭观察符合要求时，停止加水，拌和均匀。

②将拌和好的砂浆一次注入稠度测定仪的圆锥筒内，砂浆表面低于筒口约 10 mm。用捣棒自中心向边缘插捣 25 次，再轻轻摇动或敲击金属筒 5～6 下，使砂浆表面平整。

③将筒移至测定仪底座上，放下滑杆使圆锥体与砂浆中心表面接触，固定滑杆，调整刻度盘指针指零。

④放松滑杆旋钮，使圆锥体自由落入砂浆中，10 s 后读取刻度盘所示沉入值（精确至 1 mm）。

⑤圆锥筒内的砂浆，只允许测定一次稠度，重复测定时，应重新取样测定。

⑥将筒中砂浆倒出与同批砂浆重新拌和均匀，并一次注满分层度筒，用木锤在筒周围四个等分位置轻轻敲击 1～2 下，用抹刀抹平。

⑦静置 30 min 后，去掉上层圆筒砂浆，剩余的 100 mm 砂浆倒出放在拌和锅内拌 2 min，再次用稠度测定仪测定圆锥体沉入值。

（三）试验结果

①圆锥体在砂浆中的沉入值即为稠度（mm），以两次试验的平均值作为稠度测定值。两次试验值之差如大于 10 mm，则应另取砂浆搅拌后重新测定。

②砂浆静置前后的沉入值之差即为分层度（mm）。以两次试验的平均值作为分层度测定值。两次分层度测定值之差如大于 10 mm，应重做试验。

三、砂浆抗压强度测定

（一）主要仪器

①试模：铸铁或钢制成的立方体试模，内壁边长为 70.7 mm。

②压力机、捣棒、刮刀等。

（二）试验步骤

①制作试件前应检查试模，用黄油等密封材料涂抹试模的外接缝，试模内壁事先涂刷脱膜剂或薄层机油；以 3 个试件为一组。

②试件的成型方法应根据砂浆拌合物的稠度来确定。

a. 稠度≥50 mm 的砂浆拌合物宜采用人工振捣成型；将拌好的砂浆拌合物一次装入试模，用捣棒按螺旋方向从边缘向中心均匀插捣 25 次，插捣过程中如砂浆沉落到低于试模口，则应随时添加砂浆，用抹刀沿试模内侧插捣数次，并用手将试模一边抬高 5～10 mm 各振动 5 次，使砂浆高出试模顶面 6～8 mm。

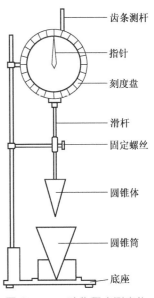

图 SY5-1　砂浆稠度测定仪

齿条测杆
指针
刻度盘
滑杆
固定螺丝
圆锥体
圆锥筒
底座

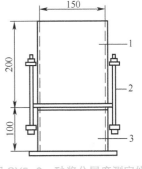

图 SY5-2　砂浆分层度测定仪

1—无底圆筒；2—连接螺栓；
3—有底圆筒

b. 稠度<50 mm 的砂浆拌合物宜采用振动台振实成型；将拌好的砂浆拌合物一次装入试模，放到振动台上，振动时应防止试模在振动台上自由跳动，振动 5～10 s 或持续到表面出浆为止，不得过振。

③待表面水分稍干后，将高出试模部分的砂浆沿试模顶面刮去并抹平；试件成型后在 (20±5)℃下静置 (24±2) h，当气温较低时，可适当延长时间，但不应超过两昼夜，然后编号、拆模。

④拆模后的试件立即放在温度为 (20±2)℃、相对湿度为 90% 以上的标准养护室中养护，试件彼此相隔不小于 10 mm，混合砂浆试件上面应覆盖，以防水滴在试件上。

⑤龄期 (从加水时间开始计算) 到达后，试件从养护地点取出，应尽快进行试验；试验前先将试件擦拭干净，测量尺寸，并检查其外观，并据此计算试件的承压面积。如实测尺寸与公称尺寸之差不超过 1 mm，可按公称尺寸进行计算。

⑥将试件安放在试验机的下压板上 (或下垫板上)，试件的承压面应与成型时的顶面垂直，试件中心应与试验机下压板中心对准。开动试验机，当上压板与试件 (或上垫板) 接近时，调整球座，使接触面均衡承压。试验时应连续而均匀地加荷，加荷速度应为 0.25～1.5 kN/s (砂浆强度不大于 5 MPa 时，取下限为宜；砂浆强度 5 MPa 以上时，取上限为宜)，当试件接近破坏而开始迅速变形时，停止调整试验油门，直至试件破坏，然后记录破坏荷载。

(三) 试验结果

①砂浆立方体试件抗压强度按下式计算，精确至 0.1 MPa。

$$f_{m,cu} = \frac{N_u}{A}$$

式中　$f_{m,cu}$——砂浆立方体试件抗压强度 (MPa)；

　　　N_u——试件破坏荷载 (N)；

　　　A——试件承压面积 (mm²)。

②以 3 个试件测值的算术平均值的 1.3 倍 (f_2) 作为该组试件的砂浆立方体抗压强度值，精确至 0.1 MPa。

③如 3 个测值中最大值或最小值中有 1 个与中间值的差值超过中间值的 15% 时，则把最大或最小值舍去，取中间值作为该组试件的抗压强度值；如最大值和最小值与中间值的差均超过中间值的 15%，则该组试件的试验结果作废。

四、试验报告

试验报告见表 SY5-1 和表 SY5-2。

表 SY5-1　砌筑砂浆配合比试验报告

工程名称				砂浆品种		稠度 (mm)	
使用部位				强度等级		执行标准	
材料名称	产地	品种	规格	每立方米砂浆材料用量 (kg)		每盘材料称量 (kg)	
水泥							

续表

工程名称			砂浆品种		稠度（mm）	
使用部位			强度等级		执行标准	
砂						
石灰膏						
微沫剂						
水						
质量配合比				备注		

表 SY5-2　砂浆立方体试块抗压强度试验报告

环境条件：_____　　样品编号：_____　　强度等级：_____

试件编号	设计强度等级	制作日期	检验日期	龄期（d）	试件尺寸（mm）			受压面积（mm²）	破坏荷载（kN）	抗压强度		折算系数	砂浆立方体试件抗压强度值（MPa）	达到设计强度百分率（%）
					长	宽	高			单块	平均			
检验依据	《建筑砂浆基本性能试验方法标准》（JGJ/T 70—2009）				仪器设备			压力试验机_____						

思　考　题

1. 对新拌制砂浆与硬化后砂浆各有哪些技术性质要求？

2. 70.7 mm×70.7 mm×70.7 mm 的砂浆试件 3 块，养护 28 d 后测其抗压强度，试件的破坏荷载分别为 28.2 kN、27.5 kN、26 kN，是否达到 M5 的要求？

试验六　烧结普通砖试验

一、试验依据

《砌墙砖试验方法》（GB/T 2542—2012）；

《烧结普通砖》（GB 5101—2003）。

二、取样方法

烧结普通砖按 3.5 万～15 万块为一批，不足 3.5 万块按一批计。外观质量检验的试样采用随机抽样法，在每一检验批的产品堆垛中抽取；尺寸偏差检验的样品用随机抽样法从外观质量检验后的样品中抽取；其他检验项目的样品用随机抽样法从外观质量检验合格后的样品中抽取。抽样数量按表 SY6-1 进行。

表 SY6-1　单项试验所需砖样数

检验项目	外观质量	尺寸偏差	强度等级	泛霜	石灰爆裂	冻融	吸水率和饱和系数
抽取砖样（块）	50	20	10	5	5	5	5

三、尺寸偏差、外观质量检查

（一）量具

（1）砖用卡尺（见图 SY6-1），分度值为 0.5 mm

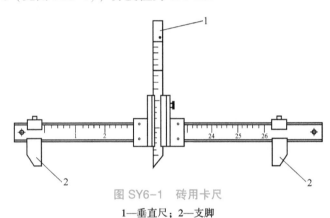

图 SY6-1　砖用卡尺

1—垂直尺；2—支脚

（二）测量方法

（2）钢直尺，分度值为 1mm

①尺寸测量。长度、宽度，在砖的两个大面的中间处分别测量两个尺寸；高度，在两个条面的中间处分别测量两个尺寸（见图 SY6-2）。当被测处有缺损或凸出时，可在其旁边测量，但应选择不利的一侧。精确至 0.5 mm。每一方向尺寸以两个测量值的算术平均值表示，精确至 1 mm。

②缺损。缺棱掉角在砖上造成的破损程度，以破损部分对长、宽、高三个棱边的投影尺寸来度量，称为破坏尺寸（见图 SY6-3）。缺损造成的破坏面，是指缺损部分对条、顶面的投影面积（见图 SY6-4）。

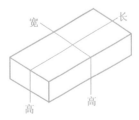

图 SY6-2　尺寸量法示意图

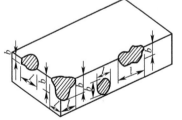

图 SY6-3　缺棱掉角三个破坏尺寸量法

l—长度方向投影；b—宽度方向投影

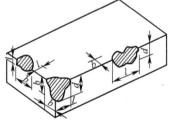

图 SY6-4　缺棱掉角在条、顶面上造成破坏面示意图

d—厚度方向投影（破坏面—l×b）

③裂纹。分为长度方向、宽度方向和水平方向三种，以被测方向的投影长度表示。如果裂纹从一个面延伸到其他面上，则累计其延伸的投影长度（见图 SY6-5）。裂纹长度以在三个方向上分别测得的最长裂纹作为测量结果。

| 长度方向 | 宽度方向 | 水平方向 |

图 SY6-5　裂纹量法示意图

④弯曲。分别在大面和条面上测量，测量时将砖用卡尺的两支脚沿棱边两端放置，择其弯曲最大处将垂直尺推至砖面（见图 SY6-6）。但不应将因杂质或碰伤造成的凹处计算在内。以弯曲测得的较大者作为结果。

⑤杂质凸出高度。以杂质距砖面的最大距离表示。测量时将砖用卡尺的两支脚置于凸出两边的砖平面上，以垂直尺测量（见图 SY6-7）。

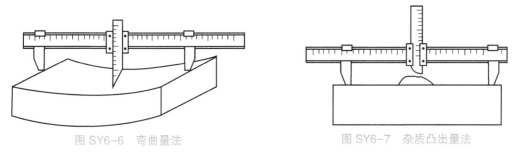

图 SY6-6　弯曲量法　　　　　　　图 SY6-7　杂质凸出量法

⑥色差。装饰面朝上随机分两排并列，在自然光下距离砖样 2 m 处目测。

（三）结果处理

外观测量以 mm 为单位，不足 1 mm 者，按 1 mm 计。

四、抗压强度试验

（一）主要仪器

①压力机：量程为 300～500 kN。

②锯砖机或切砖器、钢直尺、镘刀等。

（二）试样制备

将试样切或锯成两半截砖，断开的半截砖长不得小于 100 mm，如图 SY6-8（a）所示。如果不足 100 mm，应另取备用试样补足。在试样制备平台上，将已断开的半截砖放入室温的净水中浸 10～20 min 后取出，并以断口相反方向叠放，如图 SY6-8（b）所示，两者中间抹以厚度不超过 5 mm 的稠度适宜的水泥净浆黏结，水泥净浆用强度等级为 32.5 的普通硅酸盐水泥调制，上下两面用厚度不超过 3 mm 的同种水泥净浆抹平。制成的试样上下两面须相互平行，并垂直于侧面，用同样的方法制备 10 块试样。

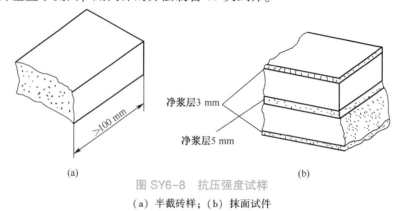

图 SY6-8　抗压强度试样
（a）半截砖样；（b）抹面试件

制成的抹面试样应置于温度不低于 10 ℃的不通风室内养护 3 d，再进行试验。

（三）试验步骤

①测量每个试样连接面或受压面的长 L（mm）、宽 B（mm）尺寸各两个，分别取其平均值，精确至 1 mm。

②将试样平放在压力机的承压板中央，均匀平稳地加荷，不得发生冲击或振动。加荷速度以 4 kN/s 为宜，直至试样破坏，记录最大破坏荷载 P（N）。

（四）试验结果与评定

1. 每块试样的抗压强度 f_i 按下式计算（精确至 0.01 MPa）

$$f_i = \frac{P}{LB}$$

式中　P——最大破坏荷载（N）；

　　　L——受压面（连接面）的长度（mm）；

　　　B——受压面（连接面）的宽度（mm）。

2. 分别计算下列指标

$$f = \frac{1}{10}\sum_{i=1}^{10}f_i$$

$$S = \sqrt{\frac{1}{9}\sum_{i=1}^{10}(f_i - f)^2}$$

$$\delta = \frac{S}{\bar{f}}$$

式中　f_i——单块试样抗压强度的测定值，精确至 0.01 MPa；

　　　f——10 块试样抗压强度算术平均值，精确至 0.01 MPa；

　　　S——10 块试样的抗压强度标准差，精确至 0.01 MPa；

　　　δ——砖强度的变异系数，精确至 0.01。

3. 评定方法

（1）平均值-标准值方法

变异系数 $\delta \leqslant 0.21$ 时，按抗压强度平均值 $\bar{f}$ 和强度标准值 f_h 评定砖的强度等级。样本量

$n=10$ 时的强度标准值按下式计算，精确至 0.1 MPa：

$$f_\mathrm{h} = \bar{f} - 1.8S$$

（2）平均值–最小值方法

变异系数 $\delta>0.21$ 时，按抗压强度平均值 $\bar{f}$ 和单块最小抗压强度值 f_min 评定砖的强度等级。

五、试验报告

试验报告见表 SY6-2。

表 SY6-2　烧结普通砖试验报告

生产单位									代表数量（万块）			
强度等级	工程部位	检测项目	标准要求	实测结果								判定
				受压面（连接面）		受压面积（mm²）	最大破坏荷载（kN）	抗压强度（MPa）	抗压强度平均值 $\bar{f}$（MPa）	变异系数 δ	标准差 S	强度标准值 f_k（MPa）	
				长度（mm）	宽度（mm）								
		强度等级	1. 抗压强度平均值 $\bar{f}\geqslant$（MPa） 2. 变异系数 $\delta\leqslant$ 0.21 时，强度标准值 $f_\mathrm{k}\geqslant$（MPa） 3. 变异系数 $\delta>0.21$ 时，单块最小强度值 $f_\mathrm{min}\geqslant$（MPa）									单块最小强度值 f_min（MPa）	

	抗风化性能（1、2、3、4、5 地区外）				抗风化性能（1、2、3、4、5 地区）		
要求值	吸水率		饱和系数		抗冻性		
	平均值	单块最小值	平均值	单块最小值	质量损失	冻后外观质量	
规定值							
测定值							
石灰爆裂							
检验依据							
结论							

思　考　题

1. 普通黏土砖的强度等级是如何确定的？共分为几个等级？

2. 承重黏土空心砖与普通黏土砖确定强度等级的方法有何异同？

3. 可用哪些简易办法鉴别过火黏土砖和欠火黏土砖？

试 验 七　钢 筋 试 验

一、试验依据

《金属材料　拉伸试验　第 1 部分：室温试验方法》（GB/T 228.1—2010）；

《金属材料　弯曲试验方法》（GB/T 232—2010）；

《钢筋混凝土用钢　第 1 部分：热轧光圆钢筋》（GB 1499.1—2008）；

《钢筋混凝土用钢　第 2 部分：热轧带肋钢筋》（GB 1499.2—2007）。

二、钢筋的验收及取样方法

①钢筋混凝土用热轧钢筋应有出厂证明书或试验报告单，每捆（盘）钢筋均应有标牌。验收时，应抽样做机械性能试验，包括拉伸试验和冷弯试验两个项目。两个项目中如有一个项目不合格，该批钢筋即为不合格品。

②同一批号、牌号、尺寸、交货状态分批检验和验收，每批质量不大于 60 t。

③取样方法和结果评定规定，自每批钢筋中任意抽取两根，于每根距端部 500 mm 处各取一套试样（2 根试件），每套试样中一根做拉伸试验，另一根做冷弯试验。在拉伸试验中，如果其中有一根试件的屈服点、抗拉强度和伸长率三个指标中有一个指标达不到钢筋标准规定的数值，应再抽取双倍（4 根）钢筋，制成双倍（4 根）试件重做试验。复检时，如仍有一根试件的任意一个指标达不到标准要求，则不论该指标在第一次试验中是否达到标准要求，拉伸试验项目也判为不合格。在冷弯试验中，如有一根试件不符合标准要求，应同样抽取双倍钢筋，制成双倍试件重新试验，如仍有一根试件不符合标准要求，冷弯试验项目即为不合格。整批钢筋不予验收。另外，还要检验尺寸、表面状态等。如使用中钢筋有脆断、焊接性能不良或机械性能显著不正常时，尚应进行化学分析。

④钢筋拉伸和弯曲试验不允许车削加工，试验时温度为 10 ℃～35 ℃。如温度不在此范围内，应在试验记录和报告中注明。

三、拉伸试验

（一）试验目的

测定钢筋的屈服强度、抗拉强度及伸长率，注意观察拉力与变形之间的关系，为检验和评定钢材的力学性能提供依据。

（二）主要仪器设备

①拉力试验机：试验时所有荷载的范围应为试验机最大荷载的 20%～80%。试验机的测力示值误差应小于 1%。

②钢筋画线机、游标卡尺（精确度为 0.1 mm）、天平等。

（三）试件制备

①抗拉试验用钢筋不得进行车削加工，直接截取长度尺寸如图 SY7-1 所示。试件在 l_0 范围内，按 10 等分画线、分格、定标距量出标距长度 l_0（精确度为 0.1 mm）。

②测试试件的质量和长度，不经车削的试件按质量计算截面面积 A_0（mm^2）：

$$A_0 = \frac{m}{7.85L} \times 1\,000$$

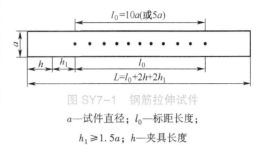

图 SY7-1　钢筋拉伸试件

a—试件直径；l_0—标距长度；

$h_1 \geqslant 1.5a$；h—夹具长度

式中　m——试件质量（g）；

　　　L——试件长度（mm）；

　7.85——钢材密度（g/cm^3）。

计算钢筋强度时所用截面面积为公称横截面积，故计算出钢筋受力面积后，应据此取靠近的公称受力面积 A（保留 4 位有效数字），如表 SY7-1 所示。

表 SY7-1　钢筋的公称横截面积

公称直径（mm）	公称横截面积（mm^2）	公称直径（mm）	公称横截面积（mm^2）
8	50.27	22	380.1
10	78.54	25	490.9
12	113.1	28	615.8
14	153.9	32	804.2
16	201.1	36	1 018
18	254.5	40	1 257
20	314.2	50	1 964

（四）试验步骤

①将试件上端固定在试验机夹具内，调整试验机零点，装好描绘器、纸、笔等，再用下夹具固定试件下端。

②开动试验机进行试验。拉伸速度：屈服前应力施加速度为 10 MPa/s；屈服后试验机活动夹头在荷载下移动速度每分钟不大于 $0.5l_c$（$l_c = l_0 + 2h_1$），直至试件拉断。

③拉伸过程中，描绘器自动绘出荷载-变形曲线，由荷载-变形曲线和刻度盘指针读出屈服荷载 F_s（N）（指针停止转动或第一次回转时的最小荷载）与最大极限荷载 F_b（N）。

④量出拉伸后的标距长度 l_1。将已拉断的试件在断裂处对齐，尽量使轴线位于一条直线上。如断裂处到邻近标距端点的距离大于 $l_0/3$ 时，可用卡尺直接量出 l_1；如果断裂处到邻近标距端点的距离小于或等于 $l_0/3$ 时，可按下述移位法确定 l_1：在长段上自断点起，取等于短段格数得 B 点，再取等于长段所余格数 [偶数见图 SY7-2（a）] 之半得 C 点，或者取所余格数 [奇数见图 SY7-2（b）] 减 1 与加 1 之半得 C 与 C_1 点。移位后的 l_1 分别为 $AB+2BC$ 或 $AB+BC+BC_1$。如直接测量所得的伸长率能达到标准值，则可不采用移位法。

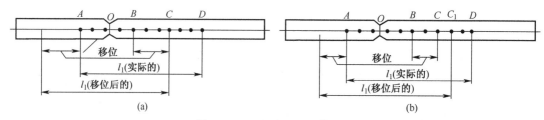

图 SY7-2　用移位法计算标距

（五）结果计算

（1）屈服强度 σ_s（精确至 5 MPa）

$$\sigma_s = F_s / A$$

（2）抗拉强度 σ_b（精确至 5 MPa）

$$\sigma_b = F_b / A$$

（3）断后伸长率 δ（精确至 0.5%）

$$\delta_{10}(或\ \delta_5) = \frac{l_1 - l_0}{l_0} \times 100\%$$

式中　δ_{10}，δ_5——$l_0 = 10a$ 和 $l_0 = 5a$ 时的断后伸长率。

如果拉断处位于标距之外，则断后伸长率无效，应重做试验。

测试值的修约方法：当修约精确至尾数 1 时，按"四舍六入五单双方法"修约；当修约精确至尾数为 5 时，按二五进位法修约（即精确至 5 时，小于或等于 2.5 时尾数取 0；大于 2.5 且小于 7.5 时尾数取 5；大于或等于 7.5 时尾数取 0 并向左进 1）。

注：四舍六入五单双方法是四舍六入五考虑，五后非零应进一，五后皆零视奇偶，五前为偶应舍去，五前为奇则进一。

四、冷弯试验

（一）试验目的

冷弯是在规定条件下对钢材塑性和焊接质量的检验，冷弯性能是钢材的重要工艺性能。

（二）主要仪器设备

压力机或万能试验机。有两支承辊，支辊间距离可以调节。具有不同直径的弯心，弯心直径由有关标准规定，如图 SY7-3 所示。

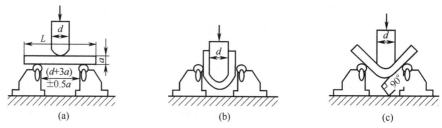

图 SY7-3　钢筋冷弯试验装置

（a）装好的试件；（b）弯曲 180°；（c）弯曲 90°

（三）试件制作

试件长 $L = 0.5\pi(d+a) + 140$（mm）。a 为试件直径；d 为弯心直径；π 为圆周率，其值

取 3.1。

(四) 试验步骤

①如图 SY7-3 (a) 所示，调整两支辊间的距离为 x，使 x=(d+3a)±0.5a。

②按标准规定选择弯心直径 d。

③将试件按图 SY7-3 (a) 装置好后，平稳地加荷，在荷载作用下，钢筋绕着冷弯压头弯曲到要求的角度，如图 SY7-3 (b) 和图 SY7-3 (c) 所示。

(五) 结果评定

取下试件检查弯曲处的外缘及侧面，如无裂缝、断裂或起层，即判为冷弯试验合格。

五、钢筋冷拉、时效处理后的拉伸试验

钢筋经过冷加工、时效处理以后，进行拉伸试验，确定此时钢筋的力学性能，并与未经冷加工及时效处理的钢筋性能进行比较。

(一) 试验目的

对钢材进行冷拉并时效处理，可以提高钢材的屈服强度和极限强度，达到节约钢材的目的。通过试验，应掌握钢材冷拉及冷拉并时效处理的试验方法，熟悉钢材的冷拉及冷拉并时效处理后的性质。

(二) 主要仪器设备

(1) 拉力试验机：试验时所有荷载的范围应在试验机最大荷载的 20%～80%，试验机的测力示值误差应小于 1%。

(2) 钢筋画线机、游标卡尺 (精确度为 0.1 mm)、天平等。

(三) 试件制备

按标准方法取样，取两根长钢筋，各截取 3 段，制备与钢筋拉伸试验相同的试件 6 根并分组编号。编号时应在两根长钢筋中各取 1 根试件编为 1 组，共 3 组试件。

(四) 试验步骤

①第 1 组试件用作拉伸试验，并绘制荷载-变形曲线，方法同钢筋拉伸试验。以两根试件试验结果的算术平均值计算钢筋的屈服点 σ_s，抗拉强度 σ_b 和伸长率 δ。

②将第 2 组试件进行拉伸至伸长率达 10% (约为高出上屈服点 3 kN) 时，以拉伸时的同样速度进行卸荷，使指针回至零，随即又以相同速度再行拉伸，直至断裂为止，并绘制荷载-变形曲线。第 2 次拉伸长后以两根试件试验结果的算术平均值计算冷拉后钢筋的屈服点 σ_{sL}、抗拉强度 σ_{bL} 和伸长率 δ_L。

③将第 3 组试件进行拉伸至伸长率达 10% 时，卸荷并取下试件，置于烘箱中加热 110 ℃ 恒温 4 h，或置于电炉中加热 250 ℃ 恒温 1 h，冷却后再做拉伸试验，并同样绘制荷载-变形曲线。这次拉伸试验后所得性能指标 (取 2 根试件算术平均值) 即为冷拉时效处理后钢筋的屈服点 σ'_{sL}、抗拉强度 σ'_{bl} 和伸长率 δ'_L。

(五) 结果计算

①比较冷拉后与未经冷拉的两组钢筋的应力-应变曲线，计算冷拉后钢筋的屈服点、抗拉强度及伸长率的变化率 B_s、B_b、B_δ：

$$B_s = \frac{\sigma_{sL} - \sigma_s}{\sigma_s} \times 100\%$$

$$B_b = \frac{\sigma_{bL} - \sigma_b}{\sigma_s} \times 100\%$$

$$B_\delta = \frac{\delta_L - \delta}{\delta} \times 100\%$$

②比较冷拉时效处理后与未经冷拉的两组钢筋的应力-应变曲线，计算冷拉时效处理后钢筋屈报点、抗拉强度及伸长率的变化率 B_{sL}、B_{bL}、B_{sL}：

$$B_{sL} = \frac{\sigma'_{sL} - \sigma_s}{\sigma_s} \times 100\%$$

$$B_{bL} = \frac{\sigma'_{bL} - \sigma_b}{\sigma_s} \times 100\%$$

$$B_{\delta_L} = \frac{\delta'_L - \delta}{\delta} \times 100\%$$

六、试验结果评定

①根据拉伸与冷弯试验结果按标准规定评定钢筋的级别。

②比较一般拉伸与冷拉或冷拉时效处理后钢筋的力学性能变化，并绘制相应的应力-应变曲线。

七、试验报告

试验报告见表 SY7-2。

表 SY7-2　钢筋混凝土用热轧钢筋力学和工艺性能试验报告

生产厂家								牌号		生产批号					
组号	拉伸试件编号	工程部位	公称直径 d（mm）	代表数量（t）	拉伸试验								弯曲试验			单组判定
					屈服强度 σ_f（MPa）			抗拉强度 σ_b（MPa）			伸长率 δ（%）		拉伸试验判定	弯曲试件编号	弯曲性能		弯曲试验判定	
					标准要求	实测结果		标准要求	实测结果		标准要求	实测结果			标准要求	实测结果判定	
						拉力（kN）	强度（MPa）		拉力（kN）	强度（MPa）							
	1													3	弯心直径		
	2													4			
	1													3	弯曲180°后受弯曲部位表面无裂纹		
	2													4			
	1													3			
	2													4			
检验依据																
备注																

思 考 题

1. 拉伸试验时加荷速度有何规定? 加荷速度过快或过慢对试验结果有何影响?
2. 测定伸长率时拉断后的标距 l_1 应如何确定?

试验八　石油沥青试验

一、试验依据

《沥青针入度测定法》(GB/T 4509—2010);
《沥青延度测定法》(GB/T 4508—2010);
《沥青软化点测定法　环球法》(GB/T 4507—2014)。

二、针入度测定

(一) 一般规定

石油沥青的针入度试验是测定标准针在一定的荷载、时间及温度条件下垂直贯入石油沥青试样的深度,单位为 0.1 mm;非经注明,标准针、针连杆与附加砝码的总质量为 (100±0.05) g,试验温度为 (25±0.1) ℃,贯入时间为 5 s。通过针入度的测定可以确定石油沥青的稠度,同时也可以确定石油沥青的牌号。

(二) 主要仪器

①针入度仪:能使针连杆在无明显摩擦下垂直运动,并能指示穿入深度精确到 0.1 mm 的仪器均可使用。针连杆质量为 (47.5±0.05) g,针和连杆的总质量为 (50±0.05) g,另外仪器附有 (50±0.05) g 和 (100±0.05) g 的砝码各一个,可以组成 (100±0.05) g 和 (200±0.05) g 的荷载以满足试验所需的荷载条件。仪器设有放置平底玻璃皿的平台,并有可调水平的机构,针连杆应与平台垂直。仪器设有针连杆制动按钮,紧压按钮针连杆可以自由下落。针连杆要易于拆卸,以便定期检查其质量,其构造如图 SY8-1 所示。

②标准针:应由硬化回火的不锈钢制成,钢号为 440-C 或等同的材料,洛氏硬度为 54～60。为了保证试验用针的统一性,国家计量部门要求针的检验结果必须满足标准规定,对每一根针应附有国家计量部门的检验单。

③试样皿:金属或玻璃的圆柱形平底容器,其最

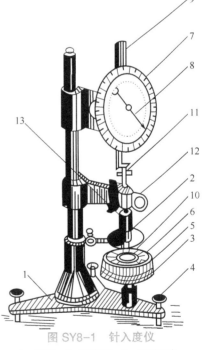

图 SY8-1　针入度仪

1—底座;2—观察镜;3—圆形平台;
4—调平螺丝;5—保温皿;6—试样;
7—刻度盘;8—指针;9—活动齿杆;
10—标准针;11—连杆;12—制动按钮;
13—砝码

小尺寸应满足表 SY8-1 的要求。

表 SY8-1　沥青针入度试验用试样皿的最小尺寸要求

针入度范围	试样皿最小尺寸要求（mm）	
	直径	深度
小于 40	33～55	8～16
小于 200	55	35
200～350	55～75	45～70
350～500	55	70

④恒温水浴：容量不小于 10 L，能保持温度在试验温度的±0.1 ℃范围内。

⑤平底玻璃皿、计时器、液体玻璃温度计等。

（三）试验步骤

①小心加热样品，不断搅拌以防局部过热，加热到使样品能够易于流动；加热时石油沥青不超过软化点的 90 ℃，加热时间在保证样品充分流动的基础上尽量少；加热、搅拌过程中避免试样中进入气泡。

②将试样注入试样皿中，试样深度应至少是预计针入深度的 120%，并松松地盖上试样皿，以防落入灰尘；盛有试样的试样皿在室温 15 ℃～30 ℃下冷却，冷却结束后将试样皿和平底玻璃皿一起放入测试温度下的水浴进行恒温，水面应没过试样表面 10 mm 以上；室温冷却时间及水浴恒温时间见表 SY8-2。

表 SY8-2　石油沥青针入度试样的室温冷却
时间及水浴恒温时间

试样皿规格	室温冷却时间	水浴恒温时间
小试样皿 （φ33 mm×16 mm）	45 min～1.5 h	45 min～1.5 h
中等试样皿 （φ55 mm×35 mm）	1～1.5 h	1～1.5 h
较大的试样皿	1.5～2.0 h	1.5～2.0 h

③调整针入度仪的水平，检查针连杆和导轨，以确认无水和其他物质；如果预测针入度超过 350 应选择长针；否则用标准针；用合适的溶剂清洗试针，并拭干，将试针插入针连杆，用螺丝固紧，按试验条件加上附加砝码。

④将达到恒温的试样皿和平底玻璃皿置于针入度仪的平台上，慢慢放下针连杆，使针尖恰好与试样表面接触；拉下刻度盘的拉杆，使其与针连杆顶端轻轻接触，调节针入度仪上的表盘，读数指示为零。

⑤在规定时间内快速释放针连杆，同时启动计时器，使试针自由下落穿入沥青试样中，到规定时间（5 s）使试针停止移动；拉下刻度盘的拉杆，再使其与针连杆顶端轻轻接触，针入度仪上表盘指针的读数即为试样的针入度，用 0.1 mm 表示。

⑥同一试样至少重复测定 3 次，各测试点之间及与试样皿边缘的距离都不应小于10 mm；每次试验前，应将试样和平底玻璃皿放入恒温水浴中，每次试验应使用干净的试针；

当针入度小于 200 时，可将试针取下，用合适的溶剂擦净后继续使用；当针入度超过 200 时，至少用 3 支试针，每次试验后将针留在试样中，直至 3 次平行试验完成后，才能将试针取出。

（四）试验结果

①计算 3 次测定针入度的平均值，取至整数，作为试验结果。

②3 次测定的针入度相差不应大于表 SY8-3 规定的数值。如果误差超过了上述规定，利用另一试件重复试验；如果试验结果再次超出允许值，取消试验结果，重新试验。

表 SY8-3　沥青针入度的最大差值

针入度（0.1 mm）	0~49	50~149	150~249	250~349	350~500
最大差值（0.1 mm）	2	4	6	8	20

③同一操作者在同一实验室利用同一台仪器对同一样品测得的两次结果不超过平均值的 4%；不同操作者在不同实验室利用同一类型的不同仪器对同一样品测得的两次结果不超过平均值的 11%。

三、沥青延度（延伸度）试验

（一）一般规定

本方法规定了沥青延度的测定方法。该方法适用于测定石油沥青的延度，也适用于测定煤焦油沥青的延度。延度是指沥青试样在一定温度下以一定速度拉伸至断裂时的长度。试验温度为（25±0.5）℃，拉伸速度为（5±0.25）cm/min。

（二）主要仪器

①延度仪：如图 SY8-2（a）所示，由丝杠带动滑板移动，滑板指针在标尺上显示移动距离。仪器在开动时应无明显的振动。

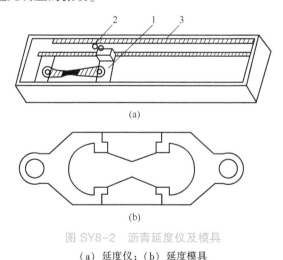

（a）

（b）

图 SY8-2　沥青延度仪及模具

（a）延度仪；（b）延度模具

1—滑板；2—指针；3—标尺

②延度模具：试件模具由黄铜制造，由两个弧形端模和两个侧模拼装而成，如图 SY8-2（b）所示。

③水浴、温度计、筛孔为 0.3～0.5 mm 的金属网、隔离剂、金属支撑板等。

(三) 试验步骤

①将模具组装在支撑板上，将隔离剂涂于支撑板表面及侧模的内表面，以防沥青沾在模具上；板上的模具要水平放好，以便模具的底部能够充分与板接触。

②小心加热样品，充分搅拌以防局部过热，加热到使样品容易倾倒；加热时石油沥青不超过软化点的 90 ℃，加热时间在保证样品充分流动的基础上尽量少。

③将熔化后的试样充分搅拌之后注入模具中，在倒样时使试样呈细流状，自模的一端至另一端往返倒入，使试样略高出模具，将试件在空气中冷却 30～40 min，然后放在规定温度的水浴中保持 30 min 取出，用热的直刀或铲将高出模具的沥青刮出，使试样与模具齐平。

④将支撑板、模具和试件一起放入水浴中，并在试验温度下保持 85～95 min，然后从板上取下试件，立即进行拉伸试验。

⑤检查延度仪的拉伸速度是否满足 (5±0.25) cm/min 的要求，移动滑板使指针正对标尺的零点，保持水槽中水温为 (25±0.5)℃；将试件移到延度仪的水槽中，将模具两端的孔分别套在延度仪的柱上，拆掉侧模，试件距水面和水底的距离不小于 2.5 cm。

⑥开动延度仪，观察沥青的拉伸情况；如果沥青浮于水面或沉入槽底时，则试验不正常，应使用乙醇或氯化钠调整水的密度，使沥青材料既不浮于水面，又不沉入槽底；正常的试验应将试样拉成锥形或线形或柱形，直至在断裂时实际横断面面积接近于零或一均匀断面，如果三次试验得不到正常结果则报告在该条件下延度无法测定；试件在正常试验情况下拉伸断裂，测量试件从拉伸到断裂所经过的距离即为沥青试样的延度，以 cm 表示。

(四) 试验结果

①计算 3 个试件测定延度的平均值；若 3 个试件测定值在其平均值的 5% 内，取其平均值作为测定结果；若 3 个试件测定值不在其平均值的 5% 以内，但其中两个较高值在平均值的 5% 之内，则弃去最低测定值，取两个较高值的平均值作为测定结果，否则重新测定。

②同一操作者在同一试验室利用同一台仪器对在不同时间的同一样品测得的结果不超过平均值的 10%；不同操作者在不同试验室利用同一类型的不同仪器对同一样品测得的结果不超过平均值的 20%。

四、沥青软化点试验

(一) 一般规定

本方法适用于用环球法测定软化点为 30 ℃～157 ℃ 的石油沥青试样和煤焦油沥青试样，对于软化点为 30 ℃～80 ℃ 的石油沥青试样和煤焦油沥青试样用蒸馏水作加热介质，软化点为 80 ℃～157 ℃ 用甘油作加热介质。

置于肩状黄铜环中两块水平沥青圆片，在加热介质中以一定速度加热，每块沥青片上置有一只钢球。软化点为当试样软化到使两个放在沥青上的钢球下落 25 mm 距离时的温度的平均值。

(二) 主要仪器

①铜环，支撑板，两只直径为 9.5 mm、质量为 (3.5±0.05) g 的钢球，钢球定位器，环支撑架和支架，详见图 SY8-3。支撑架上的肩环的底部距离下支撑板的上表面为 25 mm，下支撑板的下表面距离浴槽底部为 16 mm。

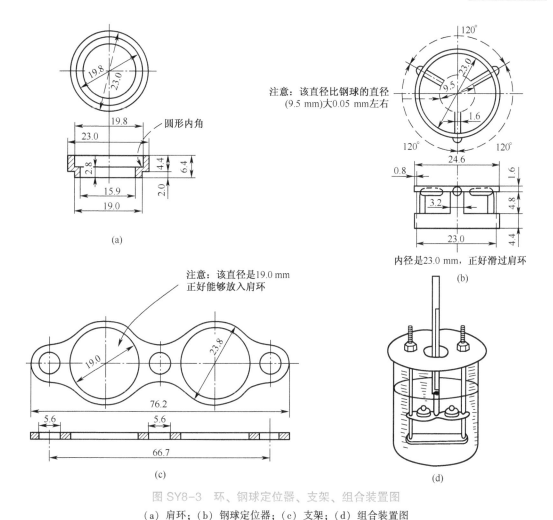

图 SY8-3　环、钢球定位器、支架、组合装置图
（a）肩环；（b）钢球定位器；（c）支架；（d）组合装置图

②浴槽：可以加热的玻璃容器，其内径不小于 85 mm，离加热底部的深度不小于120 mm。

③温度计、隔离剂、加热介质、筛孔为 0.3～0.5 mm 的金属网。

（三）试样制备

①将铜环置于涂有隔离剂的支撑板上（若估计软化点在 120 ℃ 以上，应将铜环与支撑板预热至 80 ℃～100 ℃），将预先脱水的试样加热熔化，石油沥青加热温度不超过预计沥青软化点 110 ℃。

②向每个环中倒入略过量的沥青试样，让试件在室温下至少冷却 30 min。所有沥青试样从开始倒试样时起至完成试验时的时间不得超过 240 min。

③当试样冷却后，用稍加热的小刀或刮刀干净地刮去多余的沥青，使得每一个圆片饱满且和环的顶部齐平。

（四）试验步骤

①把仪器放在通风橱内并配置两个样品环、钢球定位器，将温度计插入合适的位置，浴槽装满加热介质，并使仪器处于适当位置。

②用镊子从浴槽底部将钢球夹住并置于定位器中。

③从浴槽底部加热使温度以恒定的速率 5 ℃/min 上升。试验期间不能取加热速率的平均值，但在 3 min 后，升温速度应达到 (5±0.5)℃/min，若温度上升速率超过此限定范围，则此次试验失败。

（五）试验结果

①当两个试环的球刚触及下支撑板时，分别记录温度计所显示的温度。取两个温度的平均值作为沥青的软化点。如果两个温度的差值超过 1 ℃，则重新试验。

②重复测定两次结果的差数不得大于 1.2 ℃。

③同一试样由两个实验室各自提供的试验结果之差不应超过 2.0 ℃。

五、试验报告

试验报告见表 SY8-4。

表 SY8-4　建筑石油沥青试验报告

样品名称		生产单位		
规格型号		代表数量（t）		
试验项目	规定标准	实测值	平均值	单项判定
针入度（1/10 mm）				
延度（cm）				
软化点（℃）				
检验依据				
结　　论				
备　　注				

<h1 style="text-align:center">思　考　题</h1>

1. 沥青针入度说明沥青的什么性质？度盘上转动一度，表示插入沥青的深度为多少？

2. 做沥青软化点试验时，如不按规定的升温速度加热，当加热速度过快，结果如何？若加热速度缓慢，其结果又如何？

3. 现有三种石油沥青，其牌号不详，经测试后结果如表 SY8-5 所示，问属何品种、何牌号的沥青？

性质　　　种类	甲	乙	丙
软化点（℃）	50	45	102
25 ℃时延度（cm）	50	90	2
25 ℃时针入度（1/10 mm）	70	100	6

试验九　弹性体改性沥青防水卷材性能试验

一、试验依据

《弹性体改性沥青防水卷材》（GB 18242—2008）；

《建筑防水卷材试验方法　第10部分：沥青和高分子防水卷材　不透水性》（GB/T 328.10—2007）；

《建筑防水卷材试验方法　第11部分：沥青防水卷材　耐热性》（GB/T 328.11—2007）；

《建筑防水卷材试验方法　第8部分：沥青防水卷材　拉伸性能》（GB/T 328.8—2007）。

二、取样方法

以同一类型、同一规格 10 000 m² 为一批，不足 10 000 m² 时亦可作为一批。每批产品中随机抽取 5 卷进行卷重、面积、厚度及外观检查。从卷重、面积、厚度及外观合格的卷材中随机抽取 1 卷进行物理力学性能试验。

三、试件制备

将取样卷材切除距外层卷头 2 500 mm 后，顺纵向切取长度为 1 000 mm 的全幅卷材试样两块，一块做物理力学性能检测用，另一块备用。

按表 SY9-1 规定的尺寸和数量及图 SY9-1 所示的部位切取试件。试件边缘与卷材纵向边缘间的距离不小于 75 mm。

表 SY9-1　试件尺寸和数量表

试验项目	试件代号	试件尺寸（mm）	数量（个）
可溶物含量	A	100×100	3
拉力和延伸率	B、B′	（250～300）×50	纵横向各5
不透水性	C	150×150	3
耐热度	D	125×100	纵向3
低温柔度	E	150×25	纵向10
撕裂强度	F、F′	200×100	纵向5

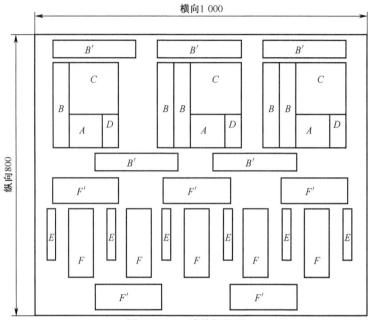

图 SY9-1　试件切取图

四、拉力及最大拉力时延伸率

将试样两端置于夹具内夹紧，然后在两端同时施加拉力，测定试件被拉断时能承受的最大拉力以及在达到最大拉力时延伸率。

试验依据《建筑防水卷材试验方法　第 8 部分：沥青防水卷材　拉伸性能》（GB/T 328.8—2007）的试验方法。

（一）主要仪器设备

拉伸试验机：有连续记录力和对应距离的装置，量程至少为 2 000 N，夹具移动速度为（100±10）mm/min，夹具宽度不小于 50 mm。

（二）试验步骤

①按规定取样，制备两组试件，一组纵向 5 个试件，一组横向 5 个试件；试件在试样上距边缘 100 mm 以上用模板或用裁刀任意裁取，矩形试件宽为（50±0.5）mm，长为 200 mm+2×夹持长度，长度方向为试验方向；去除试件表面的非持久层；试件在试验前在（23±2）℃和相对湿度 30%～70% 的条件下至少放置 20 h。

②将试件紧紧地夹在拉伸试验机的夹具中，试件长度方向的中线与试验机夹具中心在一条线上，夹具间距离为（200±2）mm，为防止试件从夹具中滑移应作标记。

③开动试验机，为防止试件产生任何松弛，加载不超过 5 N 的力，夹具移动的恒定速度为（100±10）mm/min，连续记录拉力和对应的夹具间距离；试验过程中观察在试件中部是否出现沥青涂盖层与胎基分离或沥青涂盖层开裂的现象并记录。

（三）试验结果

①从记录的拉力中得出最大拉力，单位为 N/50 mm；用最大拉力时对应的夹具间距离与起始距离的百分率计算延伸率。

②分别计算每个方向 5 个试件的最大拉力和延伸率的平均值作为检测结果；拉力的平均

值修约到 5 N，延伸率的平均值修约到 1%。

③试件在距夹具 10 mm 以内断裂或在试验机夹具中滑移超过极限值时，用备用试件重测。

五、不透水性试验

将试件置于不透水仪的不透水盘上，30 min 内在一定压力作用下，观察有无渗漏现象。

（一）主要仪器

①不透水仪。具有 3 个透水盘的不透水仪，它主要由液压系统、测试管路系统、夹紧装置和透水盘等部分组成。

②定时钟。

（二）试验步骤

①卷材上表面作为迎水面，若上表面为砂面、矿物粒料时，下表面作为迎水面。下表面材料为细砂时，在细砂面沿密封圈一圈去除表面浮砂，然后涂一圈 60~100 号热沥青，涂平待冷却 1 h 后检测不透水性。

②将洁净水注满水箱后，启动油泵，在油压的作用下夹脚活塞带动夹脚上升，先排净水缸的空气，再将水箱内的水吸入缸内，同时向 3 个试座充水，将 3 个试座充满水，接近溢出状态时关闭试座进水阀门。如果水缸内存水已近断绝，需通过水箱向水缸再次充水，以确保测试的水缸内有足够的储水。

③将 3 块试件分别置于 3 个透水盘试座上，安装好密封圈，并在试件上盖上金属压盖，通过夹脚将试件压紧在试座上。

④打开试座进水阀，充水加压；当压力表达到指定压力时，停止加压，关闭进水阀和油泵，同时开动定时钟，随时观察试件表面有无渗水现象，并记录开始渗水时间。在规定测试时间出现其中一块或两块试件渗漏时，必须立即关闭控制相应试座的进水阀，以保证其余试件继续测试，直到达到测试规定时间即可卸压取样。

（三）试验结果

3 个试件分别达到标准规定的指标时判为该项合格。

六、耐热度试验

将试样置于能达到要求温度的恒温箱内，观察当试样受到高温作用时，有无涂层滑动、流淌、滴落、气泡等现象，以此判断对温度敏感程度。

（一）主要仪器

①电热恒温箱：带有热风循环装置。

②温度计、干燥器、天平等。

（二）试验步骤

①在每块试件距短边一端 1 cm 处的中心打一小孔。

②将试件用细铁丝或回形针穿挂好试件小孔，放入已定温至标准规定温度的电热恒温箱内。在每个试件下端放一器皿，用以接流下来的沥青。试件的位置与箱壁距离不应小于 50 mm，试件间应留一定距离，不致黏结在一起。

③加热 2 h 后取出试件，观察并记录试件涂盖层有无滑动、流淌和集中性气泡等现象。

（三）结果评定

以 3 个试件分别达到标准规定的指标时判为该项合格。

七、低温柔度试验

（一）主要仪器与材料

①低温制冷仪。范围为 -30 ℃～0 ℃，控温精度为 ±2 ℃。

②半导体温度计。量程为 -40 ℃～30 ℃，精度为 0.5 ℃。

③柔度棒或弯板。半径（r）为 15 mm、25 mm，弯板示意图如图 SY9-2 所示。

④冷冻液。即不与卷材反应的液体，如车辆防冻液、多元醇、多元醚类。

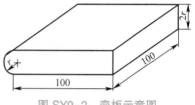

图 SY9-2　弯板示意图

（二）试验方法与步骤

①A 法（仲裁法）。在不小于 10 L 的容器中放入冷冻液（6 L 以上），将容器放入低温制冷仪，冷却至标准规定温度。然后将试件与柔度棒（板）同时放在液体中，待温度达到标准规定的温度后至少保持 0.5 h。在标准规定的温度下，将试件于液体中在 3 s 内匀速绕柔度棒（板）弯曲 180°。

②B 法。将试件和柔度棒（板）同时放入冷却至标准规定温度的低温制冷仪中，待温度达到标准规定的温度后保持时间不少于 2 h。在规定的温度下，在低温制冷仪中将试件于 3 s 内匀速绕柔度棒（板）弯曲 180°。

③6 个试件中，3 个试件的下表面及另外 3 个试件的上表面与柔度棒（板）接触。取出试件用肉眼观察试件涂盖层有无裂纹。

（三）试验结果

6 个试件中至少 5 个试件达到标准规定的指标时判为该项指标合格。形式检验和仲裁检验必须采用 A 法。

八、试验报告

试验报告见表 SY9-2。

表 SY9-2　弹性体改性沥青防水卷材试验报告

样品名称			生产单位		
规格型号			代表数量（m²）		
序　号	检测项目		标准规定	检验结果	单项判定
1	可溶物含量（g·m⁻²）				
2	不透水性				
3	耐热度（℃）				
4	拉力	纵向（N/50 mm）			
		横向（N/50 mm）			

序 号	检测项目		标准规定	检验结果	单项判定
5	最大拉力时延伸率	纵向（%）			
		横向（%）			
6	低温柔度（℃）				
检验依据					
结　　论					
备　　注					

综合实训

综合实训包括普通结构混凝土实训和砌筑砂浆实训两项，是在掌握普通混凝土、砌筑砂浆性能试验内容的基础上，模拟施工现场实际情况对现场结构混凝土和现场砌筑砂浆进行质量控制，所有表格均选用工地上实际使用的符合国家标准的报表。通过训练，使学生对工地中混凝土、砂浆从配合比申请到拌合物的质量控制及硬化后强度的合格判定有一个完整的认识，强化学生职业技能的培养。

实训项目一 普通结构混凝土

一、混凝土配合比申请单和配合比通知单

（一）试配申请

工程结构需要的混凝土配合比，必须经有资质的实验室通过计算和试配来确定，配合比要用质量比。

施工配合比应根据设计的混凝土强度等级和质量检验以及混凝土施工和易性的要求确定，由施工单位现场取样送实验室，填写混凝土配合比申请单并向实验室提出试配申请。

取样：应从现场取样，一般水泥 50 kg、砂 80 kg、石子 150 kg。混凝土配合比申请单见表 SX1-1。

表 SX1-1 混凝土配合比申请单

混凝土配合比申请		编号	
		委托编号	
工程名称及部位			
委托单位		试验委托人	
设计强度等级		要求坍落度、扩展度	
其他技术要求			
搅拌方法		浇捣方法		养护方法	
水泥品种及强度等级		厂别牌号		试验编号	
砂子产地及品种				试验编号	
石子产地及品种		最大粒径		试验编号	
外加剂名称				试验编号	
掺合料名称				试验编号	
申请日期		使用日期		联系电话	

（二）配合比通知单

配合比通知单是由实验室经试配、调整选取最佳配合比后填写签发的（见表 SX1-2）。施工中要严格按此配合比计量施工，不得随意修改。施工单位领取配合比通知单后，要验看是否与申请要求吻合，有无涂改，签章齐全，字迹清晰，并注意备注说明。

混凝土配合比申请单及通知单是混凝土施工试验的一项重要资料，要归档妥善保存，不得遗失、损坏。

表 SX1-2　混凝土配合比通知单

混凝土配合比通知单		配合比编号						
		试配编号						
强度等级		水胶比		水灰比			砂率	
材料名称 项目	水泥	水	砂	石	外加剂	掺合料	其他	
每立方米用量（kg·m⁻³）								
每盘用量（kg）								
混凝土碱含量（kg·m⁻³）		注：此栏只有遇Ⅱ类工程（按京建科〔1999〕230 号规定分类）时填写						
注：本配合比所使用材料均为干材料，使用单位应根据材料含水情况随时调整								
批准		审核			试验			
报告日期								

本表由施工单位保存。

（三）混凝土开盘鉴定

首次使用的混凝土配合比应进行开盘鉴定，其工作性能应满足设计配合比的要求。开始生产时应至少留置一组标准养护试件，作为验证配合比的依据。

检验方法：检查开盘鉴定资料和试件强度试验报告。混凝土开盘鉴定表见表 SX1-3。

表 SX1-3　混凝土开盘鉴定表

混凝土开盘鉴定		编号				
工程名称及部位		鉴定编号				
施工单位		搅拌方式				
强度等级		要求坍落度				
配合比编号		试配单位				
水灰比		砂率（%）				
材料名称	水泥	水	砂	石	外加剂	掺合料
每立方米用量（kg·m⁻³）						
调整后每盘用量（kg）		砂含水率　%　石含水率　%				

续表

鉴定结果	鉴定项目	混凝土拌合物性能			混凝土试块抗压强度（MPa）	原材料与申请单是否相符
		坍落度	保水性	黏聚性		
	设计					
	实测					
鉴定结论						
	建设（监理）单位	混凝土试配单位负责人		施工单位技术负责人		搅拌机组负责人
	鉴定日期					

采用现场搅拌混凝土的工程，本表由施工单位填写并保存。

二、普通混凝土现场取样

（一）试样留置规定

用于检查结构构件混凝土的试样留置应符合下列规定：

①每拌制 100 盘且不超过 100 m³ 的同配合比的混凝土，取样不得少于一次。

②每工作班拌制的同配合比的混凝土不足 100 盘时，其取样不得少于一次。

③每一现浇楼层同配合比的混凝土，其取样不得少于一次。

④当一次连续浇筑超过 1 000 m³ 时，同一配合比的混凝土，每 200 m³ 取样不得少于一次。

⑤同一单位工程每一验收项目中同配合比的混凝土，其取样不得少于一次。

⑥冬期施工应增设不少于两组与结构同条件养护的试件，分别用于检验受冻前的混凝土强度和转入常温养护 28 d 的混凝土强度。

每次取样应至少留置一组标准试件，同条件养护试件的留置组数，可根据实际需要确定。

（二）取样方法及数量

用于检查结构构件混凝土质量的试件，应在混凝土浇筑地点随机取样制作；每组试件所用的拌合物应从同一盘搅拌或同一车运送的混凝土中取出；对于预拌混凝土，试件还应在卸料过程中卸料量的 1/4～3/4 取样。每个试样量应满足混凝土质量检验项目所需用量的 1.5 倍，且不少于 0.02 m³。

三、普通混凝土必试项目

普通混凝土必须进行试验的项目包括和易性试验和抗压强度试验。具体试验方法详见试验三。

四、混凝土强度合格评定方法

根据混凝土的生产方式及特点不同，其强度检测与评定方法可分为统计方法和非统计方法两类。

统计方法适用于商品混凝土公司、预制混凝土构件厂家及采用集中搅拌混凝土的施工单位所生产的混凝土。由于混凝土生产条件不同，混凝土强度的稳定性也不尽相同，在进行混凝土强度评定时的统计方法还应视具体情况分别考虑，表 SX1-4 是混凝土强度合格评定的三种方法。

表 SX1-4　混凝土强度合格评定方法

合格评定方法	合格评定条件	备　注
统计方法（一）	1. $m_{f_{cu}} \geq f_{cu,k} + 0.7\sigma_0$ 2. $f_{cu,min} \geq f_{cu,k} - 0.7\sigma_0$ 且当强度等级 ≤C20 时，$f_{cu,min} \geq 0.85 f_{cu,k}$ 当强度等级 >C20 时，$f_{cu,min} \geq 0.9 f_{cu,k}$ 式中　$m_{f_{cu}}$——同批三组试件抗压强度平均值（N/mm²）； 　　　$f_{cu,,min}$——同批三组试件抗压强度中的最小值（N/mm²）； 　　　$f_{cu,k}$——混凝土立方体抗压强度标准（N/mm²）； 　　　σ_0——验收批的混凝土强度标准差（N/mm²），可依据前一个检验期的同类混凝土试件强度数据确定	在确定混凝土强度标准差 σ_0 时，其检验期限不应超过三个月，且在该期间内检验批总数不得少于 15 批。 混凝土强度标准差按下式计算： $$\sigma_0 = \frac{0.59}{m} \sum_{i=1}^{m} \Delta f_{cu,i}$$ 式中　$\Delta f_{cu,i}$——第 i 批试件混凝土强度中最大值与最小值之差； 　　　m——用以确定该检验批混凝土强度标准差 σ_0 的数据总批数
统计方法（二）	1. $m_{f_{cu}} - \lambda_1 S_{f_{cu}} \geq 0.9 f_{cu,k}$ 2. $f_{cu,min} \geq \lambda_2 f_{cu,k}$ 式中　$m_{f_{cu}}$——n 组混凝土试件强度的平均值（N/mm²）； 　　　$f_{cu,min}$——n 组混凝土试件强度的最小值（N/mm²）； 　　　λ_1、λ_2——合格判定系数，按右表取用； 　　　$S_{f_{cu}}$——n 组混凝土试件强度标准差（N/mm²），当计算值 $S_{f_{cu}} < 0.06 f_{cu,k}$ 时，取 $S_{f_{cu}} = 0.06 f_{cu,k}$	一个检验批混凝土试件组数 $n \geq 10$ 组； n 组混凝土试件强度标准差 $S_{f_{cu}}$ 按下式计算： $$S_{f_{cu}} = \sqrt{\frac{\sum_{i=1}^{n} f_{cu,i}^2 - nm_{f_{cu}}^2}{n-1}}$$ 式中　$f_{cu,i}$——第 i 组混凝土试件强度 **混凝土强度的合格评判系数表** | 试件组数	10~14	15~24	≥25
---	---	---	---
λ_1	1.70	1.65	1.60
λ_2	0.90	0.85	
非统计方法	1. $m_{f_{cu}} \geq 1.15 f_{cu,k}$ 2. $f_{cu,min} \geq 0.95 f_{cu,k}$	该方法适用于现场搅拌批量不大的混凝土或零星生产的预制构件混凝土

当混凝土强度检验结果能满足表 SX1-4 中任一种评定方法要求时，则该批混凝土判为合格；当不满足表 SY1-4 规定时，该批混凝土判为不合格。由不合格批混凝土制成的结构或构件，应进行鉴定。对不合格的结构或构件必须及时处理。

五、混凝土试件抗压强度统计评定表

混凝土试件抗压强度统计表见表 SX1-5。

表 SX1-5　混凝土试件抗压强度统计评定表

混凝土试块强度统计、评定记录					编号		
工程名称					强度等级		
施工单位					养护方法		
统计日期	年 月 日至 年 月 日				结构部位		
试件组数 n	强度标准值 $f_{cu,k}$（MPa）	平均值 mf_{cu}（MPa）	标准差 $S_{f_{cu}}$（MPa）	最小值 $f_{cu,min}$（MPa）	合格判定系数		
					λ_1		λ_2
每组强度值 （MPa）							
评定界限	统计方法（二）				非统计方法		
	$0.9f_{cu,k}$	$m_{f_{cu}}-\lambda_1 S_{f_{cu}}$	$\lambda_2 f_{cu,k}$		$1.15f_{cu,k}$		$0.95f_{cu,k}$
判定式	$m_{f_{cu}}-\lambda_1 S_{f_{cu}}\geqslant 0.9f_{cu,k}$		$f_{cu,min}\geqslant\lambda_2 f_{cu,k}$		$m_{f_{cu}}\geqslant 1.15f_{cu,k}$		$f_{cu,min}\geqslant 0.95f_{cu,k}$
结果							
结论							
批准		审核			统计		
报告日期							

实训项目二　砌筑砂浆

一、砌筑砂浆试配申请和配合比通知单

（一）试配申请

砌筑砂浆的配合比都应经过试配确定。施工单位应从现场抽取原材料试样，根据设计要求向有资质的实验室提出试配申请，由实验室通过试配来确定砂浆的配合比。砂浆的配合比应采用质量比。如砂浆的组成材料有变更，其配合比应重新试配选定。砂浆配合比申请单见表 SX2-1。

表 SX2-1　砂浆配合比申请单

砂浆配合比申请单		编号	
		委托编号	
工程名称			
委托单位		试验委托人	
砂浆种类		强度等级	
水泥品种		厂别	
水泥进场日期		试验编号	
砂产地	粗细级别	试验编号	
掺合料种类		外加剂种类	
申请日期	年 月 日	要求使用日期	年 月 日

（二）配合比通知单

配合比通知单是由试配单位根据试验结果，选取最佳配合比填写签发的。施工中要严格按配比计量施工，施工单位不能随意变更。配合比通知单应字迹清晰，无涂改，签字齐全。样式见表 SX2-2。

表 SX2-2　砂浆配合比通知单

砂浆配合比通知单		配合比编号		
		试配编号		
强度等级		试验日期	年　月　日	
配合比				
材料名称	水泥	砂	石灰膏	掺合料	外加剂
每立方米用量（kg/m³）					
比例					
注：砂浆稠度为 70～100 mm，石灰膏稠度为（120±5）mm。					
批准		审核		试验	
试验单位					
报告日期					

二、砌筑砂浆性能检验

（一）砌筑砂浆试验的取样方法和试块留置规定

①取样方法。以同一强度等级、同一配合比、同种原材料每一楼层为一个取样单位，砌体超过250 m³，以每 250 m³ 为一取样单位，剩余部分为一取样单位。

②试块留置。每一取样单位留置标准 28 d 试块不少于 1 组（每组 6 块）。如果砂浆强度或配合比变更时，还应制作试块。

③每一取样单位还应制作同条件养护试块不少于一组。

④试块要有代表性，每组试块的试样必须取自同一次拌制的砌筑砂浆试样拌合物。

施工中取样应在使用地点的砂浆槽、砂浆运送车或搅拌出料口，至少从三个不同部位集取，数量应多于试验用料量 1～2 倍。

（二）砌筑砂浆必试项目

必须试验的项目：稠度、抗压强度。

（三）砌筑砂浆强度合格判定

同一验收批砂浆试块抗压强度平均值必须大于或等于设计强度等级所对应的立方体抗压强度；同一验收批砂浆试块抗压强度的最小一组平均值必须大于或等于设计强度等级所对应的立方体抗压强度的 0.75 倍。

值得注意的是：①砌筑砂浆的验收批，同一类型、强度等级的砂浆试块应不少于 3 组。当同一验收批只有一组试块时，该组试块抗压强度的平均值必须大于或等于设计强度等级所对应的立方体抗压强度。②砂浆强度应以标准养护龄期为 28 d 的试块抗压试验结果为准。

三、砌筑砂浆试块强度统计、评定记录

砌筑砂浆试块强度统计、评定记录见表 SX2-3。

表 SX2-3 砌筑砂浆试块强度统计、评定记录表

砌筑砂浆试块强度统计、评定记录			编号		
工程名称			强度等级		
施工单位			养护方法		
统计期	年 月 日至 年 月 日		结构部位		
试块组数 n	强度标准值 f_2（MPa）	平均值 $f_{2,n}$（MPa）	最小值 $f_{2,min}$（MPa）	0.75f_2	
每组强度值（MPa）					
判定式	$f_{2,n} \geqslant f_2$		$f_{2,min} \geqslant 0.75f_2$		
结果					

结论：

批准		审核		统计	
报告日期					

参 考 文 献

［1］ 高琼英．建筑材料［M］．3 版．武汉：武汉理工大学出版社，2008.

［2］ 符芳．建筑材料［M］．2 版．南京：东南大学出版社，2001.

［3］ 中国建筑材料科学研究院．绿色建材与建材绿色化［M］．北京：化学工业出版社，2003.

［4］ 葛勇．建筑装饰材料［M］．北京：中国建材工业出版社，1998.

［5］ 林宝玉，吴绍章．混凝土工程新材料设计与施工［M］．北京：中国水利水电出版社，1998.

［6］ 曹文达，等．新型混凝土及其应用［M］．北京：金盾出版社，2001.

［7］ 中国砂石协会．建设用砂［S］．北京：中国标准出版社，2011.

［8］ 中国砂石协会．建设用卵石、碎石［S］．北京：中国标准出版社，2011.

［9］ 张海梅．建筑材料［M］．北京：科学出版社，2001.

［10］ 国家建材局标准化所．建筑材料标准汇编——水泥（续集）［S］．北京：中国标准出版社，2001.